“十二五”国家重点图书出版规划项目
材料科学研究与工程技术系列

特种铸造

历长云　王英　张锦志　编著

哈爾濱工業大學出版社

内容提要

本书由7章组成，分别介绍金属型铸造、熔模精密铸造、石膏型精密铸造、压力铸造、消失模铸造、反重力铸造以及离心铸造这些特种铸造方法的工艺特点、基本原理、应用领域、操作要点、缺陷产生及预防措施。本书的特点是部分案例选自企业正在生产的产品，以这些产品为例来介绍特种铸造方法的工艺特点、缺陷分析及工艺改进。

本书可作为普通高等院校机械、材料类专业本科生教材，也可以作为相关专业工程技术人员的参考书。

图书在版编目(CIP)数据

特种铸造/历长云，王英，张锦志编著. —哈尔滨：哈尔滨工业大学出版社，2013.5

(材料科学研究与工程技术系列)

ISBN 978-7-5603-2906-2

Ⅰ.①特…　Ⅱ.①历…　②王…　③张…　Ⅲ.①特种铸造　Ⅳ.①TG249

中国版本图书馆CIP数据核字(2013)第005615号

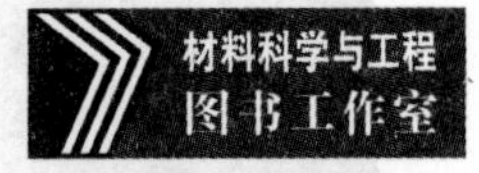

责任编辑　张秀华
封面设计　卞秉利
出版发行　哈尔滨工业大学出版社
社　　址　哈尔滨市南岗区复华四道街10号　邮编150006
传　　真　0451-86414749
网　　址　http://hitpress.hit.edu.cn
印　　刷　哈尔滨工业大学印刷厂
开　　本　787mm×1092mm　1/16　印张12　字数279千字
版　　次　2013年5月第1版　2013年5月第1次印刷
书　　号　ISBN 978-7-5603-2906-2
定　　价　26.00元

前　言

本书是“十二五”国家重点图书出版规划项目，材料科学研究与工程技术系列类图书。本书的最大特点是实用性强，以工艺类介绍为主，深入浅出，便于理解。偏重国内外企业正在应用的特种铸造工艺，具有较好的前沿性和实用性。

本书内容在坚持以“应用为主”的前提下，较详细地介绍了各类特种铸造的基本理论知识，同时适当地介绍了企业正在生产的部分铸件的新工艺、新方法。本书是为普通高等院校机械、材料类专业本科生及相关专业大专院校师生编写的教材，也可作为相关工程技术人员的参考书。

全书共分为7章，分别介绍了金属型铸造、熔模精密铸造、石膏型精密铸造、压力铸造、消失模铸造、反重力铸造以及离心铸造这些特种铸造方法的工艺特点、基本原理、应用领域、操作要点、缺陷产生及预防措施。部分案例选自企业正在生产的产品，并以这些产品为例来介绍各种特种铸造方法的工艺特点、缺陷分析及工艺改进。

参加本书编写的人员为河南理工大学的老师和北方光电集团河南平原光电有限公司轻合金精密铸造中心的科研人员，其中第1、7章由河南理工大学王英编写，第2、3章由北方光电集团张锦志编写，第4、5、6章由河南理工大学历长云编写。全书由历长云统稿定稿。

在本书的编写过程中，一些铸造企业为本书的编写提供了大量的资料和素材，同时还得到了河南理工大学、北方光电集团、哈尔滨工业大学出版社和有关师生的大力支持，在此谨致谢意。

由于编者水平有限，书中缺点、错误难以避免，不当之处恳请广大读者斧正。

编　者

2012年12月

目　录

第1章　金属型铸造

1.1　概　述

金属型铸造俗称硬模铸造、铁模铸造、永久型铸造、冷硬铸造、冷激模铸造，是在重力下将熔融金属浇入金属(钢、铸铁等)铸型获得铸件的工艺方法。它所用的型芯可以为金属型芯，也可以为砂芯。金属型铸造应用非常广泛，既适用于大批量生产形状复杂的铝合金、镁合金等非铁合金铸件，也适合于黑色金属的成型铸件、铸锭及棒材等，故广泛被发动机、仪表、农机等工业所采用。

1. 优点

金属型铸造的工艺过程如图1.1所示，与砂型铸造相比，金属型铸造有以下优点：

(1)金属型冷速快，有激冷效果，使铸件晶粒细化，力学性能提高，金属型周围的冷却速度快，提高了生产率；

(2)金属型尺寸准确，表面光洁，使铸件尺寸精度和表面质量提高，一副金属型可反复浇注成千上万件铸件，仍能保持铸件尺寸的稳定性；

(3)同一铸型可反复使用，节省造型工时，也不需要占用太大的造型面积，可提高铸造车间单位面积上的铸件产量；

(4)易于实现机械化自动化，提高生产率，减轻工人劳动强度，适于大批量生产；

(5)因不用或较少用砂子，减少了砂子运输及混砂工作量，减少车间噪声、刺激性气味及粉尘等公害，改善了劳动环境；

(6)由于铸件冷凝快，减少了对铸件进行的补缩，故浇冒口尺寸减小，金属液利用率提高。

2. 缺点

金属型铸造的主要缺点是：

(1)金属型机械加工困难，制造周期长，一次性投资高，故要求铸件有足够的批量，以便补偿制造金属型的成本；

(2)新金属型试制时，需对金属型进行反复调试，才能得到合格铸件，当型腔定型后，工艺调整和产品结构修改的余地很小；

(3)金属型排气条件差，工艺设计难度较大；

(4)金属型铸造必须根据产品和产量实现操作机械化，否则并不能降低劳动强度。

3. 特点

根据金属型铸造工艺，金属型铸件有以下特点：

(1)铸件具有高强度、高硬度、高致密度、高耐腐蚀性等，机械性能比砂型件提高很多；

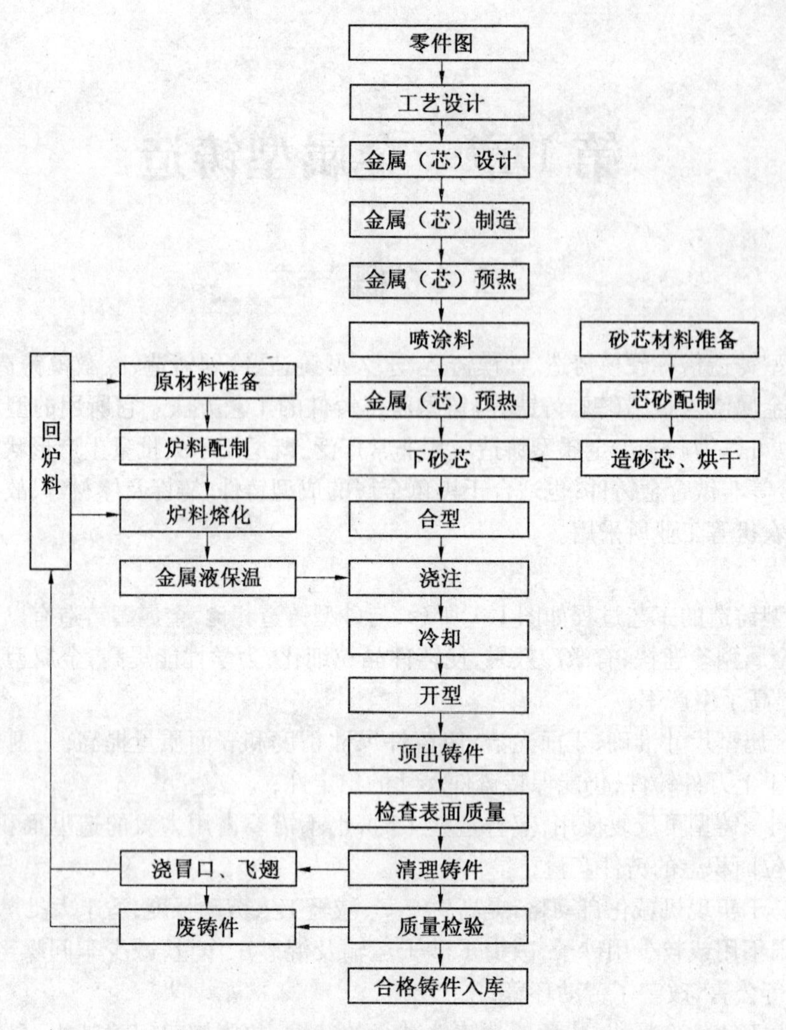

图 1.1　金属型铸造工艺过程示意图

(2)铸件尺寸精度和表面粗糙度优于普通砂型铸件,便于使用专用切削加工机床及专用工卡量具;

(3)一般无粘砂层,切削加工效率高;

(4)浇注系统及冒口数量少,尺寸减小,工艺出品率高,铸件成本相应降低;

(5)金属型型腔为机械加工方法制造,故铸件形状不能太复杂,并要考虑铸件从金属型中脱出的可能性;

(6)铸件不能太大,否则金属型过重;壁不能太薄,否则易浇不足、冷隔;孔不能太小,孔深也不能太深,否则拔除型芯困难。金属型铸件内孔的最小尺寸见表 1.1。

表 1.1 金属型铸件内孔的最小尺寸

铸造合金	孔的最小直径 d/mm	孔深/mm	
		不穿透孔	穿透孔
铸 钢	>12	>15	>20
铸 铁	>12	>15	>20
锌合金	6 ~ 8	9 ~ 12	12 ~ 20
镁合金	6 ~ 8	9 ~ 12	12 ~ 20
铝合金	8 ~ 10	12 ~ 15	15 ~ 25
铜合金	10 ~ 12	10 ~ 15	15 ~ 20

金属型铸造的导热性好,在一定条件下可通过采取相应的工艺措施,使其强化(如进行水冷),也可以使其减弱(如预热金属型)。金属型材无退让性,易使铸件产生内应力、裂纹,故需设有专门的抽芯及顶出铸件机构,尽早拔取型芯和从铸型中取出铸件。对某些严重阻碍铸件收缩的孔腔改用砂芯,提高型壁斜度及涂料层厚度。金属型无透气性,型腔内气体不易排出,导致铸件产生浇不足,如图 1.2 所示;侵入气孔或针孔,如图 1.3 所示;故应在金属型上设置排气槽或排气塞(尤其是在型腔局部死角或气体汇集处),涂料层要充分干燥,去除型腔表面铁锈和微裂纹。

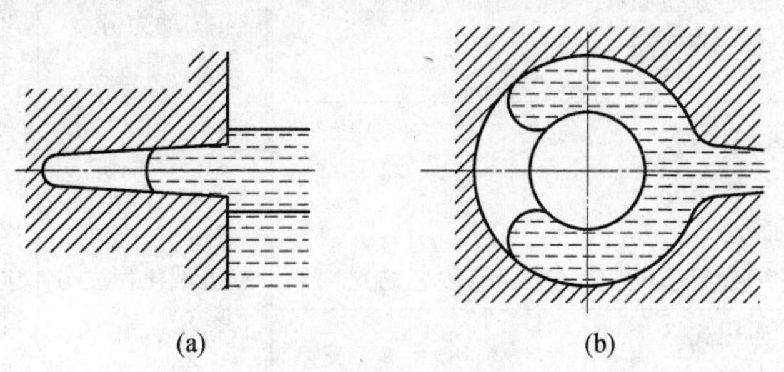

图 1.2 因气阻而造成铸件浇不足的示意图

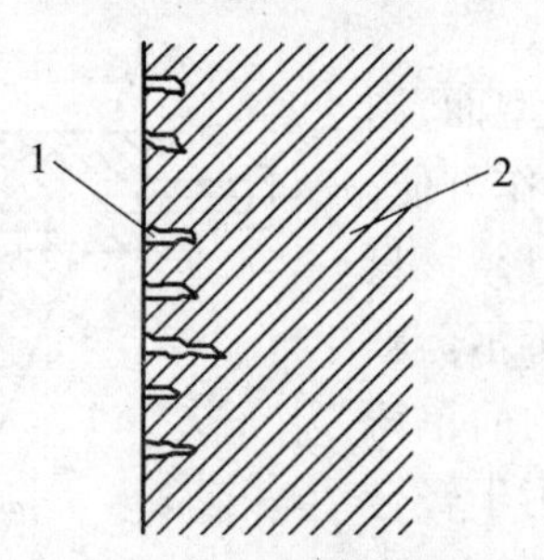

图 1.3 铸件表层的针孔

1—针孔;2—铸件

1.2 金属型设计

1.2.1 金属型的结构

金属型结构种类繁多,其类型见表1.2。

表1.2 金属型的结构分类

分类方法	类型	分类方法	类型
按分型面结构分	①垂直分型 ②倾斜分型 ③水平分型 ④曲面分型 ⑤综合型(垂直分型与水平分型结合)	按传动方式分	①杠杆式 ②螺杆式 ③齿轮齿条式 ④偏心式 ⑤综合式
按分型面数量分	①整体金属型(无分型面) ②一个分型面 ③多个分型面	按动力分	①手动式 ②气动式 ③电动传动式 ④液压传动式 ⑤综合式
按运用型芯分	①没有型芯 ②金属型芯 ③砂芯 ④综合型芯(有金属芯又有砂芯的)	按机械化程度分	①手动式 ②手动机械式 ③机动式 ④单机半自动式 ⑤单机自动式
按用途分	①通用式 ②专用式		

1. 整体金属型

整体金属型结构简单,无分型面,制造简单,结实耐用,成本低廉,操作方便,能获得坚实铸件,但是限于结构形状,只能应用于简单铸件,如图1.4所示。整体金属型应用于具有较大锥度的简单铸件,多用于黑色金属铸件,较少用于轻合金铸件。

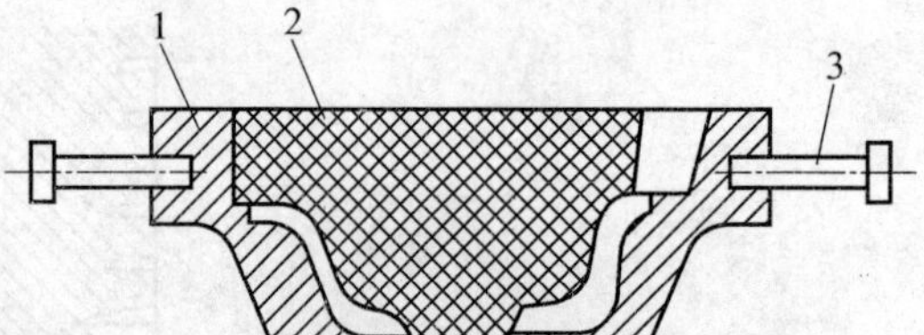

图1.4 整体金属型
1—金属型;2—砂芯;3—转轴

2. 水平分型金属型

水平分型金属型具有一个分型面,且分型面为水平平面,如图1.5所示。水平分型金属型便于下砂芯,金属型强度高,不易翘曲变形,制造方便,但只适用于较简单的零件,不易设置浇冒口系统,特别不适合底注,排气困难,上型装卸、铸件脱型,较难实现机械化。水平分型金属型用于简单件,特别适合于高度不太大的中型或大型平板类、圆盘类、轮类铸件。

3. 垂直分型金属型

垂直分型金属型也只有一个分型面,且为垂直分型,如图1.6所示。垂直分型金属型便于设置浇冒口系统,设置金属型芯方便,排气条件好。垂直分型金属型应用于旋转金属型时,铸件应无死角,除此之外,只要结构允许都可以应用。

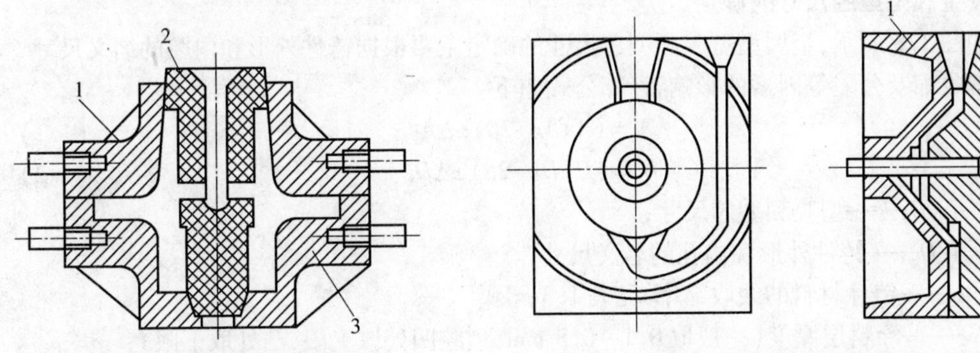

图1.5 水平分型金属型

1—上半型;2—砂型;3—下半型

图1.6 垂直分型金属型

1—右半型;2—左半型;3—金属型芯

4. 综合分型金属型

综合分型金属型的分型面有两个或两个以上,可以有水平分型面,也可以有垂直分型面,如图1.7所示。综合分型金属型的工艺性机动余地大,可生产较复杂的零件,既有垂直分型的优点,又克服了水平分型之不足,缺点是制作较为复杂。大多数铸件都可以应用综合分型金属型这一种结构。

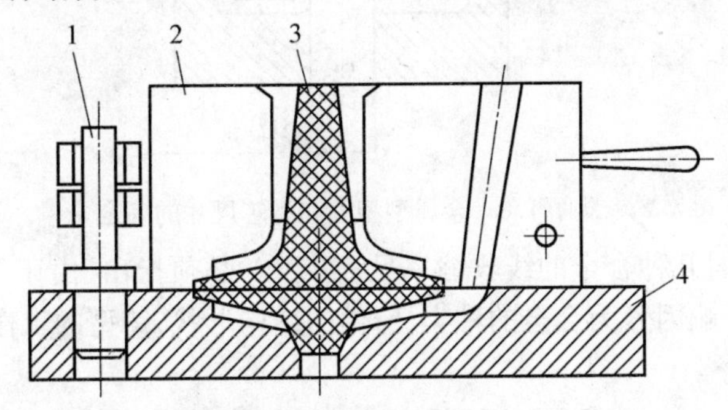

图1.7 综合分型金属型

1—轴;2—金属半型;3—砂芯;4—底板

1.2.2 金属型型腔的设计

型腔是金属型的主要工作部位,设计时主要考虑铸件的分型面、型腔尺寸、型腔边缘与金属型边缘之间的距离及壁厚等。

1. 铸件分型面的选择

选择铸件分型面的原则是:

①力求简化金属型结构,少用或不用活块,以减少加工量,降低金属型成本;

②便于设置浇冒口系统,以及安放并稳固型芯,便于取出铸件,容易实现机械化、自动

化操作，以减轻工人劳动强度，改善劳动条件；

③在金属型上设置顶出铸件机构时，要考虑开型时使铸件停留在装有顶出机构的半型内，应使铸件在这半型内有较大的接触面积或将斜度做得小一些（摩擦力大一些）。其他砂型铸件分型面的选择原则均适用于金属型。

2. 金属型型腔尺寸的确定

如图 1.8 所示，金属型型腔和型芯尺寸的确定主要根据铸件外形和内腔的名义尺寸，并考虑收缩及公差等因素的影响，计算公式如下

$$A_x = (A + A\varepsilon + 2\delta) \pm \Delta A_x \tag{1.1}$$

$$D_x = (D + D\varepsilon - 2\delta) \pm \Delta D_x \tag{1.2}$$

式中 A_x、D_x——型腔和型芯尺寸；

A、D——铸件外形和内孔的名义尺寸；

ε——铸件材料的线收缩率，见表 1.3；

δ——涂料层厚度（一般取 0.1～0.3 mm，型腔凹处取上限，凸处取下限）；

ΔA_x、ΔD_x——金属型加工公差，可查有关手册。

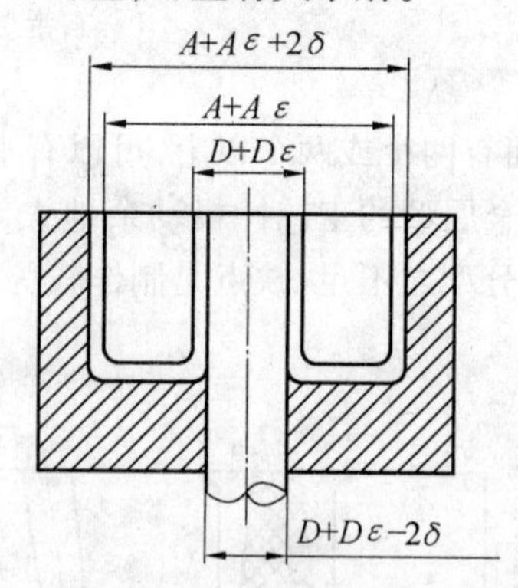

图 1.8 金属型型腔和型芯尺寸的确定

金属型铸造时几种合金的线收缩率见表 1.3。必须指出，由于合金线收缩率的因素多而复杂，主要影响因素为合金的种类，铸件的结构形状，铸型的工作温度，热膨胀以及铸件的出型温度等。

表 1.3 金属型铸造时几种合金的线收缩率

合金种类	铝硅合金、铝铜合金	锡青铜	铸铁	铸钢	硅黄铜
线收缩率 ε/%	0.6～0.8	1.3～1.5	0.8～1.0	1.5～2.0	2.2

3. 金属型的壁厚

金属型的壁厚如果过大，会增加铸型重量，操作笨拙，没有必要；如果壁厚过薄，铸型温度不均，易因应力而变形，减短寿命。壁厚的确定与材质有关，且受铸件材质、壁厚、金属型轮廓尺寸及毛坯加工方法的影响，故至今无可靠而简便的方法来确定不同条件下最适合的金属型壁厚，表 1.4～表 1.8 为金属型壁厚的经验数据。

表 1.4 铸铁件金属型壁厚

铸件壁厚/mm	灰铸铁件金属型壁厚/mm	可锻铸铁件金属型壁厚/mm
<10	20 ~ 25	20 ~ 30
10 ~ 20	20 ~ 30	30 ~ 40
>20	30 ~ 40	40 ~ 50

注:①铸铁件金属型壁厚可用公式 $\delta_{型}=13+0.6\delta_{件}$ 计算,此公式对于小件合适,对于大件则计算结果偏小;

②球墨铸铁件金属型壁厚一般可按公式 $\delta_{型}=(1\sim2)\delta_{件}$ 计算。

表 1.5 铸钢件金属型壁厚

铸件壁厚/mm	金属型壁厚/mm
<20	20
20 ~ 50	20 ~ 40
>50	$0.8\delta_{件}$

注:高锰钢铸件用金属型壁厚,常采用 $\delta_{型}=(1\sim1.5)\delta_{件}$。

表 1.6 铝合金铸件金属型壁厚

铸件壁厚/mm	金属型壁厚/mm
<10	15 ~ 20
10 ~ 15	20 ~ 25
15 ~ 30	25 ~ 30
>30	$(0.8\sim1.2)\delta_{件}$

注:①对于薄壁大型铸件,采用厚壁金属型时,可按公式 $\delta_{型}=(2.5\sim3)\delta_{件}$ 计算;

②轻合金常用金属型壁厚为 20 ~ 25 mm;

③金属型最小壁厚一般不小于 15 mm;

④锻造钢质金属型壁厚可达 40 ~ 50 mm。

表 1.7 铜合金铸件金属型壁厚

铸件壁厚/mm	金属型壁厚/mm
<10	10 ~ 15
10 ~ 15	15 ~ 20
15 ~ 20	20 ~ 25
20 ~ 30	25 ~ 30
>30	$(0.8\sim1.2)\delta_{件}$

表 1.8 根据分型轮廓尺寸(平均值)确定金属型壁厚

分型面平均尺寸/mm	金属型壁厚/mm
<130	15
130 ~ 175	16
175 ~ 200	18
200 ~ 500	25
>500	30

注:分型面平均尺寸 S 按 $S=(H+L)/2$ 计算,式中 H、L 分别表示分型面的长和宽。

4. 分型面上型之间及型腔与金属型边缘之间距离的确定

浇注时为了防止液体金属通过分型面的缝隙溢出,同时也为了保证直浇道有足够的高度以防止局部过热,设计金属型时,要对分型面上的尺寸进行限制,其最小限度可参考表1.9。

表1.9 分型面上的主要尺寸

分型面上尺寸名称		参考数据/mm
铸件表面到金属型边缘的距离		25 ~ 30
在同一铸型中布置多个铸件时,铸件之间应有的间隔	小件	10 ~ 20
	一般件	>30
直浇口至铸件间的距离		一般取 10 ~ 25
内浇道长度		一般取 8 ~ 12
金属型边缘(垂直分型时)至铸件(或浇道)的距离		一般取 30 ~ 50
直浇道高度应比铸件上缘高出		一般取 40 ~ 60
定位销孔表面至铸型边缘距离		>10
分型面上用于撬开金属型的凹槽		尺寸如图 1.9 所示

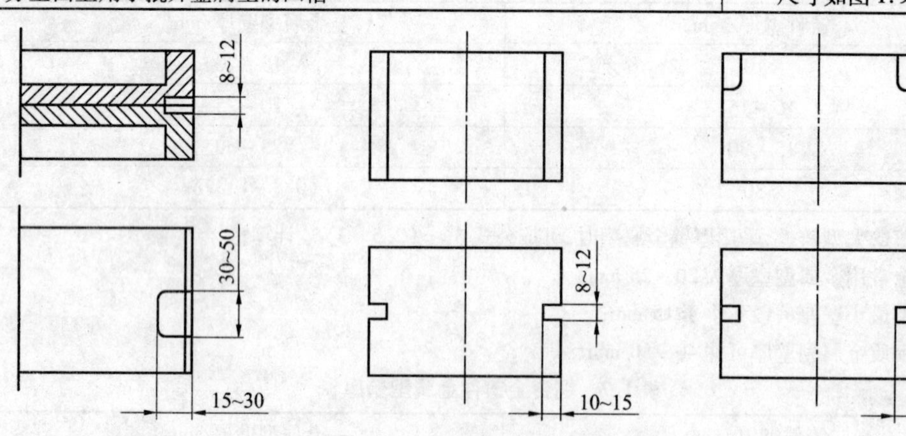

图1.9 撬开金属型的凹槽尺寸

1.2.3 金属型芯的设计

设计金属型芯时,可使用金属芯或砂芯或两者同时兼用,一般情况下,应尽量使用金属芯,避免使用砂芯。因为金属芯有很多优点,如:

①生产率高,使用操作方便;

②尺寸稳定,表面粗糙度低,减少零件加工余量,节省金属;

③加速铸件冷却,铸件结晶组织细密、均匀,有助于提高铸件的力学性能,减少形成部分铸件缺陷的可能;

④便于抽芯机械化自动化,便于组织生产,缩短生产周期;

⑤避免由于制造砂芯而需要的相应设备及工装,节省车间占地面积等。

1. 金属型芯的设计原则

金属型芯的设计原则是:

在不影响零件使用和外观的情况下，应按铸件图给以足够的铸造斜度。

对留有加工余量的铸造表面，其铸造斜度可适当大些，以利于型芯的抽拔。

型芯的定位要很准确，导向要可靠，保证型芯移动时不产生歪斜，避免拉伤铸件。

在能方便地抽拔型芯的情况下，应尽量减少型芯的数目，不仅便于操作，而且可以提高铸件的精度。

型芯的结构应考虑加工制造方便，圆形金属芯直径在 ϕ50 mm 以上时，应制成空心，壁厚为 12 ~20 mm，大型金属芯壁厚设计。

2. 手动抽芯机构

(1)撬杆抽芯机构

如图 1.10 所示，型芯利用带有主台阶的型芯头定位，型芯头长度应比型芯最大直径大 2 ~5 mm，型芯头长度可取型芯最大直径的 0.05 ~2 倍，在主台阶上设计辅台阶，辅台阶用于撬杆进行压撬抽拔型芯，辅台阶的直径应足够撬拔型芯使用。

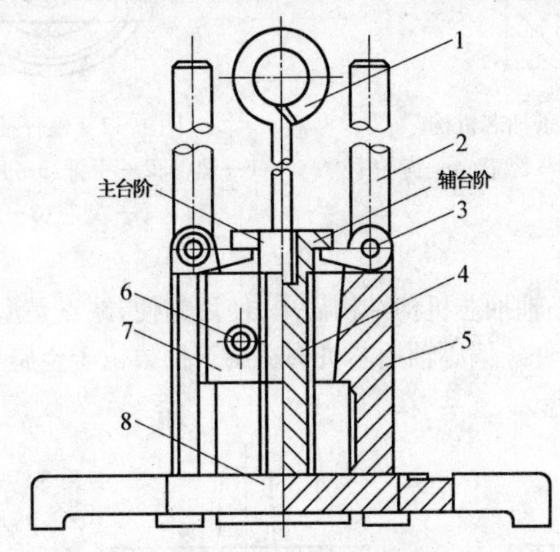

图 1.10 撬杆抽芯机构

1—提手;2—撬杆;3—轴;4—金属芯;5—右半型;6—手柄;7—左半型;8—底座

(2)齿轮齿条抽芯机构

如图 1.11 所示，齿轮齿条抽芯机构是应用最广泛的抽芯机构，其特点是抽芯平稳，但结构较复杂。型芯既可做成整体的，也可做成装配式的。整体式齿轮齿条抽芯机构的结构简单，但若型芯报损齿条也跟着报废。装配式齿轮齿条抽芯机构的结构较复杂，但型芯报损时齿条不至于报废。根据型芯的轮廓尺寸及所需抽芯力的大小，齿轮、齿条模数一般取 2.5 ~4 mm。适用于抽拔金属型底部和侧部的型芯，不适用于抽拔上部型芯，否则影响浇注和取出铸件。

(3)螺杆抽芯机构

如图 1.12 所示，螺杆抽芯机构利用螺母螺杆的相对运动，经压块反作用力可以获得很大的轴向拉力。螺杆抽芯机构制造简单，抽芯平稳可靠，没有跳动，适用于抽拔较长而包紧力较大的型芯，用于拔上型芯和侧型芯。

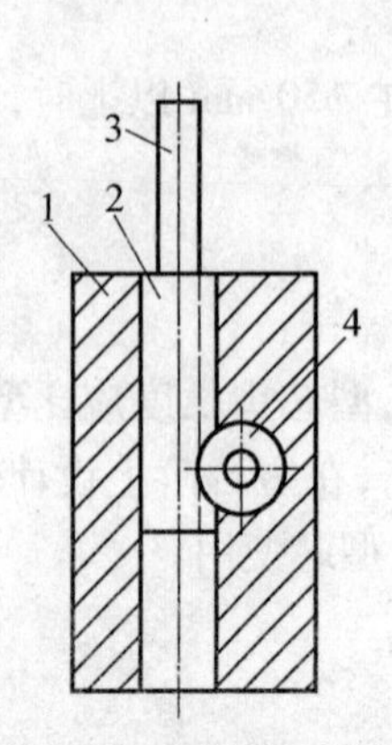

图 1.11　齿轮齿条抽芯机构

1—金属型;2—齿条;3—型芯;4—齿轮

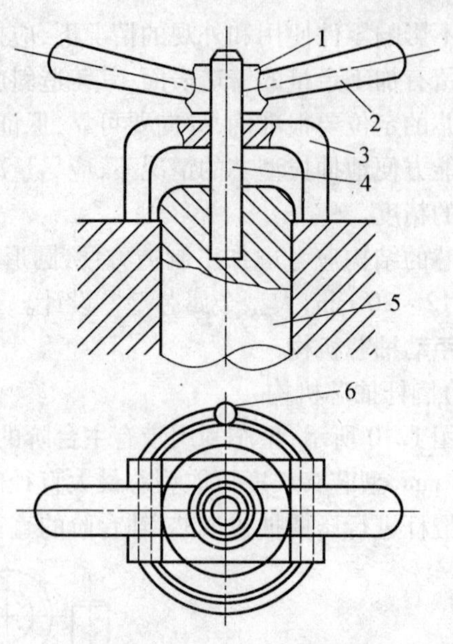

图 1.12　螺杆抽芯机构

1—螺母;2—手把;3—压块;4—螺杆;
5—型芯;6—销钉

(4)偏心轴抽芯机构

如图 1.13 所示,偏心轴抽芯机构结构简单,使用方便,缺点是型芯上下运动会产生轻微的旋转,可能会拉伤铸件。偏心轴抽芯机构适用于抽拔位于金属型底部的型芯。

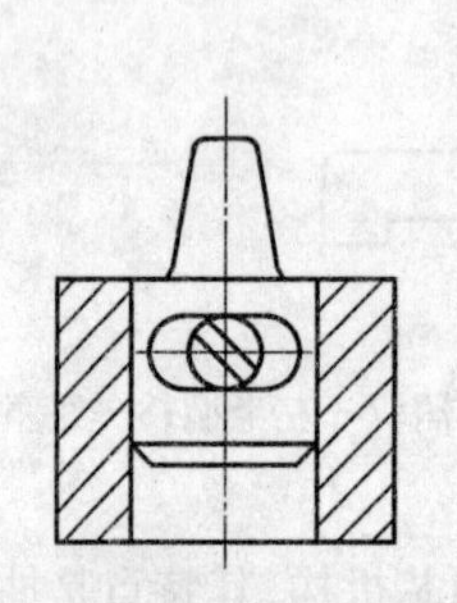

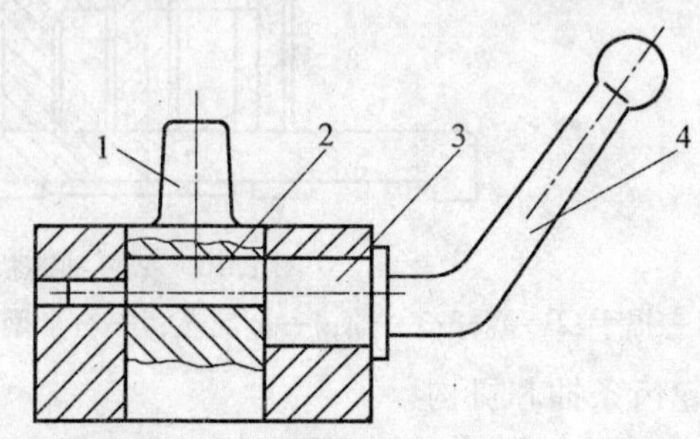

图 1.13　偏心轴抽芯机构

1—型芯;2—轴头;3—偏心轴;4—手把

3. 砂芯的应用

(1)允许使用砂芯的情况

铸件上具有复杂形状的孔腔,用金属型芯无法将型芯取出;影响取出铸件的浇冒口系统和活块;需缓慢凝固,从而起到补缩作用的部分,如冒口部分;金属型易损部位,如浇冒口;金属难以排气部位;局部收缩受阻较大易产生开裂处。

(2)砂芯设计注意事项

砂芯在金属型中便于安装,因安装砂芯是在金属型受热状态下;

垂直式型芯的芯头尺寸应做得尽可能大些,若不可能做大就加大芯头,必须把芯头加长,使型芯安装时不歪斜;

芯头外形越简单,锥度在一定范围内越大,安装越迅速方便,锥度一般取 3°~5°,芯头长度越小,锥度越大;

砂芯排气道应与型体上的排气道相配合,芯盒上应留有排气针的位置,或设计专用排气道压模,这种压模应设有定位销;

芯座四周应做出集砂槽,防止安装砂芯时,芯头和芯座壁摩擦,砂子落入芯座,影响砂芯位置的准确性;

砂芯定位的准确性,不仅决定于砂芯的结构,而且决定于芯头与芯座间的间隙值,间隙的大小又决定于芯头形状、斜度、大小和安装位置,砂芯头与金属型芯座配合间隙见表 1.10;

芯砂要求用较好的黏结剂,最好使用壳芯,以提高内腔精确度,降低粗糙度,改善劳动条件提高生产率。

表 1.10　砂芯头与金属型芯座配合间隙

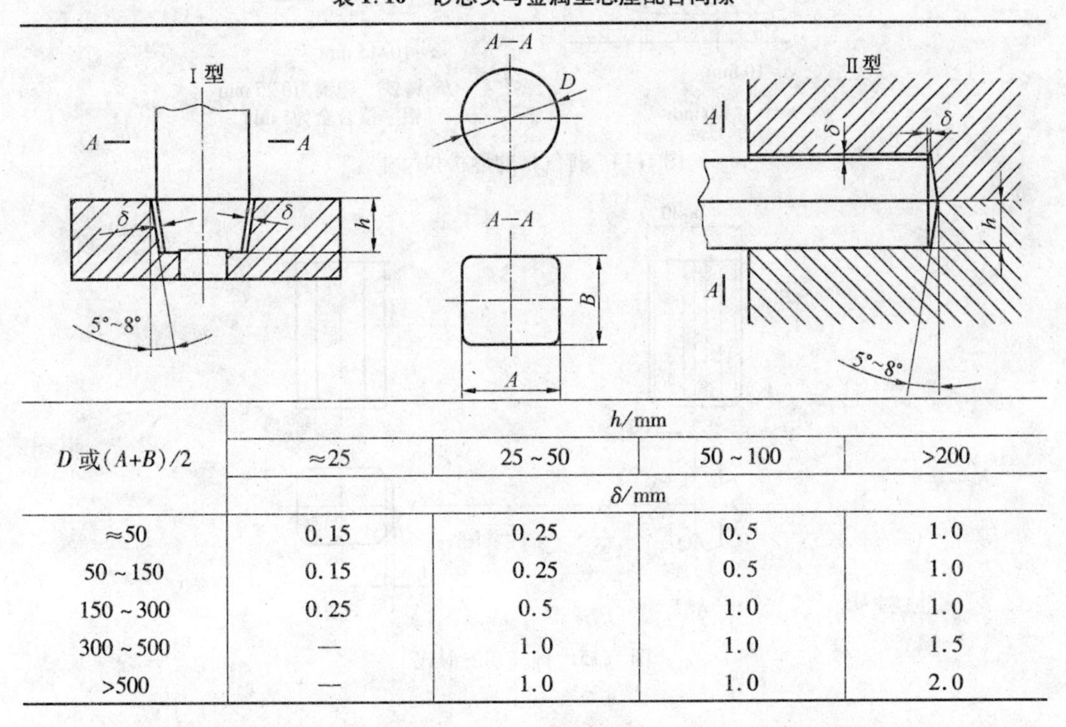

D 或 (A+B)/2	h/mm			
	≈25	25~50	50~100	>200
	δ/mm			
≈50	0.15	0.25	0.5	1.0
50~150	0.15	0.25	0.5	1.0
150~300	0.25	0.5	1.0	1.0
300~500	—	1.0	1.0	1.5
>500	—	1.0	1.0	2.0

1.2.4　排气系统设计

因金属型材料本身无透气性,排气系统设计得不合理将直接影响型腔内空气的排出,使铸件产生浇不足、冷隔、外形轮廓不清晰、气孔等缺陷,故在金属型中必须设计好排气系统。

确定排气系统在金属型中的位置后,在拟定浇注系统时,必须考虑金属液的充型过程应有利于将型腔中浇注时卷入的和挥发物所产生的气体排出。可能时最好开设排气冒口,利用排气冒口直接排气。排气系统分型面上可开设排气槽,型腔中的凹处及个别凸起部位钻孔,装入排气塞,以利于排气。型腔各配合面如芯座、活块、顶杆与型体的配合面等,应开设排气槽。排气系统的截面积应等于或大于浇注系统的最小截面积。排气系统的设置应不影响开型及抽芯。

当铸件上部无需安装冒口时，可设置排气孔；暗冒口的顶部也应设计排气孔，排气孔通常为 $\phi1\sim5$ mm 的圆孔。要求既能迅速排出腔中气体，又能防止液体金属侵入，具体可采用扁缝形和三角形排气槽。排气槽又称通气槽、通气沟，如图 1.14 所示。排气塞又称通气塞，可用钢或铜棒制成，如图 1.15、图 1.16 所示，排气塞一般安装在型腔中排气不畅而易产生气窝处，避免铸件缩松、浇不足、成型不良、轮廓不清。为此设计时必须研究金属液充型顺序，确定在型腔中会产生气体聚集而不能排出的部位。利用镶块与金属型本体的结合面排气，在结合面上做出排气槽，如图 1.17 所示。

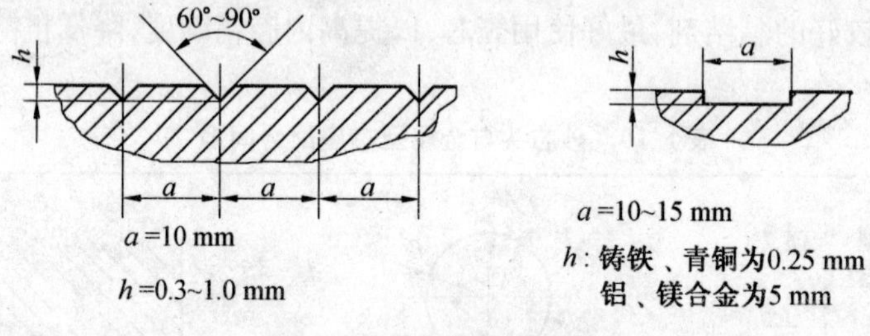

图 1.14 排气槽的形状和尺寸

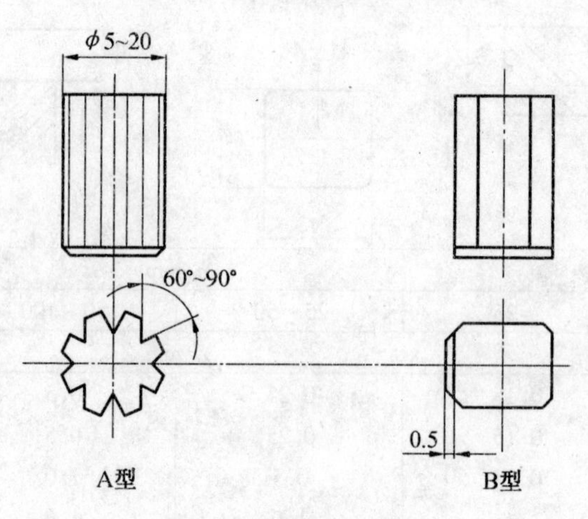

图 1.15 排气塞的形式

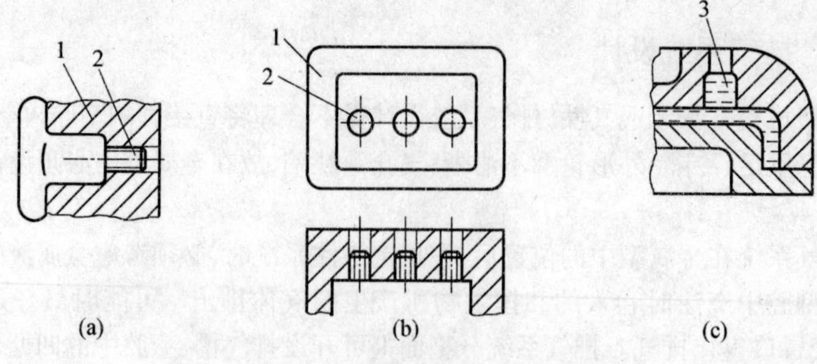

图 1.16 装配在型壁上的排气塞

1—金属型壁；2—金属排气塞；3—水玻璃砂塞

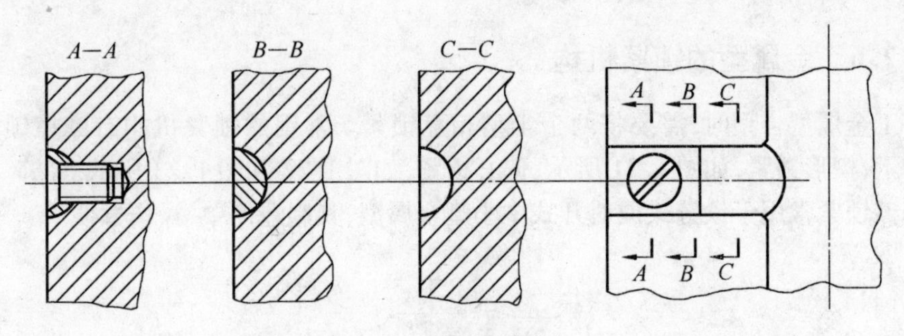

图 1.17 利用镶块排气

不能使用上述方法进行排气的铸件,可在组合铸型的组合块接触面上开排气槽的方法排气。金属芯的固定部分(即与配合面)表面可开设三角形槽排气,如图 1.18 所示。

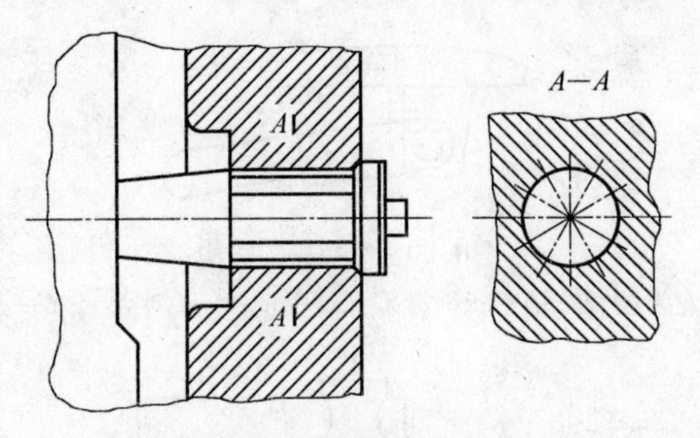

图 1.18 金属芯排气设计举例

1.2.5 金属型半型间的定位

为了使金属型半型间不发生错位,常采用定位销定位。图 1.19(a)为定位销直接用静配合形式安装在下半型上,上半型定位孔内用静配合形式嵌入衬套(淬火),定位销与衬套用动配合。对于圆盘类金属型也可采用止口定位,如图 1.19(b)所示。

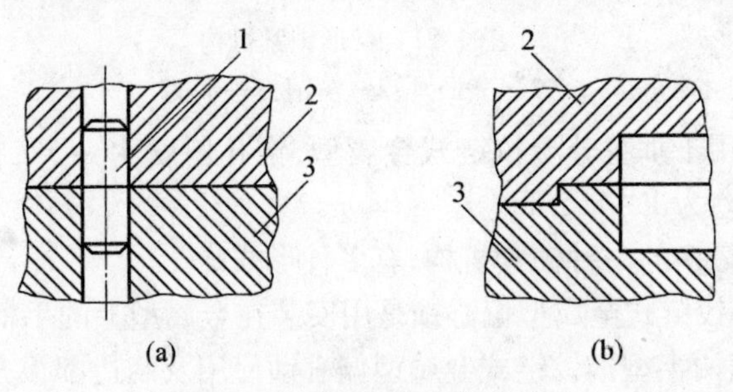

图 1.19 金属型的定位方式

1—定位销;2—上半型;3—下半型

1.2.6 金属型的锁紧机构

手工金属型合型时,需要将两个半型相互锁紧。常用的锁紧机构有摩擦锁紧,如图1.20所示;楔形锁紧,如图1.21 所示;偏心锁紧,如图1.22 和图1.23 所示,等等。

摩擦锁紧常用于铰链式或对开式中小型金属型,其制造简单,操作方便。

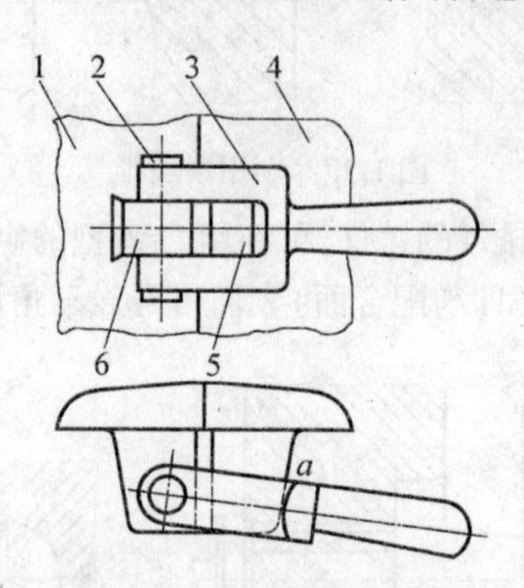

图1.20 摩擦锁紧机构

1—左半型;2—销子;3—摩擦固紧手把;4—右半型;5、6—凸耳

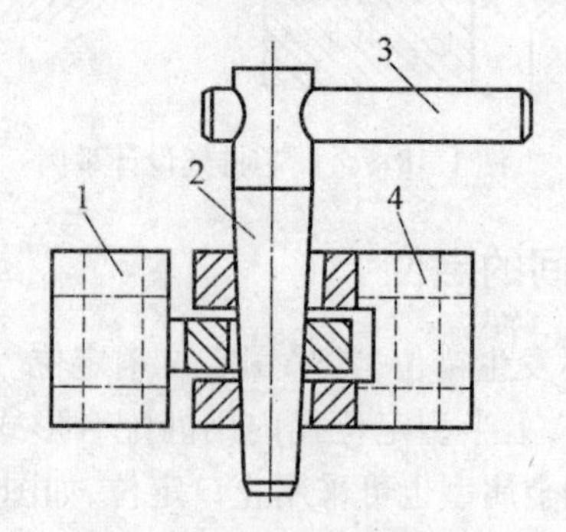

图1.21 楔形锁紧机构

1、4—凸耳;2—楔销;3—手柄

楔形锁紧主要用于垂直分型铰链式金属型,锥孔斜度4°~5°,在合箱位置时两凸耳上锥孔的中心线偏差为1~1.5 mm。

偏心锁是用得最多的一种锁紧机构,有多种形式。

(1)如图1.22,铰链式金属型偏心锁是用安装在金属型上的手柄1、锁扣2,靠偏心手柄3转动,从而夹紧两半型。铰链式金属型偏心锁使用及制造都很方便,偏心手柄经常转动易磨损,需要时常修理,只适用于生产铸件批量不大的小型金属型。

(2)如图1.23,对开式金属型偏心锁是用开口销5,将锁扣固定在金属型的凸耳之间,通过偏心手柄1的转动,将两半型锁紧。锁紧操作方便可靠效率高,广泛用于中型金属型。

此外,还有套钳锁(又称螺旋锁),能承受很大的力,工作也很可靠,使用中无需特殊维护,缺点是操作时速度较慢,适用于大中型金属型。

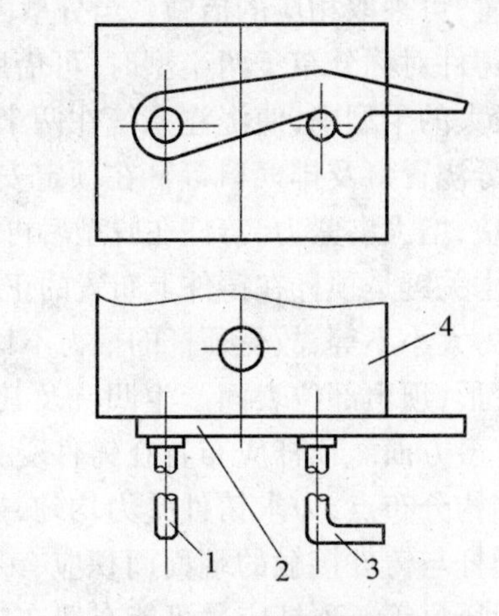

图 1.22 铰链式金属型偏心锁

1—手柄;2—锁扣;3—偏心手柄;4—金属型

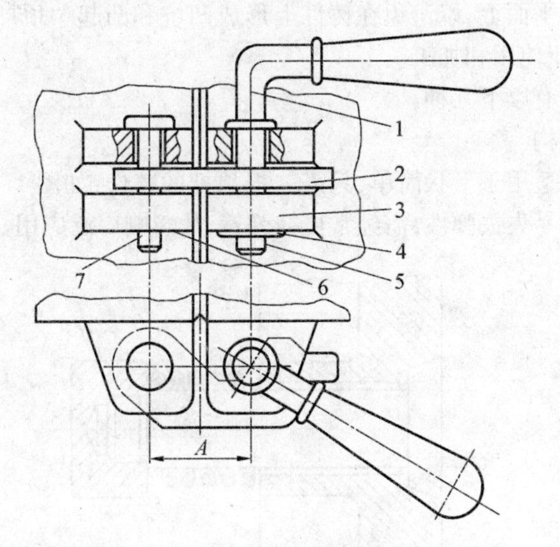

图 1.23 对开式金属型偏心锁

1—偏心手柄;2—锁扣;3—凸耳;4—垫圈;5—开口销;6—垫圈;7—轴销

1.2.7 顶出铸件机构

由于金属型无退让性,加上金属铸件在型内停留时铸件的收缩受阻,导致铸件出型阻力增大,故在金属型中要设置顶出铸件机构,以便能够及时、平稳地取出铸件。

设计金属型的顶出机构时首先确定铸件在开型后所停留的位置,而铸件在开型后的停留位置又与铸件形状及分型面的选择有关。

对于综合分型面的金属型,开型后金属停留在底座中。对于垂直分型金属型,当生产批量小时,铸件停留在固定的半型中;当铸大件时,铸件停留在移动的半型中。对于水平分型金属型,一般情况下都使铸件停留在下半型中,当有大的上半型芯时,铸件可留在上半型中。

为使铸件停留在指定位置,可采取相应的措施。当分型面确定之后,在铸件夹紧力较大的半型中设置顶杆机构。铸件对称分布于两半型时,可借助设计两个半型中铸造斜度的差异,将顶杆装在夹紧力较大的半型中,使浇注系统在两半型中分布不对称,预定装顶杆的半型中布置全部或大部分浇冒口及排气口等。在预定安装顶杆的半型中,对应铸件或浇冒口上设置专用工艺凸块,增大夹紧力,铸件在脱型后再将工艺凸块切除。

设置铸件顶出机构的技术关键是顶杆在铸件上布置的正确性。

由于铸件各部分受夹紧力大小不等,故受顶杆的推力不均匀,顶杆顶出过程中可能发生歪斜,造成铸件表面发生变形,顶出部位表面产生凹坑及其他一些缺陷,故决定顶杆顶出力作用点布置时,应注意许多方面。顶杆应布置在铸件受夹紧力最大的地方。顶杆的数量应足够多,且根据铸件结构分布点,力求铸件受力均匀,避免铸件顶出发生歪斜。顶杆最好布置在铸件厚壁处,顶杆与铸件接触的端面面积应有足够大,或增加顶杆数目,以避免铸件局部发生变形、表面压痕等。顶杆应尽可能布置在浇冒口上或铸件需要加工的部位。铸件本身结构不宜布置顶杆时,可设置专门的工艺凸台来随顶杆推力。顶杆端面与型腔壁应在同一平面上,以避免在铸件上形成凹坑和凸起。顶杆和顶杆孔一般要求设计成圆形,这样便于使用和加工。

常见顶杆机构有以下几种。

1. 弹簧顶杆机构

弹簧顶杆机构适用于形状简单,只需一根顶杆的铸件,如图 1.24 所示。弹簧顶杆的缺点是弹簧受热后易失去弹性,需经常更换弹簧,故影响广泛应用。

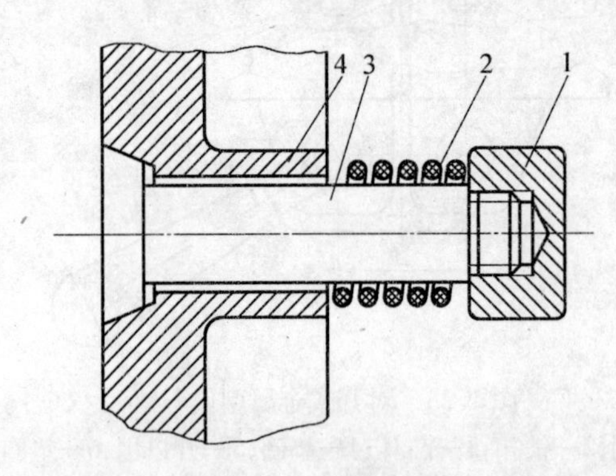

图 1.24 弹簧顶杆

1—螺母;2—压缩弹簧;3—顶杆;4—金属型

2. 组合式顶杆机构

组合式顶杆机构类似压铸机顶出机构,一般由电动、液压或机械传动装置完成开合型动作,形式较为复杂,如图 1.25 所示。在完成开型后,铸件必须留在动型板上,以利于正常生产。

3. 楔锁顶杆机构

楔锁顶杆机构相当于在弹簧顶杆机构中,弹簧与金属型接触端面以外,在顶杆上开一个楔形的孔,用紧固楔代替弹簧打入楔形的孔,使顶杆复位浇注,浇注完毕后退出紧固楔,敲击顶杆脱出铸件,如图 1.26 所示。

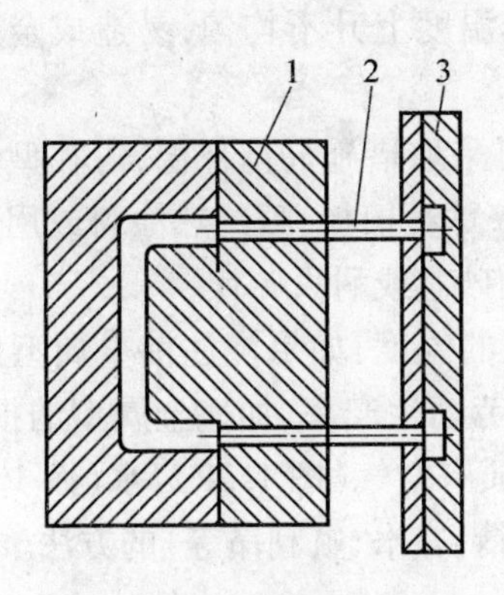

图 1.25 组合顶杆机构

1—金属型;2—顶杆;3—顶杆板

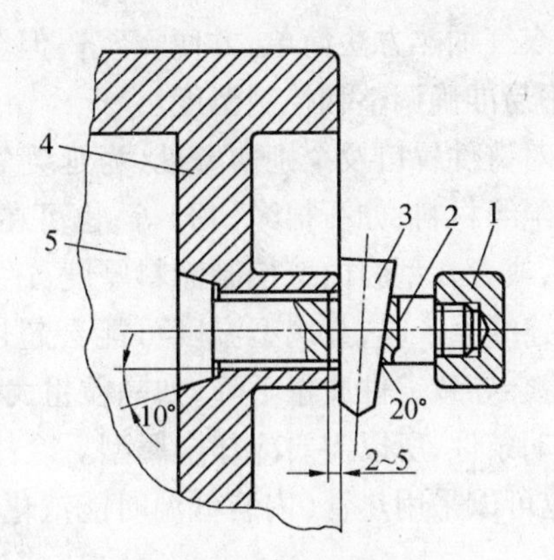

图 1.26 楔锁顶杆

1—六角螺母;2—顶杆;3—紧固楔;4—金属型;5—型腔

1.2.8 金属型的预热和冷却装置

浇注前,金属型型腔必须预热,喷涂料前应预热到 150 ℃左右,喷涂料后还需加热到 200~250 ℃,才能进行浇注。

小型的金属型直接在煤气喷嘴、喷灯或焦炭炉上加热即可,不便搬动的大、中型金属型,或操作途中需要加热的金属型,应设计专用加热装置。图 1.27 为电阻丝加热装置,其使用方便,结构紧凑,加热温度可以自动调节,可直接安装在型体上,并有设计良好的绝缘保护装置,采用 24~36 V 低电压加热,做到安全生产。

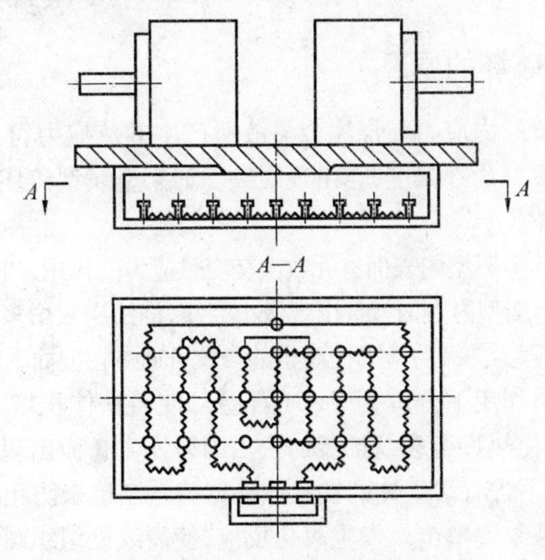

图 1.27 电阻丝加热

当金属型壁厚设计为 35 mm 以上时,适合使用管状加热元件加热。管状加热元件的热效率高,拆装方便,寿命长。管状加热元件一般是在工厂制造的。在不影响金属型强度的情况下,管状加热元件离型面越远越好。

煤气加热是用煤气或液化石油气对金属型进行加热,小型金属型用移动式喷嘴直接对型面加热;大中型金属型应根据工艺要求分别设置喷嘴,使金属型整体受热均匀。

煤气加热方法简单、方便、经济，但金属型各部分温度上升不均匀，易造成金属型变形，不易准确调整和控制温度。

对铸件冒口及个别薄壁处，为延缓金属液凝固，可采取措施局部保温，可在型腔外壁充填绝缘材料，如石棉绳（粉）等；也可在冒口部分内壁贴石棉板，喷绝热涂料或用保温冒口套，或者在型腔内壁控制涂料厚度，还可以局部利用砂芯或耐火砖片。

连续生产时，金属型温度可能会超过工艺上规定的温度，如果浇注前金属型温度过高，将会导致铸件质量下降，如晶粒粗大等，还会降低劳动生产率，加速金属型的损坏，恶化劳动条件，所以需要冷却金属型。冷却金属型的介质有空气（图 1.28）、水（图 1.29）或油，也可以采用热管（内装低温时能汽化的液体，如酒精、氨水、氟利昂等）的方法。

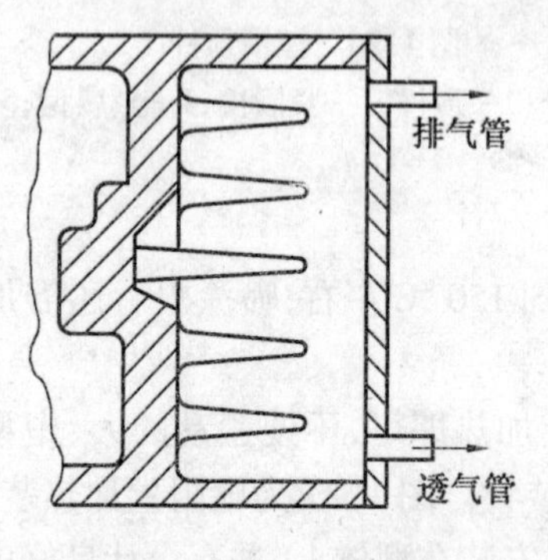

图 1.28　空气冷却金属型

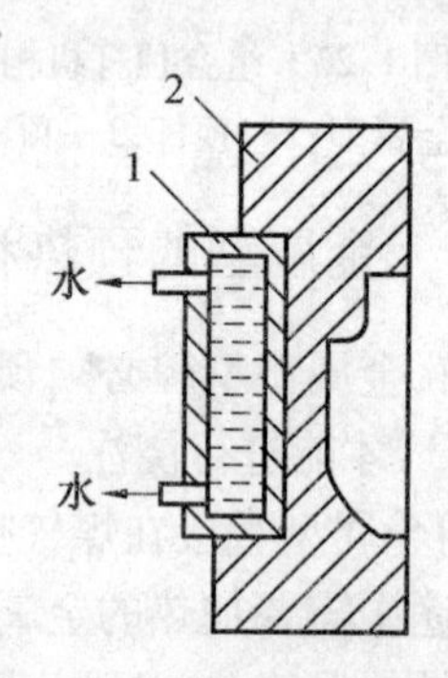

图 1.29　水冷却金属型
1—冷却水套；2—金属型

1.2.9　金属型破坏的原因

金属型铸坯中存留的内应力与浇注金属液所产生的热应力符号相同而产生迭加，热应力迭加后如大于金属型局部强度，会出现裂纹。如果金属型铸坯去应力退火，即浇注前型壁预热可防止出现裂纹。

在长期工作过程中，金属型内表面有无数次交变热应力的作用，当这种交变应力超过金属型热疲劳强度极限时，金属型内表面就会出现微小裂纹，浇注次数增多，裂纹越扩大，最后形成明显的网状裂纹。对于因为热疲劳应力而产生的裂纹可通过在型面上喷涂料来防止。

铸铁中珠光体在热作用下分解为 F+G（石墨），使铸铁体积增大，金属型各部位的变形不同而引起内应力，使热疲劳裂纹扩展加快。因铸铁生长而出现的裂纹，可通过金属型采用 C、Si 含量较高的不含有渗碳体的铁素体基体铸铁制造来防止。

空气中的氧气与裂纹侧壁金属发生氧化反应，使裂纹处组织疏松并进一步扩展，这种现象称为氧气侵蚀。

金属液使型面温度升高，强度下降，较早出现裂纹，有时金属液与型面黏合在一起而将型面破坏，这种现象称为金属液冲刷。金属液冲刷现象可通过合理设计浇注系统，选择合适的涂料来防止。

当取出铸件时，铸件与型面之间的摩擦磨损也会破坏金属型，这种情况可通过选择合适涂料，控制铸型温度及时取出铸件来防止。

1.2.10 金属型的材料

金属型常用的材料为灰铸铁、球铁或钢,常用金属型材料见表1.11。

表1.11 金属型材料

材料类别	常用牌号	零件特点	用 途	热处理要求
铸铁	灰铸铁(常选用HT150、HT200) 蠕墨铸铁 球墨铸铁	接触液体金属零件及一般件	型体,底座、浇口、冒口、支架,金属型铸造机上的铸造零件等	退火
普通碳素钢			螺钉、螺母、垫圈、手柄等	
优质碳素钢	20 25	要求渗碳	轴、主轴、偏心轴、样板等	渗碳深度:0.8~1.2 mm; 淬火:40~45HRC
	30	常用标准件	螺丝、螺母、螺栓、手柄、底座等	
	45	接触液体金属零件及一般件	型体、型芯、底座、活动块、排气塞等	
		要求耐磨零件	齿轮、齿条、手把、锁扣、定位销、轴、偏心轴、连杆、反推杆、板杆、拉杆等	淬火: 33~38HRC
弹簧结构钢	65Mn		弹簧垫圈	
			螺旋弹簧	
碳素工具钢	50CrVA	承受冲击负荷零件	顶杆、拉杆、承压零件	淬火: 45~50HRC
合金结构钢	T7A T8A T10A	特殊要求时应用	镶件、形状复杂同时截面变化急剧的组合型芯、薄片状或细而长的型芯、重负荷面形状复杂的顶杆	淬火、回火
铜	40Cr 35CrMnSiA	高导热性零件	排气塞、激冷块	
铝合金	ZL105		铸件批量不大且需迅速投产时可用铝合金制造金属型型体	阳极处理时得到Al_2O_3氧化层深度达0.3 mm,熔点在2 000 ℃以上

1.3 金属型铸造工艺

1.3.1 浇注补缩系统的设计

在进行浇注系统设计时，因为金属型对液体金属的冷却速度快，故浇注速度应相对提高。要求液体金属尽量平稳地流入铸型型腔，不要直接冲击型壁、型芯或凸角，避免产生涡流、飞溅。浇注补缩系统能起到一定的撇渣作用。浇注系统开设在铸件壁厚热节处有利于铸件顺序凝固，便于铸件得到补缩。液体金属充填铸型应有次序，有利于金属型型腔中气体的排除，应避免浇注系统设计在加工基准面上。浇注系统结构设计应便于铸型开合、取件，并便于从铸件上清除浇冒口。

浇注系统的结构形式，根据铸件的合金牌号、形状、外廓尺寸、壁厚及生产批量决定。常用浇注系统结构形式、优缺点及应用范围，见表1.12。

金属型的冷却能力较强，浇注时间较短。浇注时间可根据下式确定，即

$$\tau = H/V_{平升} \tag{1.3}$$

式中 H——金属型型腔高度，cm；

$V_{平升}$——型号内金属液面上升速度，$cm \cdot s^{-1}$。

金属型形成的浇注系统 $\tau \leqslant 20$ s。

型内金属液面平均上升速度为

$$V_{平升} = (3 \sim 4.2)/b \tag{1.4}$$

式中 b——铸件壁厚，cm。

对铸钢件，当 $b<1$ cm时，$V=2 \sim 3$ cm/s。

金属液在浇道内的流动速度取决于铸件质量、金属液的密度、浇注时间和浇道最小截面积。$V_{浇平}$为浇道最小截面积中金属液平均速度(cm/s)，一般镁合金 $V_{浇平}< 130$ cm/s，铝合金 $V_{浇平}< 150$ cm/s。也可根据经验公式计算，即

$$V_{浇平} = Q/(\gamma \tau F_{最小}) \tag{1.5}$$

式中 Q——铸件的质量，g；

γ——金属液的密度，$g \cdot cm^{-3}$；

τ——浇注时间，s；

$F_{最小}$——浇道的最小截面积，cm^2。

浇注系统各部分截面积比例见表1.13。

表 1.12 浇注系统的结构形式

形式	优 点	缺 点	适用于 H/L	适用于合金	备 注
顶注式	(1)具有合理的铸型热分布,有利于合金顺序凝固,便于铸件补缩; (2)能以大流量充填铸型,浇注速度快; (3)浇道消耗的金属量少; (4)铸型设计、制造方便	(1)液体金属充填型腔时液流不平稳、易飞溅,冲击现象随液流下降高度的增加而严重; (2)由于飞溅,极易引起金属液氧化,形成二次渣、"豆粒"等缺陷; (3)不利于型腔中气体排出	$H/L<1$	(1)常用于黑色金属铸件,且应是矮面简单的铸件; (2)非铁合金铸件较少运用,或仅用于小件(例如,镁合金铸件高度不大于80 mm,铝合金铸件高度不大于100 mm)	为避免冲击、飞溅,高度较大的铸件浇注时可将铸型倾斜,浇注过程中逐渐将铸型恢复至水平位置
中注式	(1)金属液充型过程较顶注式平稳; (2)铸型热分布较底注式合理	不能完全避免金属液流对铸型的冲击及飞溅现象	$H/L\approx1$	(1)用于各种合金; (2)用于铸件高度适中(在100 mm左右),两端及四周均有厚大安装边,难以采用其他浇道的铸件	
底注式	(1)金属液由下而上平稳充型,有利于型腔中气体排出; (2)便于设计各种形状的浇道,充分撇渣; (3)内浇道可在铸件底部均布,能进行大流量浇注	铸型热分布不合理,不利于顺序凝固	$H/L<1$	(1)用于各种合金; (2)有色金属用的较多,特别是易产生氧化渣的金属,多用这种方式	为克服热分布不合理现象,可用各种工艺方法(如调整工艺余量、补注冒口、控制金属型预热温度、调整涂料层厚度等)来解决
缝隙式	(1)液体金属充填铸型过程平稳,有效防止氧化、夹渣及气孔的生成; (2)铸型热分布合理有利于补缩; (3)有利于型腔中气体的排出	(1)清理浇注系统比较困难; (2)浇注系统消耗金属较多	特别适合于圆形铸件	适用于质量要求较高的铸件	缝隙浇道应用很广,当同时存在几种可能的浇注方式时,可优先考虑采用缝隙浇道

表 1.13 浇注系统各部分截面积比例

合金种类	$F_{直}:F_{横}:F_{内}$	备　注
铸　铁	1.25：1.15：1	
铸　钢	1.15：1.05：1	
轻合金	1：(2～3)：(3～6)	开放式，适于大、中型铸件(20～40 kg)
	1：(1.5～3)：(1.5～3)	开放式，适于小型铸件(<10 kg)
	1：(3～4)：1.5	半开放式，适于小而简单的铸件
	$F_{直}:F_{内}$=1：(0.5～0.9)	封闭式，适于要求较高，结构中等复杂的壳形零件，高度<150 mm，质量<3 kg 的铝合金

浇注系统的形状除小而简单的铸件外，可参看图 1.30～图 1.32。

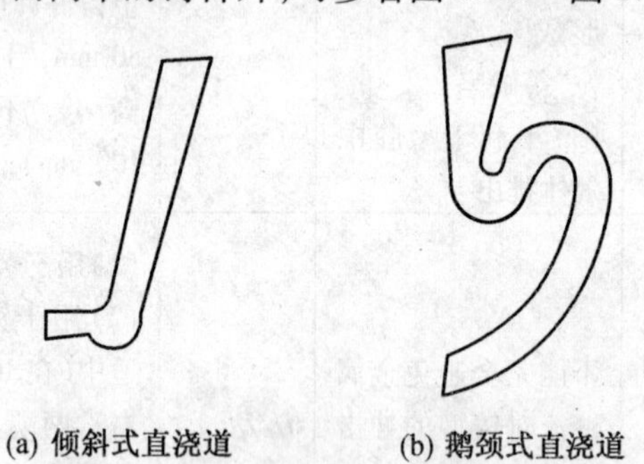

(a) 倾斜式直浇道　(b) 鹅颈式直浇道

图 1.30　防止金属液流飞溅的直浇道

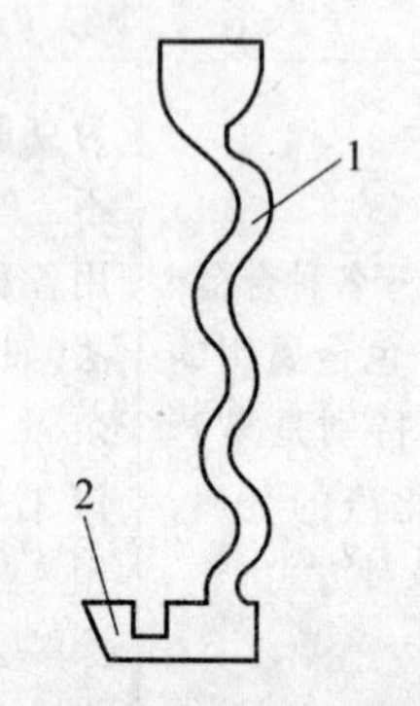

图 1.31　蛇形直浇道图

1—蛇形直浇道；2—节流器

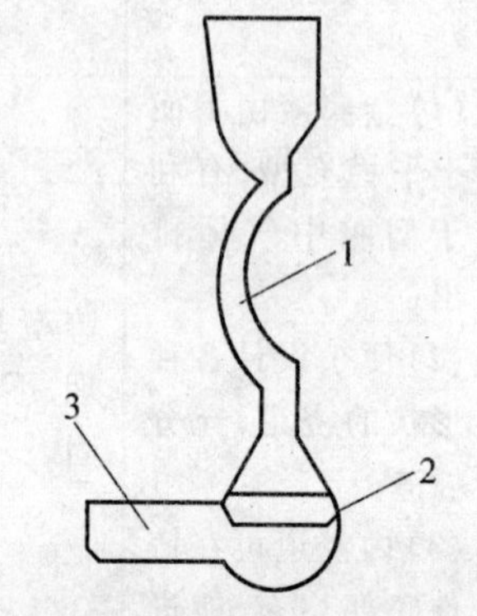

图 1.32　带过滤网的浇注系统

1—直浇道；2—过滤网；3—横浇道

浇注系统在型内的布置形式分为顶注式、底注式、中注式、缝隙式。

顶注式结构简单，易于补缩，浇注系统耗费金属液少。浇注速度快，铸型设计、制造方便。但充型不平稳易造成飞溅、冲击现象，卷入气体，金属液易氧化、铁豆，不利于型腔中气体排出。适于高度较小的黑色金属简单铸件和高度较小的铝、镁合金铸件。

底注式充型平稳，有利于型内气体排出，便于设计各种形式的浇道，充分撇渣，内浇道可在铸件底部均布，能进行大流量浇注。不利于顺序凝固和补缩，金属型结构较复杂。适于易氧化且壁厚均匀的铸件。

中注式充型平稳,有利于补缩、挡渣和排气,但不能完全避免金属液流对铸型的冲击及飞溅现象。适用于高度在 100 mm 左右,两端及四周有厚大安装边,难以采用其他浇道的各种合金铸件。

缝隙式充型平稳,能有效防止氧化、夹渣及气孔的形成,有利于补缩和排出型内气体。但清理浇注系统困难、浇注系统消耗金属较多,适于圆形铸件。

灰铸件一般可不设冒口,其他铸造合金冒口直径根据热节圆直径 d 确定。

冒口直径:

明冒口　$D=(1.2\sim1.5)d$

暗冒口　$D=(1.2\sim2.0)d$

D 为冒口根部直径,mm;d 为热节圆直径,mm。

热节处水平较大时,要求冒口横向补缩能力较强,$D=(2\sim4)d$;

热节圆直径大,所在位置补缩条件好时;D 的系数取下限,反之取上限。

冒口高度:

顶冒口　$H=(0.8\sim1.5)D$

侧冒口　$H=(2\sim3)D$

暗冒口　$H=(1.2\sim2.0)D$

H 为冒口高度,mm;D 为冒口根部直径,mm。

注:轻合金明冒口高度应不小于 60 mm,能采用明冒口处,尽量采用明冒口而不用暗冒口,为提高冒口补缩效果,冒口可运用加热保温、加厚保温涂料及设计保温冒口套。

1.3.2 金属型的工作温度和浇注温度

金属型的导热性能高于砂型,所以金属型能获得较大的温度梯度,使铸件的冷却速度增大。为了保证铸件质量,延长金属型的使用寿命,生产过程中,都非常注意控制金属型的工作温度,使其在一定范围内。金属型的工作温度与所浇注合金的种类、铸件的壁厚及大小等有关,表 1.14 为浇注不同合金时金属型的工作温度。

表 1.14 浇注不同合金时金属型的工作温度

合金种类	铝合金	镁合金	锡青铜	铅青铜	铸铁	铸钢
金属型的工作温度/℃	200 ~ 300	200 ~ 250	150 ~ 225	100 ~ 125	250 ~ 350	150 ~ 300

由于金属型的冷却能力较强,所以为了避免出现浇不足、冷隔等铸造缺陷,合金的浇注温度比砂型的温度高些。合金的浇注温度与合金的种类、铸件的结构等有关,表 1.15 为金属型铸造时合金的浇注温度。

合金的浇注温度应根据铸件的结构及对铸造工艺进行具体分析后确定,在确定合金的浇注温度时应考虑下列因素:

(1)形状复杂及壁薄的铸件,浇注温度应偏高些;形状简单、壁厚及重大的铸件,浇注温度可适当降低。

(2)金属型预热温度低时,应提高合金的浇注温度;为了充满铸件的薄断面,提高合金的浇注温度比提高金属型的温度效果要好些。

(3)由于铸件结构特点的要求,浇注速度是不同的,当浇注速度快时,可稍许降低合金的浇注温度;需缓慢浇注的铸件,浇注温度可适当提高。

(4)采用顶注式浇注系统时,可用较低的浇注温度;采用底注式浇注时,可采用较高浇注温度。

(5)当金属型中有很大的砂型时,可适当降低合金的浇注温度。

表1.15 金属型铸造时合金的浇注温度

合金种类	铅锡青铜	锌合金	铝合金	镁合金	黄铜	锡青铜	铝青铜	铸铁
浇注温度/℃	350～450	450～480	680～740	715～740	900～950	1 100～1 150	1 150～1 300	1 300～1 370

1.3.3 涂料

1. 喷刷涂料的目的和作用

喷刷涂料的目的和作用在于降低高温金属对金属型的"热冲击",减小型壁的内应力;耐热涂料将金属液和型壁隔开,避免发生熔焊现象,保护金属型不被烧伤;对型腔内不同部位,喷刷不同成分涂料,并控制涂料层厚度差异,可使铸件按规定顺序凝固,便于在最后凝固部位设置冒口,提高冒口补缩能力;减少型壁对金属液吸热速度,有利于金属液的流动性,改善充型条件;涂料有一定的排气作用,涂料颗粒越粗,排气作用越大;使铸件表面光洁,减小铸件包聚力,便于脱型;可减少或避免铸铁件表面产生白口。

2. 对涂料的要求

要求涂料具有足够的耐热性,不被浇注的液体金属所熔化;涂料具有必要的化学稳定性,不与液体金属及其氧化物形成易熔化合物,也不与金属型壁起化学作用;根据工艺需要,涂料应具有一定的导热性能;涂料要能牢固地黏附在金属型表面,并且本身具有一定的强度,能在剧烈的温度变化下工作,不发生龟裂,不易剥落;涂料有足够的流动性,便于用喷雾器喷成雾状,或用刷子刷在型腔表面;涂料应较少产生挥发性气体和不产生对人体有害的气体。

3. 涂料的组成

涂料的组成分为耐火粉料、黏结剂、稀释剂、特殊附加剂。

对于非铁合金件,耐火粉料常用白垩粉、ZnO、滑石烘粉、TiO_2、MgO、石棉粉、石墨粉。

对于铜合金件,耐火粉料常用石墨粉、石棉粉、耐火黏土、滑石粉;对于黑色金属件,耐火粉料常用硅石粉、镁砂粉、铬铁矿粉、耐火砖粉、耐火黏土、石墨粉。

对于非铁合金件、铸铁件,黏结剂主要用水玻璃;对于铸钢件,黏结剂一般用黏土、水泥、糖浆、纸浆废液、油类以及水玻璃。

对于铜合金件,稀释剂用油类(机油、润滑油);对于其余各种铸造合金件稀释剂均用水。

对于非铁合金件,特殊附加剂用 $BaSO_3$,用量为涂料总质量的2%～3%,可使涂料塑性升高;对于镁合金件,特殊附加剂用硼酸,可防止金属氧化;对于铸铁件,特殊附加剂用硅铁粉,可防止白口。

4. 涂料配比及喷涂要求

金属型铸造用涂料配比见表1.16。

表 1.16 金属型铸造用涂料配比举例(质量分数/%)

浇注合金	氧化锌	白垩粉	石棉粉	石墨粉	二氧化钛	滑石粉	耐火砖粉	刚玉粉	黏土	石英粉	松香	糖浆	肥皂液	表面活性剂	硼酸	水玻璃	水
铝合金	10															6	其余
		17.5	8.7													3.5	其余
				10~15												6	其余
	6	4			3											6	其余
镁合金		5				5									2	2	其余
						18									2.5	2.5	其余
		20	25												6.5		100
灰铸铁				10~15					10~15					0.5		5~7	其余
							35		25	25						15	适量
铸钢								30~40							0.7~0.8	5~9	其余
									6	70		1~2	1~1.5				其余
铜合金				14							28						其余

涂料喷刷时,先清理型面旧涂料层、锈蚀物及黏附的毛刺(新金属型可用稀硫酸洗涤),再将型面预热至180~230 ℃,最后用喷雾器将混匀的涂料呈雾状喷涂上去,不同部位,要求喷涂厚度不同,对非铁合金件,不同部分的喷涂厚度不同,浇冒口部位为0.5~1 mm,铸件厚大部位为0.05~0.2 mm,铸件薄壁部位为0.2~0.5 mm。铸件上凸台、筋板和壁的交界处,为更快地冷却可将喷好的涂料刮去。

1.3.4 金属型试铸

金属型试铸的目的是为了检查铸件尺寸是否合格,以及铸造工艺是否合理,能不能生产合格铸件。试铸分为尺寸定型和冶金定型两个阶段。尺寸定型是为了使铸件符合产品图样尺寸的要求;冶金定型是为了保证铸件内部质量符合铸件技术要求。

尺寸定型和冶金定型的步骤如图1.33和图1.34所示。

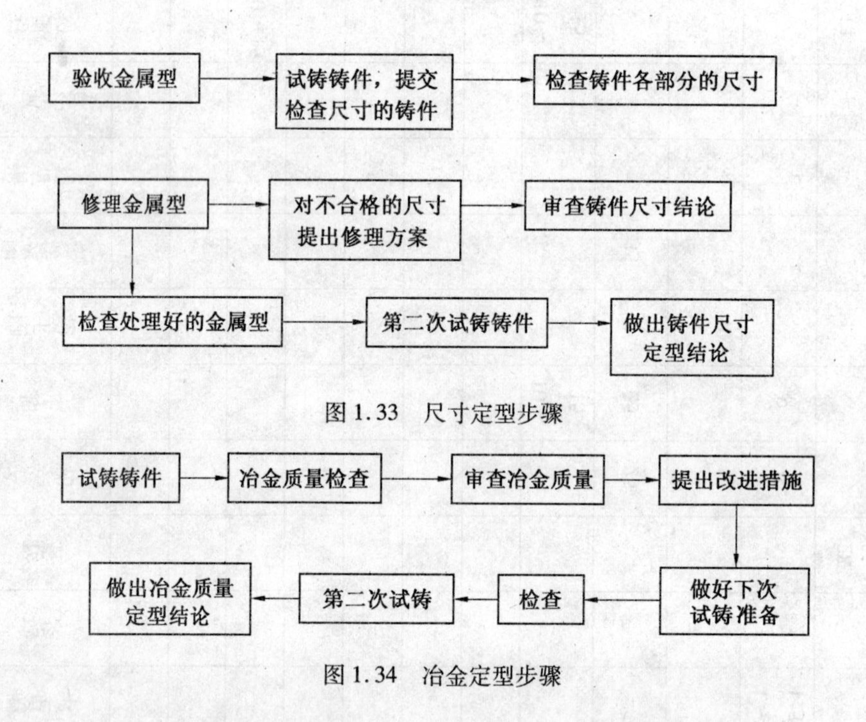

图1.33 尺寸定型步骤

图1.34 冶金定型步骤

1.4 金属型铸件常见缺陷及预防措施

金属型铸件常见的缺陷有气孔、缩孔及缩松、裂纹、冷隔、白口等,表1.17为金属型铸件常见缺陷及预防措施。

表1.17 金属型铸件常见缺陷及预防措施

缺陷名称	形成原因	常见金属	预防措施
气　孔	金属型排气设计不当,铸型预热温度过低,涂料使用不当,金属型表面不干净,原材料未预热,脱氧不当等	各种合金	采用倾斜浇注;涂料喷涂后彻底烘干;原材料使用前预热;选择较好的脱氧剂;降低熔炼温度等
缩孔及缩松	金属型工作温度控制未达到顺序凝固,涂料选择不当,厚度不合适,铸件在铸型中的位置设计不合理,浇冒口起不到补缩作用,浇注温度过低等	各种合金	提高金属型工作温度;调整涂料层厚度;对金属型进行局部加热或局部保温;对局部进行激冷;设计散热措施;设计加压冒口;选择合适的浇注温度等
裂　纹	金属型退让性差,冷却速度快,开型过早或过晚,铸造斜度小,涂料薄等	各种合金	注意审查零件结构工艺合理性;调整涂料厚度;增加铸造斜度;适时开型等
冷　隔	金属型排气设计不当,浇道开设位置不当,工作温度太低,涂料质量不合格,浇注速度太慢等	各种合金	正确设计浇注系统和排气系统;采用倾斜浇注;适当提高涂料层厚度;提高金属型工作温度;采用机械振动金属型浇注等
白　口	金属型预热温度太低,开型时间太晚,壁太厚,未用涂料等	灰铸铁	选择合理的化学成分;金属型表面喷刷涂料;提高金属型预热温度;铸件壁厚与金属型壁厚之比小于1∶2;高温出炉,提早开型等

参考文献

[1]万里.特种铸造工学基础[M].北京:化学工业出版社,2009.
[2]姜不居.特种铸造[M].北京:中国水利水电出版社,2005.
[3]曾昭昭.特种铸造[M].杭州:浙江大学出版社,1990.
[4]陈金斌.铸造手册(特种铸造)[M].北京:机械工业出版社,1995.
[5]林柏年.特种铸造[M].杭州:浙江大学出版社,2004.
[6]王宁国.金属型重力铸造条件下的铝合金铸件生产技术[J].装备制造技术,2011,10:174-177.
[7]吴伟,王爽,吕伟,等.金属型铸造 Al-Si-Cu-Er 合金的低周疲劳行为[J].热加工工艺,2011,9:74-76.
[8]熊其兴.基于金属型铸造稀土低铬铸铁磨球的质量控制[J].热加工工艺,2011,11:56-57,61.
[9]刘喜俊,裴红.罩轮铸件金属型覆砂铸造工艺[J].铸造技术,2010,31(8):1044-1045.
[10]黄列群.铁型覆砂铸造及其应用[J].机电工程,1999,16(3):55-58.
[11]朴东学,李新亚.铸铁金属型铸造工艺现状及发展趋势[J].现代铸铁,2001,2:1-7.
[12]郭景杰,盛文斌,贾均.钛合金金属型铸造工艺研究现状[J].特种铸造及有色合金,1999,1:125-127.
[13]宗振华,程昊,李连望.铝活塞金属型铸造涂料的应用[J].铸造技术,2011,12:1764-1765.
[14]杨梅华,赵金山.金属型铸造奥贝球铁链轮的生产实践[J].铸造技术,2011,7:1014-1015.
[15]吴诗仁,温彤,方刚,等.飞轮金属型覆砂铸造工艺的缺陷分析及消除[J].特种铸造及有色合金,2011,10:927-930.
[16]朴学东,李新亚.铸铁金属型铸造工艺现状及发展趋势[J].现代铸铁,2001,21(1):1-7.
[17]齐笑冰,刘子安,申泽骥,等.铸铁件金属型铸造用铜合金金属型研究[J].铸造技术,2001,23(5):49-53.

第2章 熔模精密铸造

2.1 概 述

熔模精密铸造(Investment Casting)又称失蜡铸造,是用熔模材料制成熔模样件并组成树组,然后在模组表面涂挂多层耐火材料,经干燥固化后,将模组熔出型壳,然后高温焙烧型壳,浇注金属液即得铸件的一种铸造工艺。

20世纪30年代末熔模铸造用于航空涡轮增压器生产,后来迅速地发展为工业技术。半个多世纪以来熔模铸造工业一直以较快的速度在发展,尤其是近年来,随着新材料、新工艺、新技术的快速发展,熔模铸造已能生产更"大"、更"精"、更"薄"、更"强"的铸件。

2.1.1 工艺过程

图2.1为现代熔模铸造工艺过程。

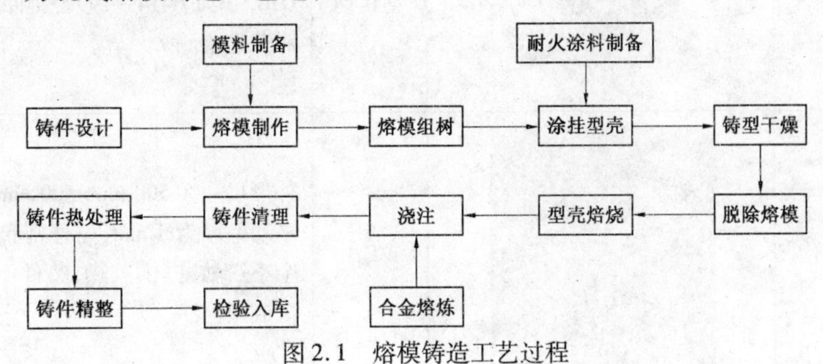

图2.1 熔模铸造工艺过程

2.1.2 工艺特点

熔模铸造具有以下工艺特点:

(1)使用易熔模,不用开箱起模。

(2)铸件尺寸精度高,表面粗糙度好,采用液体涂料制壳,型壳能很好地复印熔模;热壳浇注,金属液能很好地复印型壳。

(3)可铸造形状十分复杂的铸件,能铸出其他工艺方法难以形成的大型复杂铸件或大型组合件。

(4)合金材料不受限制,如碳素钢、不锈钢、合金钢、高温合金、铸铁、铝合金、铜合金、镁合金、钛合金等都可用于熔模铸造。

(5)生产灵活性高,适应性强,既适用于大批量生产,也适用于小批量和单件的生产。

(6)工艺流程繁琐,生产周期长;铸件尺寸不能太大;铸件冷却速度较难精确控制等,使该工艺具有一定的局限性。

2.1.3 应用范围

熔模铸造几乎应用于所有的工业部门，特别是航空航天、造船、汽轮机和燃气轮机、兵器、电子、石油、核能、机械等。采用此工艺生产的精密铸件，尺寸精度可达 CT4 ~6 级，表面粗糙度可达 *Ra* 0.8 ~3.2 μm，壁厚和最小铸孔为 1 mm；铸件尺寸从几毫米至上千毫米，质量从1 g 到 1 000 kg。

表 2.1 为熔模铸造生产的典型铸件。

表 2.1 熔模精密铸造生产的典型铸件

铸 件	实物图	材料	特 点
支 座		镍基高温合金	该铸件形状复杂，法兰部位尺寸精度要求 CT6 GB/T 6414—1999；相互尺寸精度高，内外非加工表面粗糙度要求 *Ra* 3.2，铸件需经 X 光检测，符合 HB 5480—1991 要求
螺旋桨叶片		不锈钢	叶片厚度为 1 ~3 mm；铸件尺寸精度 CT6 GB/T 6414—1999，铸件需经 X 光和荧光检测
散热罩		铸铝	外形尺寸为 500 mm×500 mm×15 mm，平均壁厚为 3 mm，内外密布 2 000 多个小销轴，提供散热，铸件不加工，一次成型
壳 体		铸镁	外形为 490 mm×250 mm×250 mm，平均壁厚为 5 mm，内腔不加工，表面粗糙度要求 *Ra* 3.2，铸件需经 X 光和荧光检测
缓凝壳体		复合材料	外形尺寸为 500 mm×300 mm×50 mm，内腔有 12 mm×20 mm 弧形过油管路，中心部尺寸精度要求高，铸件需经 X 光检测，符合 HB 5480—1991 要求

2.2 熔模铸造工艺

2.2.1 熔模制作

熔模的制作是熔模精密铸造工艺的核心环节之一,优质熔模是获得优质铸件的前提。铸件尺寸精度和表面粗糙度首先取决于模样的制备,制模材料(简称模料)、压型及制模工艺则直接影响熔模的质量。熔模制作工艺流程如图2.2所示。

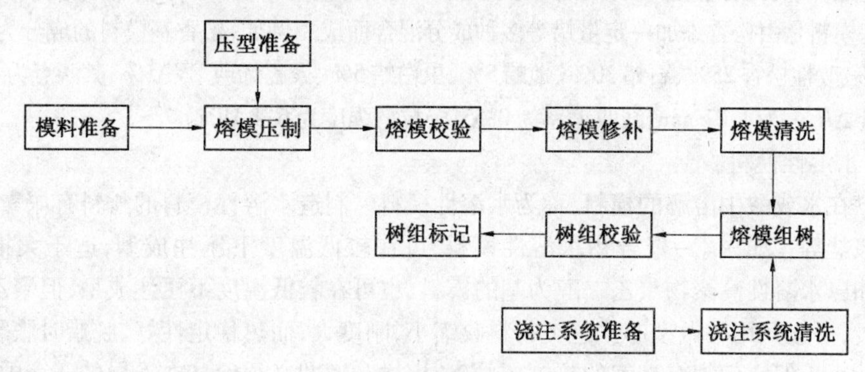

图2.2 熔模制作工艺流程

1. 模料

对模料的基本要求如下:

①熔化温度和凝固温度区间。兼顾耐热性和工艺操作的方便,模料熔化温度为50~80 ℃,凝固温度区间以5~10 ℃为宜。

②收缩率。模料热胀冷缩小,可以提高熔模的尺寸精度,也可减少脱蜡时胀裂型壳的可能性。线收缩是模料最重要的性能指标之一,一般应小于1.0%,优质模料线收缩率为0.3%~0.5%。

③强度和硬度。为保证生产过程中不损坏,熔模需一定强度,模料抗弯强度为5.0~8.0 MPa。为保持熔模的表面质量,模料应有足够的硬度,常以针入度表示,多为4~6度(1度$=10^{-1}$ mm)。

④黏度和流动性。为便于脱蜡和模料回收,模料在90 ℃附近的黏度为(3×10^{-2}~3×10^{-1}) Pa·s,为得到清晰的熔模,模料的流动性应适当。

⑤灰分。灰分是指模料经高温焙烧后的残灰,也是模料最主要的指标之一,一般灰分应低于0.05%。

另外,模料的涂挂性能要好、无毒等,为保证模料性能,模料常由多种成分组成。

(1)蜡基模料

蜡基模料是以矿物蜡或动植物蜡为主要组分的模料,典型的例子是石蜡硬脂酸模料。表2.2为石蜡硬脂酸模料的性能,生产中常采用石蜡、硬脂酸各50%。石蜡和硬脂酸可以互溶,且模料熔点低,配制容易,制模和脱模也方便,模料的处理回收简便,复用性好,但强度及热稳定性较差,收缩大。用蜡基模料生产高精度铸件,其熔模性能不理想。为改善石蜡硬脂酸性能的不足,在模料中添加熔点较高的有机物代替部分硬脂酸,能起到强化作用,提高了蜡基模料的强度和热稳定性。

表 2.2 石蜡硬脂酸模料的性能

熔点/℃	热稳定性/℃	收缩率/%	抗弯强度/MPa	流动性/mm
50~51	31~35	1.0	2.5~3.0	110.2

(2)松香基模料

松香基模料的基本组成是松香,与蜡基模料相比,松香基模料具有强度和软化点高,收缩率小的优点,但模料易老化,寿命短,多用于生产尺寸精度和表面质量要求高的熔模铸造。一般松香基模料是由松香添加一定量蜡等多种成分混合而成。例如,松香基模料的成分为:聚合松香 30%、改性松香 25%、石蜡 30%、地蜡 5%、虫白蜡 5%、聚乙烯或 EVA5%,其滴点为 80 ℃,热变形量 ΔH_{40-2} 为 1.07 mm,线收缩率为 0.55%,抗弯强度为 6.4 MPa。

(3)水溶性模料

可以在水或酸中溶解的模料,称为水溶性模料。制造水溶性模料的材料有尿素、硝酸盐或硫酸盐等。如尿素-聚合物水溶性模料,可在较低温度下压注成型,适于大批量制模。又如以水溶性高聚物聚乙二醇为基的模料,也可在较低温度下压注成型,但聚乙二醇价格较贵,一般只用来做型芯。这类材料收缩小,刚度大,而热稳定性好,脱蜡时胀裂型壳的可能性小。但它们都有潮解的趋向,制好的模样和型芯必须保持在干燥的环境中。

(4)填料模料

为减小模料收缩、防止熔模变型和表面缩陷,提高蜡模表面质量和尺寸精度,在蜡基或松香基模料中加入填料,即填料模料。目前应用最多的还是固体粉末,如某些酸、多元醇、双酚化合物、热固性树脂等。例如,填料的成分为:松香或改性松香 20%、乙烯基甲苯-α甲基苯乙烯 20%、石蜡 24%、褐煤蜡或卡那巴蜡 16%、季戊四醇 20%。

(5)商品模料

商品模料的种类很多,做不同要求的熔模铸件,可选用不同的模样蜡。表 2.3 为部分精铸用商品模料及性能。

表 2.3 部分精铸用商品模料及性能

产品号	颜色	是否填料蜡	软化点/℃	针入度(25 ℃)/10^{-1} mm	灰分(质量分数)/%	特点及用途
KC401	石墨蓝	是	68	—	≤0.010	专为优质航空零件和涡轮叶片用
B545	绿	是	72	3	≤0.030	中小件用,黏度低,流动性好,适合航空业
K 512	绿	非	84①	9	≤0.022	一般中小商品零件用
STICTITE	淡黄	—	67	16~22	≤0.025	用于组合模料的黏结蜡
REPAIP	红	—	—	30~35	≤0.030	修补蜡,手的热量可使之软化,嵌入蜡模缺陷中
305RDS	红	—	74	13~19	≤0.020	浸封蜡,用于消除模组表面上的缝隙

注:①熔点。

2. 熔模制作

将模料压注成型是生产熔模最常用的方法。目前,国内大多数熔模铸造工厂采用商品模料,在0.2~0.3 MPa低压下或用手工压制易熔模。也有如河南平光铸造等少数厂家采用国际熔模铸造常用工艺和设备,采用收缩小、强度高的优质模料,在恒温条件下,在较高压下压制光亮、精确的易熔模,在制作高精度铸件时甚至使用液态压蜡方法制作易熔模。

压蜡机有气力压蜡机、气动活塞压蜡机和液压压蜡机等几种,其中液压压蜡机压射力大、整机体积小,结构紧凑,应用较广。影响熔模质量的主要工艺参数有:压蜡温度、压射力、充型速度、压型温度和保压时间,为得到质量好而稳定的熔模,必须严格控制压射工艺的各种工艺参数。表2.4为国内典型的制模工艺。

表2.4 国内典型的制模工艺

模料	制模设备	压蜡温度/℃	压射压力/MPa	压型温度/℃	保压时间①/s	起模时间①/s	脱模剂
石蜡硬脂酸模料	气力压蜡机	45~48	0.3~0.5	18~25	3~10或更长	20~100或更长	10#变压器油或松节油
松香基模料	液压压蜡机	54~62	2.5~15	冷却水温度6~12	3~10或更长	20~100或更长	210~20甲基硅油或雾化硅油

注:①按熔模大小和壁厚调整。

3. 熔模组树及清洗

根据工艺设计的要求,将经整修检验合格的铸件熔模和浇注系统组合成整体模组,称为熔模组树。模组组树方法有焊接法、黏结法和机械组树法,前两者虽劳动强度较大,效率较低,但简便灵活,适应性强,国内得以广泛使用,国外目前基本已完全实现机械组树法。

为了清除熔模表面附着的蜡削、脱模剂等,提高涂料对模组的润湿性,熔模及浇注系统在组树和涂挂前必须进行清洗,常用清洗剂及使用方法见表2.5。

表2.5 常用熔模清洗剂及使用方法

清洗剂类别	组成	清洗温度/℃	清洗方法
乙醇基清洗剂	体积分数为50%的工业乙醇+50%的水	22~25	在清洗剂中清洗3~5 s,清洗后在22~25 ℃的清水中擦洗数遍后晾干
肥皂水清洗剂	质量分数为0.5%的肥皂水		
复合清洗剂	质量分数为70%的三氯乙烷+30%的工业乙醇或纯丁酮		

2.2.2 型壳制作

熔模铸造普遍采用多层型壳,即易熔模组经浸涂、撒砂、干燥硬化、如此反复多次,使型壳达到一定厚度,再经脱蜡、高温焙烧等工序制作而成。型壳质量的好坏与黏结剂、耐火材料的组成密切相关,并关系到能否获得表面光滑、棱角清晰、尺寸精度高、内部质量好的铸件。优质型壳应满足如下基本要求。

(1)强度

熔模铸造型壳在不同的工艺阶段有三种不同的强度指标,即常温强度、高温强度、残留强度。

常温强度是指湿态强度,制壳阶段一般要求该强度适中,不易发生变形或破裂。

高温强度是指浇注至凝固阶段的强度,不同金属材质对该强度的要求不尽相同。

残留强度是指浇注完成后清理阶段的强度,若残留强度过大,将增加脱壳清理的难度。

(2)透气性

型壳透气性直接关系铸件成型能力和内部质量,尤其是高温透气性,但型壳高温透气性越好,对型壳强度越不利。

(3)热膨胀性

型壳的热膨胀性不仅直接关系铸件的尺寸精度,还影响铸型的抗急冷急热性能和抗高温变形能力。一般优质铸件需采用热膨胀量低且膨胀均匀的型壳。

(4)导热性

耐火材料的选择直接影响型壳导热性,一般粒度越大,型壳导热率越好,越有利于铸件综合力学性能的提高。

(5)其他性能

除上述因素外,型壳的热震稳定性、热化学稳定性、脱壳性等性能对铸件成型工艺过程也有较大影响。优质铸件要求型壳具有良好的热震稳定性和热化学稳定性,脱壳性能越好,越有利于生产效能的提高。

用于型壳制作的黏结剂种类很多,按所用黏结剂的不同分为硅溶胶型壳、水玻璃型壳、硅酸乙酯型壳和复合型壳。目前应用较为广泛的为硅溶胶型壳。

1. 硅溶胶型壳的制作

硅溶胶型壳高温强度好,抗高温变形能力强,热稳定性好,且型壳表面粗糙度低;此外,硅溶胶涂料性能稳定,制作工艺简单,型壳无需化学硬化,使用方便,对环境无污染,目前已成为熔模铸造的主流。

(1)硅溶胶涂料

硅溶胶是典型的胶体结构,胶粒直径为6~100 nm,是由无定性二氧化硅的微小颗粒分散在水中而形成的稳定胶体,又称胶体二氧化硅(Colloid Silica),外观为清淡乳白色或稍带乳光。表2.6为熔模铸造用硅溶胶的技术要求。

表2.6 熔模铸造用硅溶胶技术要求(HB 5346—1986)

牌号	化学成分(质量分数)/%		物理性能			其他		
	SiO_2	Na_2O	密度/$(g\cdot cm^{-3})$	pH值	运动黏度/$(mm^2\cdot s^{-1})$	SiO_2胶粒直径/nm	外观	稳定期
GRJ-26	24~28	≤0.3	1.15~1.19	9~9.5	≤6	7~15	乳白色或淡青色无外来杂物	≥1年
GRJ-30	29~31	≤0.5	1.20~1.22	9~10	≤8	9~20	乳白色或淡青色无外来杂物	

硅溶胶可不经任何处理直接配制涂料。在生产很小的黑色金属铸件时,出于经济考虑可将硅溶胶稀释到SiO_2质量分数为28%左右。在浇铝合金件时为了便于清理,不损坏铸件,面层和背层涂料分别使用SiO_2质量分数为25%和20%的硅溶胶。

硅溶胶涂料有三种:面层涂料、过渡层涂料和背层涂料。面层涂料将直接与金属液接触,应不与金属液及其氧化物发生反应。面层涂料一般由黏结剂、耐火材料、润湿剂和消泡剂等组成。背层涂料不直接接触金属液,应保证型壳具有良好的强度和抗变形能力等综合力学性能。背层涂料一般由黏结剂和耐火材料组成,有时还根据一些特殊要求加入一些附加物,如干燥指示剂、缓凝剂等。过渡层涂料则为更好地将面层和背层结合起来,采用涂料的种类不同其组成也不同。过渡层也是由黏结剂和耐火材料组成,生产高质量铸件时,过渡层与面层用同种耐火材料;铸件要求质量不高时,过渡层与背层使用相同的耐火材料。表2.7为几种硅溶胶涂料配方。

表2.7 几种硅溶胶涂料配方

名称 \ 加入量 \ 序号		1	2	3	4	5
涂料组成	硅溶胶[$w(SiO_2)=30\%$]/kg	12.1	12.1	10	10	10
	电熔刚玉/kg	32~36				
	熔融石英/kg		17~18			
	锆石粉/kg			36~40		
	高岭石类熟料/kg				16~17	14~15
	润湿剂/mL	24	24	16		
	消泡剂/mL	16	16	12		
涂料密度/($g\cdot cm^{-3}$)		2.3~2.5	1.7~1.8	2.7~2.8	1.82~1.85	1.81~1.83
涂料黏度/s		33~37	22~26	32±1	19±1	13±1
用途		面层	面层	面层	过渡层	背层

涂料配制时各组分必须充分混合和润湿。硅溶胶涂料常采用低速连续式制浆机搅拌配制涂料,一般先加硅溶胶,再加润湿剂,搅拌中再缓慢加入耐火粉料,最后加入消泡剂。为保证涂料质量面层全部为新料时,搅拌时间应大于24 h,如部分为新配料时,搅拌时间可缩短为12 h。过渡层、背层涂料,全部为新料时搅拌10 h,部分为新配料时可搅拌5 h。

为控制硅溶胶涂料的性能,需做多项性能测定,如黏度、密度、温度、pH值、耐火材料含量、涂料中固体总含量、黏结剂中SiO_2的质量分数、胶凝情况等。涂料黏度是控制的主要性能,通常用流杯黏度来测定涂料黏度。

(2)硅溶胶制壳工艺

硅溶胶型壳一般需要制作多层,每层型壳均为三个工序:上涂料、撒砂、干燥,如此重复多次。

① 制壳场地工艺参数。涂料间温度为22~25 ℃;相对湿度为45%~70%;通风条件要良好。

②上涂料。上涂料时应根据熔模结构特点在涂料桶中转动和上下移动,防止熔模上

的凹角、沟槽和小孔集气泡，无法挂上涂料。确保型壳成为均匀连续紧密镶嵌的整体，防止形成孔洞、裂隙和分层。

③撒砂。撒砂是为了增强型壳和固定涂料，防止涂层干燥时由于胶凝收缩而产生穿透性裂纹。砂子的粒度通常从面层到背层逐渐加粗。撒砂方法有两种：雨淋法和沸腾法。雨淋撒砂的动量小、均匀，不易击穿涂层，涂料豆也易清除，最适用于增强型壳的面层和固定涂料，但撒砂劳动强度大，生产效率不高。沸腾撒砂速度快，生产效率高，且设备简单，但高速气流易使砂粒击穿涂料层而影响表面质量，同时高速气流使溶剂蒸发快，在熔模棱角处易造成粘不上砂，该法适用于背层撒砂。

④干燥。型壳干燥是制壳工艺的关键工序，随着型壳的干燥，硅溶胶含量提高，胶体颗粒碰撞几率增加，溶胶便胶凝而形成冻胶、凝胶，牢固地将耐火材料颗粒黏结起来，同时耐火材料颗粒彼此接近，从而增强型壳的强度。

(3)硅溶胶制壳工艺参数

表2.8为国内常用的硅溶胶制壳工艺参数。型壳层数由所生产铸件大小和材质确定，铸件越大，壁越厚型壳层数相应要增加；小件可制四层半型壳，半层是只上涂料不撒砂，也称封浆层，它可保护撒砂不散落，并增加整个型壳强度。

表2.8 硅溶胶制壳工艺参数

参数 \ 层数	面层	二层	背层	封浆
涂料种类	面层涂料	面层涂料或过渡层涂料①	背层涂料	背层涂料
撒　砂	100/120目筛锆砂	30/60目筛高岭石熟料	16/30目筛高岭石熟料	
温度/℃	22~25			
湿度/%	60~70	40~60		
风速/$(m \cdot s^{-1})$	—	6~8		
干燥时间/h	4~6	>8	>12	>14
预湿剂	浸润湿剂②		—	

注：面层涂料用锆石粉或刚玉粉作耐火材料，过渡层和背层用高岭石熟料粉或莫来石粉作耐火材料。

①要求高的铸件可使用两层面层涂料，要求不高的铸件则使用一层面层涂料，第二层采用过渡层涂料。

②预湿剂用 $w(SiO_2)=25\%$ 的硅溶胶液，预湿剂可浸一层，也可浸二层或三层。

硅溶胶在干燥过程中必须严格控制温度、相对湿度及空气流速等，具体工艺参数见表2.9。

表2.9 干燥过程中硅溶胶型壳工艺参数

时间/h	层数/层	干燥温度/℃	相对湿度/%	风速/$(m \cdot s^{-1})$
≥4	1~2	20~25	60~70	不宜吹风
≥6	3~5	≥30	40~60	6~8
≥8	6	≥30	40~60	6~8

注：当环境温度和相对湿度不易调整时，可控制为一定相对稳定数值：温度为22~25℃；湿度为45%~70%。

2. 硅酸乙酯型壳的制作

硅酸乙酯含杂质低，耐火度高，铸件表面质量好，广泛应用于铸造镍基、铬基、钴基高温合金或含镍铬较高的不锈钢和耐热钢。

(1)硅酸乙酯涂料

硅酸乙酯涂料也分面层、过渡层和背层。它们都是用硅酸乙酯水解液和耐火粉料组成的。我国尚未有经水解好的硅酸乙酯水解液商品，只有硅酸乙酯32和硅酸乙酯40商品供应。表2.10为熔模铸造用硅酸乙酯的技术要求。表2.11为国内几种常用的硅酸乙酯涂料的配比，面层和过渡层耐火材料可用电熔刚玉、锆砂或熔融石英，背层则多用高岭石类熟料(煤矸石粉)、铝矾土。

表2.10　熔模铸造用硅酸乙酯的技术要求(HB 5343—1986)

性能	指标	
	硅酸乙酯32	硅酸乙酯40
外观	无色或淡黄色或微浊液体	
二氧化硅名义含量(质量分数)/%	32.0~34.0	40.0~42.0
酸度(HCl)/%	≤0.04	≤0.015
110℃以下馏分含量(质量分数)/%	≤2	≤3
密度 $d/(g \cdot cm^{-3})$	0.97~1.00	1.04~1.07
运动黏度/$(m^2 \cdot s^{-1})$	$\leqslant 1.6\times10^{-6}$	$(3.0\sim5.0)10^{-6}$

表2.11　几种常用的硅酸乙酯涂料的配比

层次＼性能＼种类	刚玉粉(一、二层)/铝矾土(三层以后)			铝矾土粉			锆石粉(一、二层)/煤矸石粉(三层以后)		
	粉液比[①] (W/V)	密度/$(g \cdot cm^{-3})$	流杯黏度/s	粉液比[①] (W/V)	密度/$(g \cdot cm^{-3})$	流杯黏度/s	粉液比[①] (W/V)	密度/$(g \cdot cm^{-3})$	流杯黏度/s
1	2.2~2.7	2.0~2.2	25±5	2.2~2.4	1.9~2.15	25±5	3.5~4.0	2.5~2.8	25±5
2	–	2.0~2.1	–	–	1.85~2.1	–	–	2.4~2.6	–
3层以后	2.0~2.2	1.75~2.0	9±2	2.0~2.2	1.75~2.0	9±2	1.6~1.7	1.62~1.65	9±2

注：①W——耐火粉质量，g；V——硅酸乙酯水解液体积，mL。

硅酸乙酯涂料配制时先加硅酸乙酯水解液，在搅拌下每升水解液加入0.8~1.5 mL盐酸或硫酸，将pH值调至1~2(用电熔刚玉粉时可不加)，搅拌下缓慢加入耐火粉料，注意不要有粉团，一般粉料全部加完后继续搅拌0.5~1 h。由于硅酸乙酯具有很强的润湿渗透能力，且液膜强度低，易挥发，因此无需另加润湿剂和消泡剂。

硅酸乙酯涂料的控制与硅溶胶涂料相似，需测定涂料的黏度、密度、pH值等。由于涂料中乙醇容易挥发，为保持涂料的稳定性，每天须补充与蒸发量相同量的乙醇，而耐火材料会使涂料pH值提高，因此，每天需测3~4次涂料的pH值，用盐酸加以调整。

(2)硅酸乙酯制壳工艺

硅酸乙酯型壳制壳工艺比硅溶胶型壳制作复杂，每制一层型壳需要五个工序：上涂料、撒砂、风干、氨干、去味(抽风除氨)。

①上涂料和撒砂。由于硅酸乙酯涂料中乙醇等溶剂挥发较快，所以浸涂料及撒砂要迅速仔细。一般表层砂子粒度为50~100目，加固层由30~40目逐渐加粗至20目左右。

②风干。为防止型壳在氨干过程中出现裂纹，一般要使型壳在空气中干燥一段时间，再进行氨气干燥。一般面层在20～25 ℃空气中干燥0.5～2 h；加固层在空气中干燥的时间可以短些，一般为0.5～1 h。

③氨干和去味。型壳在空气中干燥一段时间后，将型壳置于密闭的氨干箱中，箱内氨气浓度控制在3%～5%，主要以控制通入箱内的氨气流量和时间，一般流量控制为3～5 L/min，通入时间约为1～2 min。氨干结束后，应由抽排风系统及时排出箱内氨气。

为尽量缩短型壳硬化周期，要采用风干和氨干交替进行，先在空气中风干一段时间，再在氨气中干燥和硬化。有时为了进一步提高型壳强度，在涂挂3～4层后或在制壳完成后，进行型壳强化处理，即将型壳浸入专用强化剂中。常用强化剂配比见表2.12。强化工艺为：待前一层涂料充分干燥后将型壳浸入强化剂中数分钟，再在空气中风干3 h以上，最后氨干40 min左右。

表2.12 常用强化剂①配比

硅酸乙酯32	蒸馏水	95.5%精馏酒精	盐酸（d=1.19）
1 000 mL	60～70 mL	150 mL	15～17 mL

注：①建议强化剂配制好后放置一周后使用，效果更好。

（3）硅酸乙酯制壳工艺参数

表2.13为国内常用的硅酸乙酯制壳工艺参数，型壳层数由所生产铸件大小确定。

表2.13 硅酸乙酯型壳制壳工艺参数

层次 \ 硬化方法	撒砂	空气+氨气硬化			
		风干时间①/h	氨固化/min		抽风时间/min
			氨气②	氨水③	
1	50/100④或40/70	≥2	15～25	30～50	10～15
2	40/70	1～3	15～25	30～50	10～15
3层以后	20/40	1～3	15～25	30～50	10～15
浸加固剂	-	≥3	20～30	40～60	10～15

注：①室温20～28 ℃，微风1～3 m/s，相对湿度为65%～75%。

②氨气流量3～5 L/min，通入时间1～2 min，箱内氨气浓度（体积分数）3%～5%。

③对于能容纳30个模组的氨干箱，加入氨水体积约250 mL。

④筛号，数字同目。

3. 水玻璃型壳的制作

（1）水玻璃涂料

我国熔模铸造用水玻璃的技术要求见表2.14。

为提高涂料粉液比，保证制壳时硬化反应顺利进行，配涂料前应先加水调整水玻璃密度。一般面层涂料用水玻璃的密度为1.25～1.28 g/cm^3，背层涂料用水玻璃的密度为1.30～1.33 g/cm^3。涂料用高速或低速搅拌机制备，采用流杯黏度来控制涂料质量。表2.15为生产碳钢等精铸件常用的水玻璃涂料配方。

表 2.14 熔模铸造用水玻璃的技术要求

项目 \ 指标 \ 类别 级别	一 1	一 2	二 1	二 2
波美度(20 ℃)/°Be′	35.0~37.0		39.0~41.0	
Na_2O 质量分数/%	≥7.0		≥8.2	
SiO_2 质量分数/%	≥24.6		≥26.0	
模数	3.5~3.7		3.1~3.4	
Fe 质量分数/%	≤0.02	≤0.05	≤0.02	≤0.05
水不溶物质量分数/%	≤0.2	≤0.4	≤0.2	≤0.4

表 2.15 水玻璃涂料配方

涂料层 \ 组成	水玻璃 模数 M	水玻璃 密度 /($g \cdot cm^{-3}$)	耐火粉料	粉液比	表面润湿剂 JFC 加入量(质量分数)/%	消泡剂加入量(质量分数)/%
面 层	3~3.4	1.25~1.28	270#~320# 精白硅石粉	1.1~1.3	0.1~0.3	0.05~0.1
背 层	3~3.4	1.30~1.33	270#硅石粉 2/3 200#耐火黏土 1/3	1.1~1.2	0.1①	-
			200#~270#铝-硅系耐火黏土或熟料	1.1~1.5		

注:①用 $AlCl_3 \cdot 6H_2O$ 硬化时,背层涂料中可加 JFC。

(2)水玻璃制壳工艺

水玻璃制壳工艺比硅溶胶制壳工艺复杂,每制一层都需上涂料、撒砂、空干、硬化和晾干五个步骤。其中上涂料和撒砂与硅溶胶制壳相同,而硬化是制壳工序中重要的一环。

①空干。空干即硬化前的干燥,是指水玻璃型壳脱除部分自有水的过程。可减少水玻璃制壳过程中的胶凝收缩,使硅凝胶有良好的连续性、致密性,减少型壳和铸件表面缺陷。另外,空干还可以显著地改善型壳的高温性能。但一般为缩短制壳周期,除面层型壳外,背层型壳在撒砂后就立即硬化。

②硬化。水玻璃型壳只有经过化学硬化才能形成不可逆转的硅凝胶。硬化时型壳浸泡在硬化剂溶液中进行,两者完全接触,所以表面硬化进行得很快,但硬化剂向型壳渗透与扩散时硬化进行得很缓慢。影响扩散硬化的因素有,硬化剂种类、硬化产物、涂料层的性质及其他工艺因素。

③晾干。晾干即硬化后干燥,一个作用是流尽残留的硬化剂,这对涂料层间的紧密结合是十分重要的,另一个作用是继续扩散硬化。晾干时间的长短同温度、湿度、硬化剂种类、硬化工艺以及熔模结构等因素有关。

(2)水玻璃制壳工艺参数

水玻璃制壳工艺参数除表2.14和表2.15外,还有硬化工艺参数。水玻璃型壳常用的硬化剂有氯化铵、结晶氯化铝、结晶氯化镁等。不同的硬化剂反应和特点不同,表2.16为常用硬化剂的硬化反应及特点。常用硬化剂的最佳工艺参数及硬化液控制见表2.17。

表2.16 常用硬化剂的硬化反应及特点

硬化剂	硬化反应式	特 点
NH_4Cl(氯化铵)	$Na_2O \cdot mSiO_2 \cdot nH_2O + 2NH_4Cl \rightarrow mSiO_2 \cdot (n-1)H_2O + 2NaCl + 2NH_3 \uparrow + 2H_2O$	硬化剂黏度小,对涂层渗透速度快,化学硬化反应较和缓;型壳湿强度较高,高温强度较低,型壳残留强度低,脱壳性好,硬化反应产生NH_3气体,污染空气并腐蚀机械设备
$AlCl_3 \cdot 6H_2O$(结晶氯化铝)	$3(Na_2O \cdot mSiO_2 \cdot nH_2O) + 2AlCl_3 \rightarrow 3mSiO_2 \cdot (n-1)H_2O + 2Al(OH)_3 + 6NaCl$	硬化剂黏度大,对涂层渗透硬化速度慢;型壳强度高,硬化反应不产生有害气体
$MgCl_2 \cdot 6H_2O$(结晶氯化镁)	$Na_2O \cdot mSiO_2 \cdot nH_2O + MgCl_2 \rightarrow mSiO_2 \cdot (n-1)H_2O + 2NaCl + Mg(OH)_2$	硬化剂黏度大,硬化层薄;型壳强度低于氯化铝硬化剂

表2.17 常用硬化剂的硬化工艺参数及硬化液控制

项目 硬化剂种类	硬化工艺参数				硬化液控制项目
	硬化剂浓度(质量分数)/%	硬化温度①/℃	硬化时间/min	干燥时间/min	
氯化铵	22~25	20~25	3~5	30	氯化铵浓度 氯化钠≤6.5%
结晶氯化铝	31~33	20~25	510	30~45	密度1.16~1.17 g/cm³ pH 1.4~1.7
结晶氯化镁	28~34	20~25	0.5~3.0	30~45	密度1.24~1.30 g/cm³ pH 5.5~6.5

注:①面层用20~25 ℃,从第二层起可逐步提高温度,但最外层温度应小于45 ℃。

4. 复合型壳的制作

硅溶胶型壳高温强度好,高温抗变形能力强,热震稳定性高,且型壳表面粗糙度小,表面光滑,但硅溶胶是靠水分蒸发而实现固化,环境条件要求苛刻,并且型壳室温强度低,制壳周期长,极大影响生产效率。

硅酸乙酯型壳的耐火度高,高温时变形及开裂的趋向小,热震稳定性好,型壳的表面粗糙度低,铸件表面质量好,但用硅酸乙酯制壳,工艺繁琐,污染环境,生产成本高。

水玻璃型壳在高温下型壳强度低,变形大,致使铸件精度降低和表面粗糙度增加,适用于对表面质量要求不高的熔模铸件的生产。

因此，单一黏结剂制作熔模铸造型壳满足不了高精度低表面粗糙度精密铸件熔模铸造的生产和技术要求，需采用熔模铸造所需的复合型壳。

复合型壳是指由两种或两种以上黏结剂制造的熔模铸造用型壳。现在熔模铸造企业中使用比较多的复合型壳有硅溶胶-水玻璃复合型壳、硅酸乙酯-水玻璃复合型壳、硅溶胶-硅酸乙酯复合型壳、硅酸乙酯-硅溶胶交替硬化复合型壳等。如通过硅酸乙酯-硅溶胶复合型壳工艺制造的铸件，尺寸精度可以达到 CT5 级，表面粗糙度达到 *Ra* 0.8～1.6 μm。铸件的最小壁厚为0.5 mm，最小孔直径为1.0 mm。结合陶瓷型芯，可以铸造出内腔形状复杂的精密铸件。图 2.3 为利用硅酸乙酯-硅溶胶复合型壳工艺制造的精密铸件。

(a) 镍基高温合金铸件

(b) 不锈钢铸件

图 2.3　采用复合型壳工艺制造的精密铸件

复合型壳具有如下优点：

①同单一水玻璃型壳相比，可以提高铸件表面光洁度和尺寸精度。铸件表面光洁度可达 *Ra* 0.8～1.6 μm，尺寸精度可达 CT4～CT5 级。

②同单一硅酸乙酯或硅溶胶型壳相比，可以节约生产成本。

③用水玻璃做加固层，可大大缩短制壳周期，且不需要对车间原有设备进行改造和增加额外投资。

④可扬长避短，充分发挥几种黏结剂特有的优点，能实现材料和工艺的优化组合。

复合型壳制作工艺与普通单一型壳制作工艺基本相同，其相关工艺参数亦无大的变化，在此不一一阐述。20 世纪 50 年代复合型壳已在欧美发达国家普遍采用，目前国内不少铸造厂家已开始接受并广泛使用，该工艺已逐渐成为我国熔模精密铸造工艺的一个重要分支。

2.2.3　型壳脱蜡及焙烧

1. 型壳脱蜡

型壳脱除熔模的过程称为脱蜡，是熔模铸造的主要工序之一。目前，除水玻璃型壳部分采用热水脱蜡法，国内外广泛使用高压蒸气脱蜡法。

脱蜡时熔模被型壳包围着，型壳在熔模外面。而熔模的热膨胀大于型壳热膨胀，如长期缓慢加热，熔模尚不能顺利脱除，型壳因受到熔模的胀力，可能会被胀裂。故熔模铸造脱蜡的要点是高温快速脱蜡，以确保型壳在脱蜡过程中不开裂。表 2.18 为常用脱蜡方法工艺特点及应用。

表 2.18 常用脱蜡方法工艺特点及应用

脱蜡方法	工艺条件	工艺特点	应用
热水法	控制水温为95±5 ℃,当为水玻璃型壳时,可加入质量分数为1% ~3%的氯化铵、工业盐酸或硼酸,脱蜡时间一般不大于30 min	(1)适用于熔点小于80 ℃的模料,模料回收率可达90%以上; (2)砂粒易掉入型壳内,增大铸件产生缺陷的机率,并降低型壳强度	广泛应用于水玻璃型壳,少量应用于硅酸乙酯和硅溶胶型壳
高压蒸气法	控制脱蜡压力为0.4 ~0.8 MPa,要求14 s内达到0.6 MPa高压;温度约140 ~170 ℃,时间一般为6 ~15 min	(1)适用于熔点100 ℃以下的松香和蜡基模料; (2)热容量大,脱蜡时间短,能减少型壳开裂	广泛应用

2. 型壳焙烧

焙烧的目的首先是去除型壳中的挥发物,如水分、残余蜡料、皂化物、盐分等,从而防止气孔、漏壳、浇不足等缺陷的产生。同时,经高温焙烧,可进一步提高型壳强度和透气性,并达到适当的待浇注温度。焙烧良好的型壳表面呈白色或浅色,出炉时不冒黑烟。反复焙烧型壳会使型壳强度下降,故一般不能反复焙烧型壳。

硅溶胶或硅酸乙酯型壳焙烧时,焙烧温度常为950 ~1 100 ℃,保温0.5 ~2 h;对于水玻璃型壳,因其型壳高温强度低,一般焙烧温度为800 ~900 ℃,保温0.5 ~2 h;对于复合型壳,其焙烧温度及保温时间与选用的复合粘结剂有关,视具体情况而定。型壳焙烧保温后,降到工艺制定温度保温待浇注。在浇薄壁铸件时,可适当提高型壳的焙烧温度。

2.2.4 熔模铸件的浇注

1. 合金熔炼

熔模铸造的最大优点之一是可生产各种合金铸件。合金种类不同所采用的熔炼方法也不同。铸铁多采用冲天炉-电炉双联熔炼;碳钢、低合金钢及部分高温合金采用感应电炉熔炼。大多数高温合金采用真空感应电炉熔炼;钛合金则需采用真空自耗电极电弧凝壳炉熔炼;铝、铜等有色合金则采用感应电炉或坩埚电炉熔炼。各种合金的熔炼工艺此处不赘述。

2. 浇注工艺

依据不同的合金种类、铸件结构特点、生产批量及质量要求,可选用不同的浇注工艺。目前,熔模铸造中采用的浇注工艺有重力浇注、真空重力浇注、真空吸铸、低压浇注、离心铸造和定向凝固等。

(1)重力浇注

重力浇注是利用金属液自身重力充填型腔。在熔模铸造中有浇包浇注和直接炉上浇注两种。重力浇注方法简便,不需专用设备,广泛应用于熔模铸造。

(2)真空浇注

在重力浇注前抽真空,使型腔内真空度达-0.08 MPa 左右,以减小型腔中气体阻力。浇注时利用金属液自身重力进行充型,由于型腔中的阻力较小,金属液充填能力明显增加。这种方法适用于薄壁铸件成型,尤其适用于铝合金精密铸件成型。

(3)真空吸铸

真空吸铸是将型壳置于一密闭室内,将密室抽至真空状态,使型壳内造成一定负压,由于压差的作用将熔池中的金属液吸入型腔内,当铸件内浇道凝固后,解除压差,直浇道中未凝固的金属液流回熔池。这种铸造方法金属利用率高,充型性能好,质量高,适用于浇注小型薄壁铸件。

(4)低压浇注

低压浇注是将熔模铸造的整体铸型紧固密封在坩埚上部,然后向坩埚内注入干燥的压缩空气,金属液在压力作用下,自下而上通过升液管和浇注系统平稳充入铸型,并保持液面上的气体压力,直到铸件完全凝固为止。然后解除压力,使浇道和升液管中未凝固金属液回到坩埚。这种铸造工艺填充性好,铸件致密度高,气孔和疏松少,目前广泛应用于熔模精密铸造中。

(5)离心浇注

离心浇注是将金属液浇入旋转的铸型中,金属液在离心力作用下填充型腔和凝固。这种方法主要用来浇注结构复杂的环形铸件、盘形铸件和薄壁铸件。熔模铸造中一般采用立式离心铸造。

(6)定向凝固

定向凝固亦称定向结晶,常用于制造高温合金涡轮叶片。其结晶组织是按一定方向排列的柱状晶,消除了横向晶界。从而大大延长了叶片使用寿命,同时,显著提高叶片的工作温度。

单晶铸造是定向凝固技术的进一步发展,其原理和设备与定向凝固基本相同,通过选晶法或籽晶法,最后只有一个〈001〉取向的晶体从螺旋选晶器的顶部伸出并长大,直至充满整个型腔,从而获得单晶铸件。

3. 浇注工艺参数

浇注温度、浇注速度、铸型温度等浇注工艺参数对确保浇铸件质量均有影响。

(1)浇注温度

浇注温度主要取决于合金类别和铸件结构,熔模铸造根据不同合金选择不同温度。表2.19为几种合金常用浇注温度。合适的浇注温度对获得合格铸件具有重要意义。浇注温度过高,铸件易产生缩孔缩松、热裂和脱碳等缺陷,同时还会引起金属氧化、组织粗大等缺陷。浇注温度过低,金属液流动性差,充填能力下降,易产生冷隔、浇不足、夹渣和疏松等缺陷。当型腔复杂,壁较薄时,浇注温度应适当提高;对于形状简单和壁厚大件、热裂倾向大的合金铸件,浇注温度应适当降低。

表 2.19　几种合金常用浇注温度

合金种类	浇注温度/℃
铸铝	690 ~ 750
铸镁	720 ~ 760
铸铜	1 080 ~ 1 200
铸钢	1 530 ~ 1 580
不锈钢	1 570 ~ 1 630
高温合金	1 410 ~ 1 500

(2)铸型温度

熔模铸造浇注的最大特点是热型浇注。由于铸件的结构特点和合金种类不同,型壳的温度也有所不同。熔模铸造常用合金浇注时对型壳温度的要求见表 2.20。型壳在高温下浇注有利于获得尺寸精确铸件,并能有效地减少薄壁件和复杂结构件热裂倾向。但由于铸型温度高,金属液冷却速度慢,易造成铸件晶粒粗大。因此,在保证获得合格铸件的前提下,应适当降低铸型温度。

表 2.20　几种合金浇注时型壳温度

合金种类	型壳温度①/℃
铸铝	300 ~ 500
铸铜	500 ~ 700
铸钢	700 ~ 900
高温合金	800 ~ 1 050

注:①通常薄壁铸件取高温,厚大铸件取低温。

(3)浇注速度

浇注速度是指金属液充满型腔的时间,通常依据铸件质量、结构特点及合金特性确定。浇注速度过快,将使金属液产生飞溅,对型壳产生较大冲击,易造成跑火;浇注速度过低,易产生浇注足、冷隔类缺陷。若浇注时发生断流或不均匀,则易将气体、氧化皮和杂质带入型腔,产生铸造缺陷。因此,当浇注薄壁、复杂、有较大平面及型壳温度和浇注温度较低时,浇注速度要快些;对于形状简单、厚壁铸件及底注式浇注系统,可采用开始以快而宽的金属流浇注,并随型腔内金属液增加而逐渐减少金属流量的浇注方法。在浇注密度大、导热性好、易氧化类金属铸件时,金属液注入铸型过程中应保持平稳、连续;而对于密度小、易氧化的铝合金、镁合金时,浇注速度要快些。

2.2.5　熔模铸件的后处理

熔模铸件的清理包括清除型壳,切除浇冒口和工艺筋,清除铸件表面及内腔的黏砂和氧化皮,消除铸件表面毛刺,铸件修补与清整,热处理和检验等。

1. 清壳

广泛应用于熔模铸造清壳的工艺主要有两种,即机械震动脱壳法和高压水力清壳法。

现在使用较多的仪器为震击式脱壳机,该类仪器有凿岩式脱壳机和卧式震动脱壳机两种。机械震动脱壳法是采用机械震击的方法,使铸件在外力震动下脱除型壳。该方法生产效率高,但劳动条件差,噪声和粉尘较大,需要安置除尘设备和降噪声装置。但此类脱壳机不适合清理带有凸块或脆性材质的铸件。此外，对带有小孔、深孔（槽）及复杂内腔的铸件，清壳效果较差。

高压水力清壳法是利用较大功率的液压系统，产生压力高达 10 ~ 40 MPa 或更大压力的高速射束，喷射到型壳、型芯上，将型壳（芯）击成碎片脱落。该法操作安全，无粉尘，生产效率高，且可光饰铸件表面。高压水力清壳在熔模铸件的清理中已广泛使用。

2. 切割浇冒口

切除铸件浇冒口、工艺筋的工序，在脱壳清理后进行。切除方法有锯切、气割、砂轮切割、液压切割、阳极切割、等离子切割等。

锯切是采用手工锯或锯床切割，生产率高、劳动条件好，但危险性高，一般用于切割非铁合金铸件的浇冒口、工艺筋。

气割是采用氧-乙炔切割工艺，生产效率较高，适用于切割大中型碳钢、合金钢和铜合金铸件浇冒口、工艺筋，但气割易损伤铸件，浇口余根较大，增加铸件修整工作。此外，气割使铸件局部硬度和脆性增加，需退火处理。

砂轮切割是采用高速旋转的砂轮叶片来完成切割，效率较高，劳动强度低，切割质量高，但须做好安全防护和除尘工作，主要用于切割碳钢、合金钢、耐热钢、高温合金和铜合金铸件的浇冒口、工艺筋。

液压切割一般采用专业液压切割机完成切割，生产效率高、切割条件较好，可以提高金属利用率，但要求内浇道采用易切割浇道。该法适用于品种单一、生产批量大、浇注系统简单的铸件。

阳极切割实质上是电化学和热作用与机械作用相结合的方法，生产效率比上述几种切割工艺均高，生产条件好，但只能用于切割铸钢件及各种导电性能良好的材料。

等离子切割是利用高温等离子电弧的热量使切口处的金属局部熔化（和蒸发），并借高速等离子的动量排除熔融金属以形成切口的一种加工方法。等离子切割时配合不同的工作气体可以切割各种氧气切割难以切割的金属，尤其是对有色金属（不锈钢、铝、铜、钛、镍）切割效果更佳；等离子切割速度快，其速度是氧切割法的 5 ~ 6 倍，切割面光洁、热变形小，几乎没有热影响区。

3. 铸件表面清理

铸件经脱壳和切除浇冒口后，铸件表面上尤其是具有复杂内腔、深槽、不通孔的铸件，不能完全清理干净，必须进行表面清理。常用的清理方法有抛丸、喷砂、化学和电化学等。

（1）抛丸清理

抛丸清理是在专用的抛丸清理设备中，利用高速运转的抛丸器叶轮产生的离心力，将铁丸抛向铸件表面，把铸件表面的残砂、黏砂或氧化皮清除。抛丸清理对铸件尺寸没有要求，工艺灵活，但抛丸易使铸件精度和表面粗糙度恶化，因此只能用于精度要求不高的熔模铸件。

（2）喷砂清理

喷砂清理是在压缩空气或水力作用下，铁丸（砂）随气流或水流高速喷到铸件表面，把铸件表面的残砂、黏砂或氧化皮清除。与抛丸清理相比，此法一般不会恶化铸件精度和表面粗糙度，但风动喷砂需要专用的除尘装置。喷砂的工艺参数应根据铸件和对其表面质量的要求选定砂型、粒度和压力参数，表 2.21 为该工艺参数选用简表。

表 2.21 喷砂工艺参数简表

喷砂(丸)方法	砂(丸)材料	粒度	喷砂压力/MPa	适用范围
压缩空气喷砂(丸)	硅砂或刚玉砂 铁砂	20/40 目筛 0.5~2 mm	0.3~0.6 0.5~0.6	铸钢、低合金钢和高温合金铸件
	硅砂 铁砂	40/70 目筛 0.5~1.5 mm	0.1~0.15 0.3~0.4	非铁合金铸件
水力喷砂	整形砂或玻璃砂	80/100 目筛	0.2~0.3	碳钢、耐热合金有特殊要求的铸件
	碳化硅砂	120/200 目筛	0.1~0.15	非铁合金和有特殊要求的铸件

(3)化学清理

当铸件表面的型壳用机械清理法不能完全排除时,可采用化学清理法清理。化学清理是利用碱或酸对型壳的化学作用,以破坏砂粒间的黏结,达到清砂的效果。化学清理的主要方法包括:碱煮、碱爆、电化学清理和泡酸等。

碱煮基本原理是将带残壳的铸件放入钠质量分数为20%~30%的苛性钠溶液,或钾质量分数为40%~50%的苛性钾溶液中加热煮沸,让黏结剂中的SiO_2与碱液产生化学反应,生成硅酸钠或硅酸钾稠状液体,从而使型壳松散分离而达到清除残留型壳的目的。

当碱煮仍不能清除铸件深孔、窄槽中的残砂时,可采用碱爆清理。其原理是将铸件放入温度为500~520 ℃,钠质量分数为90%~95%的苛性钠溶液中,当铸件上的残砂与苛性钠形成熔融玻璃状时,将铸件迅速置于水中,产生高压蒸气而爆炸,从而使铸件上残留的型壳脱除。

(4)电化学清理

电化学清理的基本原理是将铸件放置在一定浓度的沸腾苛性钠溶液中,通以低压直流电,通过一系列化学反应和电解还原,铸件表面和内腔都得到清理,时间短,铸件表面光洁。电化学清理的工艺流程是:铸件装框→电化学清砂→冷水清洗→热水清洗→铸件吹干。电化学清理主要工艺参数见表2.22。

表 2.22 电化学清理主要工艺参数

序号	碱液成分(质量分数)/%				液温/℃	电解				清洗
	NaOH	NaCl	NaF	硼砂		阳极	阴极	电压/V	电流/A	
1	89~90	10~15	—	—	400~500	坩埚	件框	6~12	800~1200	冷水或热水清洗8 min
2	75~95	—	1~15	1~5	450~500	坩埚	件框	2~6	电流密度为4~6 A/cm²	冷水或热水清洗

4. 铸件的修补和清整

(1)铸件的修补

在满足铸件技术要求的前提下,对一些缺陷可进行修补。较大的孔洞类缺陷可采用补焊法修补;铸件上存在与表面连通的细小孔洞可采用浸渗处理法修补;重要铸件内部封闭的缩松等缺陷可用热等静压法处理。

①不同合金铸件可采用不同补焊方法,碳钢与低合金钢可采用焊条电弧焊补焊,不锈钢与高温合金宜采用氩弧焊或微束等离子焊补焊,铝、镁合金用氩弧焊补焊,钛合金件则使用钨极氩弧焊或真空充氩钨极氩弧焊补焊。

②浸渗处理是在真空和压力下,将浸渗剂渗透到缩松、针孔等细小铸造缺陷孔隙中,经过加温使浸渗剂固化,堵塞缺陷孔洞,使铸件达到防渗、防漏、耐压的技术要求。浸渗剂有硅酸盐类、厌氧类、沥青与亚麻油类,可用于不同合金铸件。

③热等静压是将铸件置于密封耐压容器内,抽真空后充入惰性气体介质,升温加压。在高温和均匀的高压下将铸件内部封闭的孔隙(气孔、缩松等)被压实闭合,使铸件缺陷得到修复,性能得到明显改善。热等静压已广泛用于航空高温合金和钛合金铸件中。

(2)铸件清整

铸件清整是指将砂清干净、初检合格的铸件和经修补的铸件,进行精细修整、矫正、光饰和表面处理以达到铸件技术要求的工序。

因蜡模变形、金属凝固收缩、热处理、清理等原因,导致铸件变形时,应对变形铸件进行矫正。矫正通常在热处理后进行,可用冷矫或热矫,矫后的铸件应进行回火以消除应力。

当铸件表面粗糙度尚不能满足技术要求时,可进行光饰加工。光饰的方法有:液体喷砂、机械抛光、普通滚光、振动光饰、离心光饰、磨粒流光饰和电解抛光。

5. 铸件的热处理

由于熔模铸造型壳一般导热性较差,铸件内部晶粒度一般较粗大,且内部往往存在较大铸造应力,尤其是结构复杂或经过矫正的铸件,其内部应力更大。因此,熔模铸件需经过热处理,改善合金组织,消除内应力,提高铸件机械性能。

熔模铸造碳钢件的热处理方法有全退火、正火、正火加回火、渗碳和淬火等。对中、低碳合金钢铸件,为发挥合金元素优势,其主要热处理方法还包括淬火加回火或正火加回火。对于高锰钢铸件,为消除成型过程中形成的碳化物,需对其进行水韧处理。对于不锈钢类铸件,往往采取退火、淬火和回火三个步骤的热处理工艺。对于铝合金、镁合金等铸件,往往也需要采取固溶、时效等热处理方法提高合金综合力学性能。关于热处理工艺及参数,将在热处理类专业教材中讲述。

2.3 熔模铸造工艺设计

熔模铸造工艺设计是根据铸件结构、产量、质量要求和生产条件,确定合理的工艺方案,并采取必要的工艺措施,保证生产正常进行。熔模铸件的工艺设计主要包括:铸件结构工艺设计、工艺参数选择及浇冒口系统设计等。

2.3.1 铸件结构工艺设计

铸件结构工艺性对生产过程的简繁程度及铸件质量的影响极大,结构工艺设计不合理的铸件,不仅给生产带来一定困难,甚至潜伏着产生铸造缺陷的可能性。因此,工艺设计首先应分析铸件结构是否适合熔模铸造生产的要求,对存在的问题应采取哪些相应的工艺技术措施等。熔模铸件结构设计应尽量满足如下条件：

(1)孔(槽)设计要求

为便于生产,铸件孔(槽)不应太小、太窄、太深。一般孔径小于2.5~3 mm,孔深 h 与孔径 d 之比值大于5的孔应为通孔,而孔深 h 与孔径 d 之比为2.5~3.0的为盲孔,盲孔一般不铸出。表2.23为熔模铸造最小铸出的孔径与深度。

表2.23 熔模铸造最小铸出的孔径与深度

孔径/mm	最大孔深/mm	
	通孔	盲孔
3~5	5~10	~5
5~10	10~30	5~15
10~20	30~60	15~25
20~40	60~120	25~50
40~60	120~200	50~80
60~100	200~300	80~100
>100	300~350	100~120

(2)最小壁厚

熔模铸造的型壳面层光洁,且一般为热型壳浇注,因此熔模铸件壁厚允许设计得较薄。但铸件壁厚应尽可能均匀,以减少热节,便于补缩,为防止浇不足等缺陷,各种合金铸件均规定有可铸出的最小壁厚。表2.24为熔模铸件的最小铸出壁厚。

表2.24 熔模铸件的最小铸出壁厚

最小壁厚/mm 铸件材料	铸件轮廓尺寸/mm				
	10~50	50~100	100~200	200~350	>350
铸铁	1.0~1.5	1.5~2.0	2.0~2.5	2.5~3.0	3.0~3.5
碳钢	1.5~2.0	2.0~2.5	2.5~3.0	3.0~3.5	3.5~4.0
锌合金	1.0~1.5	1.5~2.0	2.0~2.5	2.5~3.0	3.0~3.5
铅锡合金	0.7~1.0	1.0~1.5	1.5~2.0	2.0~2.5	2.5~3.0
铝合金	1.5~2.0	2.0~2.5	2.5~3.0	3.0~3.5	3.5~4.0
镁合金	1.5~2.0	2.0~2.5	2.5~3.0	3.0~3.5	3.5~4.0
铜合金	1.5~2.0	2.0~2.5	2.5~3.0	3.0~3.5	3.5~4.0
高温合金	0.6~0.9	0.8~1.5	1.0~2.0	—	—

(3)铸造圆角

一般情况下,铸件上各转角处都设计成圆角,壁厚不同的连接处应平缓地逐渐过渡,否则容易产生裂纹和缩孔、疏松缺陷。铸件上的内、外圆角根据连接壁的壁厚和圆角系数,按1 mm、2 mm、3 mm、5 mm、8 mm、10 mm、15 mm、20 mm、25 mm、30 mm、40 mm系列取值。

(4)其他条件

防止夹砂、鼠尾等缺陷,平面一般不应大于200 mm×200 mm,必要时可在平面上设工艺孔和工艺筋。

2.3.2 工艺参数选择

熔模铸造工艺参数包括,加工余量、铸造公差、收缩率、起模斜度等。

1. 加工余量

熔模铸件精度高,因此其加工余量小于砂型铸造和其他铸造方法。不同型壳工艺的熔模铸造能生产的铸件精度也不同,水玻璃型壳比硅溶胶、硅酸乙酯型壳生产的熔模铸件尺寸精度低、表面粗糙,因此相应的加工余量应大些。表 2.25 为 GB 6414—1999 规定的部分熔模铸造机加工余量。

表 2.25 熔模铸造机加余量

机加余量/mm 型壳材料	铸件轮廓尺寸/mm					
	<63	63~100	100~160	160~250	250~400	400~630
水玻璃	0.8~1.5	1~2	1.3–2.5	1.5~3	1.8~3.5	2~4
硅溶胶	0.5~1	0.8~1.5	1~2	1.3–2.5	1.5~3	1.8~3.5
硅酸乙酯	0.5~1	0.8~1.5	1~2	1.3–2.5	1.5~3	1.8~3.5

2. 铸造公差

熔模铸件尺寸精度较高,不同型壳铸造的熔模铸件,其精度亦不相同。石膏型、硅溶胶和硅酸乙酯型壳生产的熔模铸件,尺寸精度一般较水玻璃型壳生产的铸件精度高。表 2.26 为采用水玻璃型壳熔模铸造时达到的铸件精度。

表 2.26 熔模铸造铸件公差简表

铸件基本尺寸/mm	铸件公差等级/mm		
	CT5	CT6	CT7
≤10	±0.18	±0.26	±0.37
10~16	±0.19	±0.27	±0.39
16~25	±0.21	±0.29	±0.41
25~40	±0.23	±0.32	±0.45
40~63	±0.25	±0.35	±0.50
63~100	±0.28	±0.39	±0.55
100~160	±0.31	±0.44	±0.60
160~250	±0.36	±0.50	±0.70
250~400	±0.39	±0.55	±0.80

3. 收缩率

熔模铸造工艺复杂,铸件收缩率与砂型铸造不同,不仅要考虑合金的收缩和收缩是否受阻,还要考虑模料收缩和型壳的膨胀。由于收缩率是受合金种类、铸件结构、模料和型壳种类等因素的影响,所以必须综合考虑。

4. 起模斜度

起模斜度的大小与铸造件斜面高、是外表面还是内表面有关,可以有三种形式:增大铸件壁厚、减小铸件壁厚、增减铸件壁厚。

2.3.3 浇冒口系统设计

在熔模铸造中,浇冒口系统不仅起引导液体金属充填型腔的作用,而且在铸件凝固过程中又能起补缩作用,浇冒口系统还是制壳的支撑,脱蜡的通道。因此,浇冒口系统的设计是熔模铸造工艺设计的重要内容。结合熔模铸造工艺特点,在设计浇冒口系统时,应尽可能简化模具结构,并使制模、组树、制壳、后清理等工序操作顺畅,同时还要保证排除模料顺畅。

1. 浇冒口系统结构

按合金液引入铸型部位分,常见熔模铸造用浇冒口系统结构形式有如下几种。

①顶注式。合金液从型腔顶部注入,铸件自下而上凝固,图 2.4(a)为熔模铸造典型顶注式浇注系统。但顶注式合金液易飞溅,排气不畅,组合工艺时必须充分考虑排气和挡(聚)渣措施。顶注式适用于高度较低的铸件。

②底注式。合金液从型腔底部平稳注入,图 2.4(b)为熔模铸造典型底注式浇注系统。底注式充型平稳,不易产生夹渣和气孔类缺陷,但不利于铸件顺序凝固,需增设一定数量的冒口,降低工艺出品率。

③侧注式。合金液从型腔侧面某些部位注入,图 2.4(c)为熔模铸造典型侧注式浇注系统。侧注式工艺能使铸件补缩良好,工艺出品率较底注式高,在熔模铸造中应用较广。

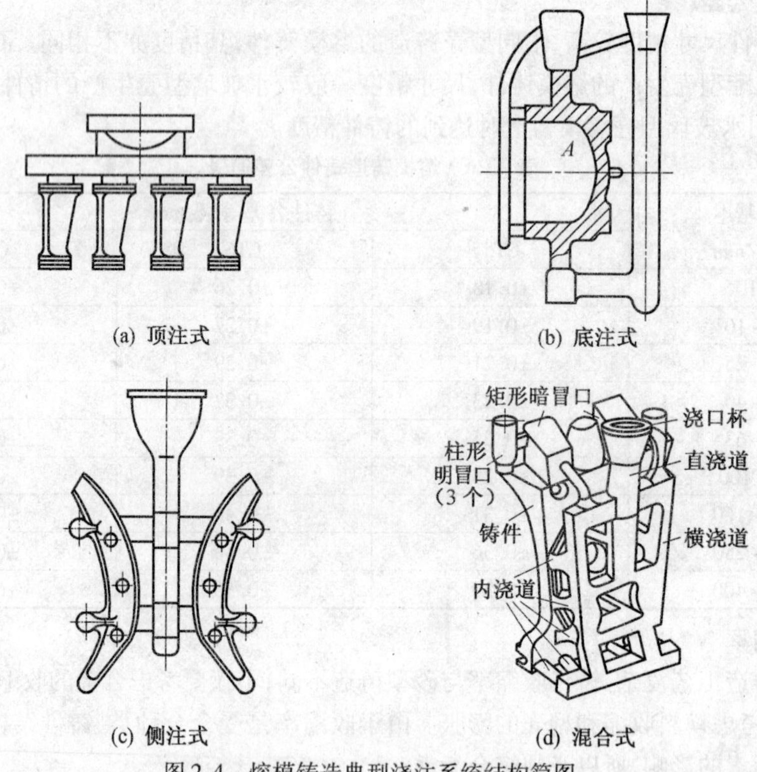

图 2.4 熔模铸造典型浇注系统结构简图

④混合式。是上述三种方式的组合应用,兼有三种方式的优点,运用灵活,兼容性好,虽然组合工艺繁琐、结构复杂,但在熔模铸造中应用较广。图2.4(d)为熔模铸造混合式浇注系统。

2. 浇注系统计算

(1)比例系数法

根据铸件上热节圆直径或热节截面积,相应内浇道的直径或截面积的计算公式为

$$D_g=(0.6\sim1)D_c \tag{2.1}$$

$$F_g=(0.4\sim0.9)F_c \tag{2.2}$$

式中 D_c、F_c——铸件热节处热节圆直径(mm)和截面积(mm^2);

D_g、F_g——内浇道的直径(mm)和截面积(mm^2)。

(2)亨金法

对于单一浇道的直浇道-内浇道式浇注系统,直浇道和内浇道尺寸的计算公式为

$$M_g=\frac{k\cdot\sqrt[4]{M_c^3G}\cdot\sqrt[3]{L_g}}{M_s} \tag{2.3}$$

式中 M_g——内浇道截面的热模数,mm;

M_s——直浇道截面的热模数,mm;

M_c——铸件热节部位的热模数,mm;

G——单个铸件重量,kg;

L_g——内浇道长度,mm;

k——比例系数,中碳钢 $k\approx2$;硅黄铜 $k=1.8$;铝硅合金 $k\approx1.6$。

图2.5为与式(2.3)相应的直浇道、内浇道截面热模数计算图。

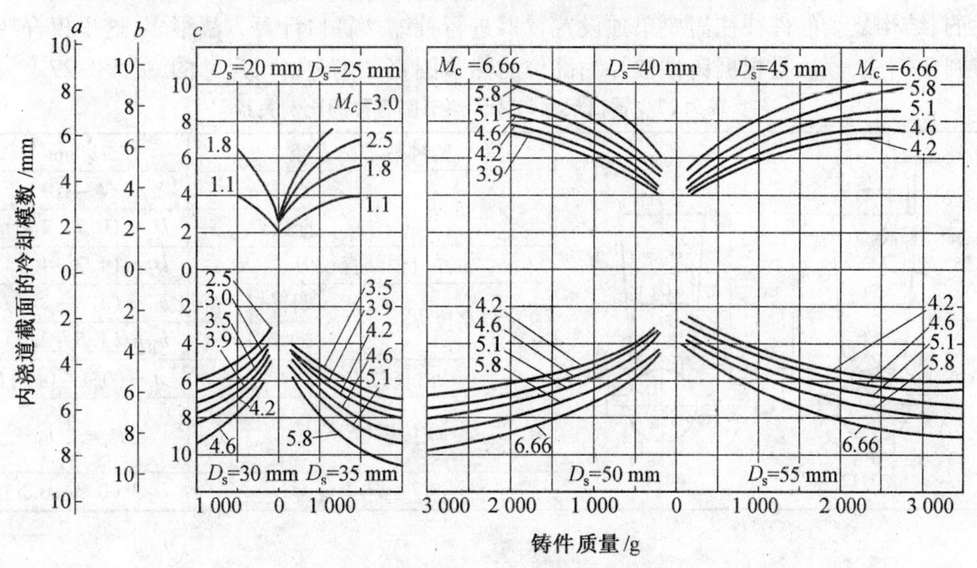

图2.5 直浇道、内浇道截面热模数计算图

a—$L_g=15$ mm b—$L_g=12$ mm; c—$L_g=8$ mm d_s—直浇道直径

这种浇注系统的铸件组的最大允许铸件数量为

$$n_{\max}=\frac{F_{s}H(0.2-\beta)}{\beta\dfrac{G}{\rho}} \tag{2.4}$$

式中 F_s——直浇道截面积，cm^2；

H——直浇道总高，cm；

β——合金的体收缩系数，中碳钢 $\beta\approx4\%$；硅黄铜 $\beta\approx5\%$；铝硅合金 $\beta\approx5.6\%$；

ρ——合金密度，$g\cdot cm^{-3}$。

对于带有补缩环的直浇道-内浇道式浇注系统，其补缩环直径 D_1 和高 h_1 由下式确定

$$D_1\approx4.6D_s \quad h_1\geqslant D_1 \tag{2.5}$$

式中 D_s——直浇道直径，cm。

采用补缩环时，每个补缩环上的最大允许铸件数量为

$$n_{\max}=\frac{V(0.2-\beta)}{\beta\dfrac{G}{\rho}} \tag{2.6}$$

式中 V——补缩环体积，cm^3。

对于横浇道-内浇道系统，横浇道截面积 F_{ru} 的计算公式为

一般情况时

$$F_{ru}=(0.7\sim0.9)F_s \tag{2.7}$$

代替冒口起主要补缩作用时

$$F_{ru}=(1.0\sim1.3)F_s \tag{2.8}$$

3. 冒口计算

中小型熔模铸件多数情况下是利用直浇道（浇口杯）或横浇道实现补缩。但对于较大的、结构复杂的件往往需要单独设置冒口进行补缩。冒口计算方法很多，这里仅介绍热节圆比例法，该法是根据铸件被补缩部位的热节圆直径确定冒口尺寸的，见表2.27。

表 2.27 冒口尺寸与铸件热节圆直径的比例关系

铸件热节圆直径		D/mm
冒口颈	高度 h	4~10
	直径 D_1	$D_2\approx(0.7\sim1.0)D$
冒口根部直径 D_2		$D_2\approx(1.3\sim1.5)D$
冒口高度 h_R	明冒口	$h_R\approx(1.8\sim2.5)D$
	暗冒口	$h_R\approx(1.5\sim2.0)D$
出气口直径 d		$d\approx(0.1\sim0.2)D$
联接桥位置 H_1		$H_1=\frac{1}{3}h_R$
D_3		$D_3\approx(0.3\sim0.5)D$

2.4 熔模铸件常见缺陷及预防措施

熔模铸造工序多,工艺过程复杂,影响铸件质量因素多,如易熔模质量、型壳质量和金属液质量等。本节将介绍最常见的缺陷及其预防方法。

2.4.1 铸件尺寸超差

铸件尺寸超过规定的公差范围称铸件尺寸超差。这是熔模铸件的一个重要缺陷,将造成铸件报废。影响铸件尺寸变化的因素归纳起来主要有五方面:铸件结构、形状和大小;压型;制易熔模;型壳和浇注工艺。

1. 模料及制模工艺对铸件尺寸的影响

熔模尺寸偏差主要是由制模工艺不稳定造成的,如合型力大小、压蜡温度、压注压力、保压时间、压型温度、开型时间、冷却方式、室温等因素波动而造成熔模尺寸偏差。对大多数模料而言,压蜡温度越高,熔模线收缩率越大;压注压力越大,熔模线收缩率越小。压易熔模时保压时间越长其线收缩越小,压型温度越高,熔模线收缩也越大。

使用自动压蜡机,将压注模料温度、压注压力、保压时间等因素统一控制,有利于稳定压模工艺因素,改善熔模尺寸精度。此外,采用线收缩率小的模料也有利于减少工艺因素对熔模尺寸偏差的影响。

2. 制壳材料及工艺对铸件尺寸的影响

型壳热膨胀影响铸件尺寸,而型壳热膨胀又和制壳材料及工艺有关。在常用的三种熔模型壳黏结剂中,水玻璃在加热中有很大的烧结收缩,故水玻璃型壳的热膨胀与耐火材料膨胀和黏结剂收缩有关。其他两种黏结剂硅溶胶、硅酸乙酯水解液型壳的热膨胀主要取决于所用耐火材料。此外,制壳温度等制壳工艺参数的变化对熔模尺寸也有影响,特别是制一、二、三层时,会影响铸件尺寸。

合理选用制壳材料是预防铸件尺寸超差的重要环节,另外,制壳工序一般在恒温车间进行。加强对制壳环境及工艺过程的控制,也是预防铸件尺寸超差的重要途径。

3. 浇注条件对铸件尺寸的影响

浇注时型壳温度、金属液浇注温度、铸件在型中位置等均会影响铸件尺寸。据统计,浇注时型壳温度在 20 ~ 900 ℃之间变化时,铸件尺寸变化将达 1.5%。

生产中应严格控制浇注条件,严格控制工艺过程以消除铸件变形,严格控制原材料质量,这些是防止铸件尺寸超差,稳定铸件不变形的最好办法。

2.4.2 铸件表面粗糙

表面粗糙是指熔模铸件粗糙度达不到要求。熔模铸件表面粗糙度与压型质量、熔模、制壳、焙烧、浇注和清理各工序均有密切的关系,影响因素很多。

1. 影响熔模表面粗糙度的因素

熔模表面粗糙度与所用压型表面粗糙度、压制方式(糊状模料压制或液态模料压制)和压制工艺参数选择有密切关系。压制工艺参数选择合适时,熔模表面粗糙度达最佳数据。模料温度和压型温度偏低、压注压力偏小,保压时间过短,均会使所制熔模表面粗糙度升高。熔模表面粗糙度是影响铸件表面粗糙度的最重要因素,熔模表面粗糙度应比所铸的铸件低,如熔模表面粗糙度不合格,必然做不出合格的铸件。

2. 影响型壳表面粗糙度的因素

在熔模表面粗糙度合格的条件下,型壳表面粗糙度将成为影响铸件表面粗糙度的重要一环。要型壳表面粗糙度低,首先应保证面层涂料能很好地湿润熔模,复印熔模。要保证型壳面层、第二面层要致密,涂层粉液比要足够高。

3. 影响金属液精确复型的因素

金属液复印型壳工作表面的能力,即充型能力,称为"复型"能力。为使金属液能精确复型,就必须有足够高的型壳温度和金属液浇注温度,并保证金属液有足够的压力头。提高型壳温度对改善金属液流动能力、复型能力均有良好效果,故型壳温度是应当予以重视的因素。

4. 其他影响铸件表面粗糙度的因素

浇注和凝固过程中,因温度较高,铸件表面会氧化,由于氧化层不均匀,加上铸件表面金属氧化物有可能与型壳中氧化物作用,促使铸件表面不均匀地脱落,显著增加铸件表面的粗糙度。此外,清理对熔模铸件表面粗糙度影响也很大。

铸件在保护气氛下冷却是得到优质表面的重要一环,如铸件浇注后,在惰性气体或还原性保护气氛下冷却使铸件表面达不到氧化温度。熔模铸件铸态表面粗糙度较低,应使用喷砂清理,或水砂等方法清理表面。

2.4.3 铸件表面缺陷

1. 黏砂

黏砂是熔模铸件常见的一种表面缺陷。它是指在铸件表面上粘附一层金属与型壳的化合物,或型壳材料。黏砂使铸件清理困难,并增加铸件表面粗糙度,严重时会造成铸件报废。

黏砂形成的原因是,面层涂料与金属液相互作用,凝固后砂粒和铸件粘结在一起,形成化学黏砂。

防止熔模铸件化学黏砂采取以下措施:

(1)正确选择型壳耐火材料。

(2)保证面层制壳耐火材料要纯,有害杂质含量不应超过允许范围。

(3)合金在熔炼及浇注时,应尽可能避免氧化并充分脱氧,去除金属液中的氧化物。

(4)在可能条件下适当降低金属液浇注温度。

(5)改善型壳散热条件,防止局部过热。

2. 夹砂、鼠尾和凹陷

铸件表面局部呈翘舌状金属疤块,金属疤块与铸件间夹有片状型壳层,这些片状型壳层称为夹砂。铸件表面呈现条纹状沟痕,其边缘是圆滑的,这种现象称为鼠尾。把铸件表面呈现不规则凹陷的称为凹陷。夹砂、鼠尾和凹陷是熔模铸造常见的表面缺陷,常出现在铸件大平面或过热处。

上述缺陷形成原因:熔模铸造型壳为多层结构,如型壳各层间结合不牢,有分层现象,在脱蜡、焙烧或浇注时,因型壳导热性差,热膨胀不同,容易沿分层处向型腔处翘起,从而在铸件上形成凹陷或鼠尾缺陷。

防止熔模铸件夹砂、鼠尾和凹陷等缺陷,应采取以下措施:

(1)面层涂料黏度不可过小,面层撒砂不可过细,表面层和加固层撒砂粒度差勿过于悬殊,撒砂中含粉量及含水量要小,撒砂后或上下层涂料前应去除浮砂,加固层涂料黏度不宜过大,对于水玻璃型壳硬化要充分,硬化后风干时间要适当,特别要注意清除蜡模内角处堆积的涂料和撒砂等,这些制壳细节很重要。

(2)提高脱蜡介质的温度,缩短脱蜡时间。

(3)型壳过温时不宜高温入炉焙烧。

(4)尽量避免铸件有大平面结构,避免铸件大平面平放或朝上浇注,需要时应设工艺筋、工艺孔,以防止这类缺陷产生。

3. 橘子皮

铸件表面局部有许多凹入条状纹路及块状突起物,它们相间交叉构成凹突不平的表面,其外观与橘子皮相似,故称为橘子皮缺陷。

形成原因:橘子皮缺陷是在型壳硬化时,在型壳相应表面出现的缺陷,而最终导致铸件产生该种缺陷。在低温季节,这种缺陷更易出现。

防止措施:制壳时采取让面层涂层硬化前充分干燥;采用常温硬化,减少涂层和硬化剂温度差;面层涂料的粉液比和黏度应适当高些,以减少硬化收缩等措施。

4. 结疤

铸件表面有大小不等,常呈圆形的小突起疤块,有时是单个分散的,有时呈密集的疤块。

形成原因:结疤是型壳面层涂料中水玻璃分布不均匀,或因水玻璃密度过大,不易充分硬化。型壳焙烧后在型壳表面局部形成黄色或黄绿色玻璃体,浇注后这些玻璃体与高温钢液反应而形成硅酸盐瘤粘附在铸件表面上。

防止熔模铸件结疤缺陷,应采取以下措施:

(1)采用低密度、高粉液比的面层涂料;采取各种措施保证型壳能硬化充分。

(2)水玻璃密度不可过高,面层水玻璃密度最好为 $1.26 \sim 1.28\ g/cm^3$。

(3)适当降低浇注时金属液温度和型壳温度。

(4)改进浇注系统,减轻金属液对型壳的热作用。

5. 麻点

铸件表面上有许多密集的圆形浅洼斑点,称麻点缺陷。

形成原因:麻点是金属液中氧化物与型壳材料中氧化物发生化学反应形成的。

防止熔模铸件麻点缺陷,应采取以下措施:

(1)合理选用型壳耐火材料。

(2)防止和减少金属氧化。

(3)适当提高型壳焙烧温度和型壳待浇注温度,以适当降低金属液浇注温度。

6. 金属瘤

铸件表面上有突出的球形金属颗粒，常出现在铸件凹槽或拐角处。

形成原因：面层涂料含气泡，或在涂挂涂料时，在模凹槽和拐角处留有气泡，从而使型壳表面存在珠形孔洞，浇注时金属液进入孔洞形成突出在铸件表面上的金属瘤。

防止熔模铸件金属瘤缺陷，应采取以下措施：

(1)面层涂料适当加入消泡剂。

(2)涂料配制搅拌时应防止卷入气体，配好的涂料应有足够长的时间使气体逸出。

(3)易熔模充分脱脂以改善其涂挂性。

(4)用压缩空气吹去存留在熔模拐角、凹槽等处的气泡。

(5)有条件时可在真空下涂面层涂料。

2.4.4 孔洞类缺陷

孔洞类缺陷有：气孔、弥散性气孔、缩孔、缩松等缺陷，是熔模铸造常见的缺陷。

1. 气孔

气孔是铸件上存在光滑孔眼缺陷。孔眼有时呈氧化颜色，通常是在加工后才会发现。

形成原因：气孔主要是因为型壳焙烧不充分，浇注时型壳产生大量气体侵入金属液中；或型壳透气性太差，型腔中气体难以排出，进入金属液中；或浇注时卷入气体未能排出金属液而造成的铸件气孔。

防止熔模铸件气孔类缺陷，应采取以下措施：

(1)脱蜡时应尽量减少残余模料。

(2)型壳焙烧要充分，以保证型壳焙烧透。

(3)对复杂的薄壁铸件，为提高型壳透气性，在可能情况下，在最高处可设排气孔。

(4)合理设置浇注系统，防止浇注卷气，并有利于型腔中气体排出。

(5)适当提高浇注温度，尽量降低浇包嘴至浇口杯距离，降低浇注速度，使金属液能平稳充型，防止卷入气体，使型腔中及液体金属中气体能顺利排出。

2. 弥散性气孔

铸件上有细小的分散或密集的孔眼，有时在整个截面上都有，这种现象称为弥散性气孔缺陷。

形成原因：弥散性气孔缺陷是由于金属液中所含气体，随温度下降溶解度减少，过饱和气体从金属液中析出形成气泡，在铸件凝固前未能上浮、逸出造成的。

防止熔模铸件弥散性气孔缺陷，应采取以下措施：

(1)保证炉料干净，配料时多次重熔的浇冒口和废品所占比例不可过高。

(2)熔炼过程中在金属液面上要加覆盖剂，尽可能缩短熔炼时间。

(3)金属液脱氧、除气要充分，浇注前浇包要烘干。

(4)浇前金属液应适当静置，便于气体逸出，浇注过程要防止金属液氧化。

(5)必要时可采用真空熔炼、真空浇注。

3. 缩孔、缩松

铸件内部有大而形状不规则、孔壁粗糙的孔洞,称为缩孔。缩孔常出现在铸件热节处。铸件内部有许多细小、分散且形状很不规则孔壁粗糙的孔眼,称为缩松。

形成原因:合金在液态收缩和凝固时,铸件局部不能及时得到液体金属的补缩,就在该处产生缩孔、缩松。

防止熔模铸件产生缩孔、缩松缺陷,应采取以下措施:

(1)改进铸件结构,力求壁厚均匀,减少热节,或使壁厚变化有利于造成顺序凝固。

(2)合理地设置浇冒口系统,形成顺序凝固。

(3)合理组装模组,防止局部散热困难。

(4)型壳和金属液浇注温度要合适,浇注温度不可过高。

(5)浇注时要保证直浇道和冒口充满金属液,或在浇口杯和冒口上加发热剂、保温剂。

(6)改进熔炼工艺,减少金属液中气体及氧化物,提高其流动性和补缩能力。

2.4.5 裂纹和变形

1. 热裂

铸件表面或内部产生不连续的、扭曲的、走向不规则的晶间裂纹,称为热裂。

形成原因:热裂一般是在合金固相线温度以上产生的,在该温度范围内,合金本身处于"脆性"阶段,但因温度下降合金要收缩,当收缩受到型壳阻碍,甚至此时型壳还因被加热而膨胀,或铸件已有一定刚度的先凝固部分对收缩部位产生阻碍,局部形成收缩应力及塑性变形。若应力或塑性变形超过合金在该温度下的强度极限和伸长率,铸件就会发生热裂。

防止熔模铸件产生热裂缺陷,应采取以下措施:

(1)正确设计浇注系统。为减少热裂倾向,在设置浇注系统时,既要考虑到铸件厚大部位的补缩,又要考虑件厚薄部分的热平衡,以减小热应力。

(2)正确控制铸件冷却速度。对厚壁件和易产生热裂的铸件,提高冷却速度可以减小热裂倾向。但对个别强烈受阻收缩的壁厚均匀的薄壁件,冷却速度过高,收缩应力往往使铸件在内浇道附近产生热裂。

(3)正确选择型壳材料。当铸件处于热裂温度范围时,型壳膨胀应小。

2. 冷裂

铸件上连续地直线状地穿过晶体的裂纹,称为冷裂。冷裂常出现在铸件表面上,在铸件厚薄断面急剧过渡或尖角等应力集中处,严重时冷裂会贯穿铸件整个断面。冷裂纹断口干净,有金属光泽,有时有轻微氧化。

形成原因:冷裂是铸件该处铸造应力(热应力、相变应力、收缩应力)超过其合金材料强度极限造成的。

防止熔模铸件产生冷裂缺陷,应采取以下措施:

(1)改进铸件结构,使壁厚均匀,必要时可增设加强筋。

(2)合理设置浇注系统,避免铸件线收缩受阻,减少铸造应力。

(3)控制合金成分,减少易引起冷裂的元素含量。

(4)对特殊合金成分件要改变其冷却速度,以防止冷裂。

(5)在铸件清理、矫正时,要避免剧烈撞击。

3. 变形

铸件铸态时的几何形状与图样不符,称这种情况为变形或铸态变形。

形成原因:熔模铸件变形主要包括熔模变形、型壳变形以及铸件凝固冷却时的变形,此外,清理过程中操作不当也能产生铸件变形。

防止熔模铸件产生变形缺陷,应采取以下措施:

(1)认真检验熔模,一旦发现熔模变形应采用校正措施,或予以报废。

(2)提高型壳抗变形能力,防型壳变形。

(3)焙烧时型壳不应堆放多层,以减小型壳焙烧时所受的压重。

(4)改善铸件结构,力求壁厚均匀,壁厚不均匀部分力求逐渐过渡,无应力集中处。

(5)改进浇注系统的设置,防止铸件冷却过快,使铸件各处温差太大,引起变形。

(6)避免铸件碰撞引起变形。

2.4.6 其他缺陷

1. 砂眼

铸件表面或内部有充塞着砂粒的孔眼,称为砂眼。

形成原因:砂粒因各种原因被带进型壳型腔中,浇注时砂粒被卷入金属液中造成砂眼。

防止熔模铸件产生砂眼缺陷,应采取以下措施:

(1)模组焊接处不应有缝隙或沟槽,浇口棒应清洁,不粘有砂粒等杂物。

(2)脱蜡前应将型壳浇口杯边缘修平,去掉散砂,最好在浇口杯边缘涂一层涂料,防止散砂掉入型腔。

(3)型壳焙烧时应防止杂物掉入型壳。

(4)浇注前应仔细检查型壳内有无砂粒等,并用压缩空气吸出型壳中散砂。

(5)严格控制制壳工艺,防止面层酥松和面层与加固层结合不牢等现象,以保证型壳表面有足够高的强度,使其在金属液充型时不剥落。

2. 渣孔

铸件表面或内部由熔渣造成的孔洞,称为渣孔。

形成原因:渣孔是因为金属液中渣滓未去除干净,或浇注时挡渣不良,或浇注系统设置不当,造成渣滓随金属液进入型腔。

防止熔模铸件产生渣孔缺陷,应采取以下措施:

(1)熔炼时使用干净炉料;坩埚或炉衬要清理干净;防止金属液氧化,注意造渣、扒渣;必要时在惰性气氛或真空下熔炼。

(2)浇前应将浇包清理干净,做好除渣工作;浇注过程中应尽可能降低浇包嘴到浇口杯的高度,防止金属液强烈冲击型壳和产生涡流现象;液流浇注时不能中断,以避免金属液氧化和带入渣滓;必要时可在惰性气或真空中浇注。

(3)改进浇注系统,采用过滤技术。

3. 冷隔

特征铸件上有未完全融合的缝隙,其交接的边缘是圆滑的,称为冷隔。

形成原因:冷隔是金属液充填型壳过程中,两股金属液流汇合时,因温度原因,造成相互不能融合在一起而形成的。

防止熔模铸件产生冷隔缺陷,应采取以下措施:

(1)适当提高金属液浇注温度和型壳温度,增加金属液压头,防止浇注时断流及金属液氧化。

(2)改进浇注系统设计,增加浇注系统横截面积,增加内浇道数量或改变内浇道位置等,以能快浇缩短浇注时间。

(3)熔炼时注意脱氧和除气,对氧化倾向高的金属液要防止二次氧化,以保证钢液的流动性。

2.5 熔模铸造典型案例

图2.8为某大型号不锈钢叶片,零件有较多棱角起伏,铸造精度高,铸件厚薄比约为4,非机加表面粗糙度要求不超过 *Ra*3.2μm。拟采用硅酸乙酯-水玻璃复合型壳熔模精密铸造工艺生产。

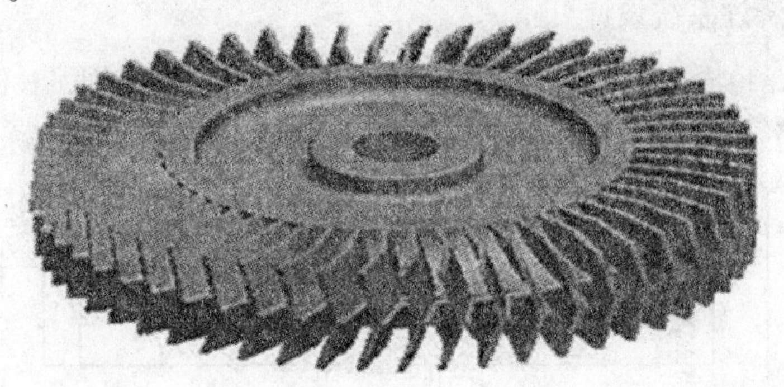

图2.8 待铸零件三维图

2.5.1 毛坯工艺设计

根据零件结构特点,结合零件图纸对配合面、关键部位质量等技术要求,结合GB/T 6414—1999铸件尺寸公差及加工余量要求,拟取尺寸公差 CT6,单边机加余量外形尺寸为3.0 mm,其余尺寸为2.0 mm,综合收缩率为2%,未注铸造圆角为 $R=10$ mm。图2.9(a)为据此设计的铸件工程简图,图2.9(b)为据此设计的压型。

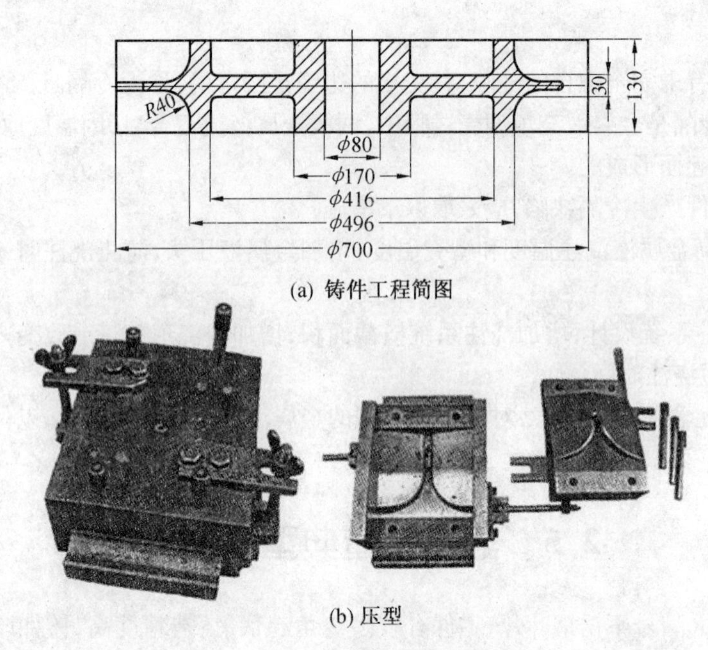

(a) 铸件工程简图

(b) 压型

图 2.9 铸件毛坯及压型

2.5.2 浇注系统设计

根据铸件结构特点,经初步计算,并结合类似铸件成型经验,设计的该铸件浇注系统如图 2.10 所示。

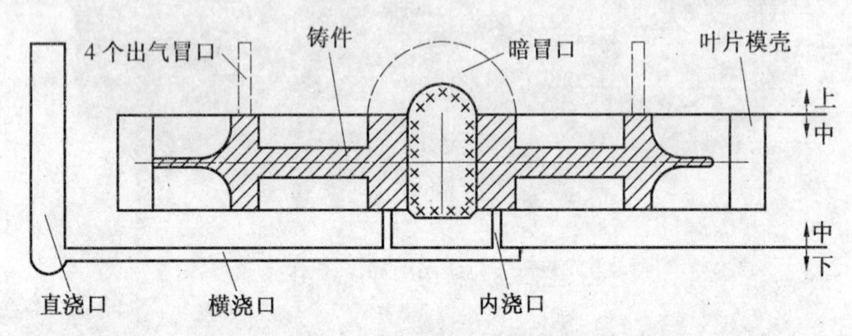

图 2.10 铸件浇注系统简图

2.5.3 熔模制作

选用松香-蜡基模料制作熔模,其成分、配比及性能见表 2.28。

表 2.28 模料成分、配比及性能

成分、配比/%				性能			
聚合松香	改性松香	石蜡	EVA	熔点/℃	软化点/℃	抗拉轻度/MPa	收缩率/%
17	40	30	3	74 ~ 78	>40	54	0.4 ~ 0.7

叶片熔模制备工艺及参数见表 2.29。

表 2.29 熔模制备工艺及参数

工艺过程		工艺参数
模料配制	化蜡	在电阻炉或工频感应炉中化蜡
	加料顺序	先将基蜡熔化,边搅拌边加入 EVA,全熔后加入松香,待松香全熔后加入改性松香,最后加入石蜡,搅拌均匀待用
	熔化温度	≤200 ℃
熔模制造	压蜡设备	半自动保温压蜡机或进口 MPI 压蜡机
	环境温度	16~25 ℃
	模料温度	70~85 ℃
	压型温度	20~28 ℃
	脱模剂	甲基硅油或用酒精、蓖麻油 1∶1 混合
	注射压力	0.3~1.5 MPa
	保压时间	180~300 s
	冷却剂	循环水(16~25 ℃)
熔模冷却	冷却时间	≤21 h
熔模校正	校正方法	采用砂块、金属块压校(确保质量及校压时间) 采用专用校正模校正
熔模存放	存放温度	16~25 ℃
	存放方式	专用场地存放,不得堆积、挤压
合模前检验	外观检验	100% 检查,不得有纰缝、冷隔、裂纹、缩陷、起泡等
	尺寸检验	专用测量工具检测熔模尺寸及几何形状

2.5.4 熔模组合

由于叶片熔模尺寸较大,组合熔模时需分上下两部分组合。图 2.10 为熔模组合工艺过程示意图。

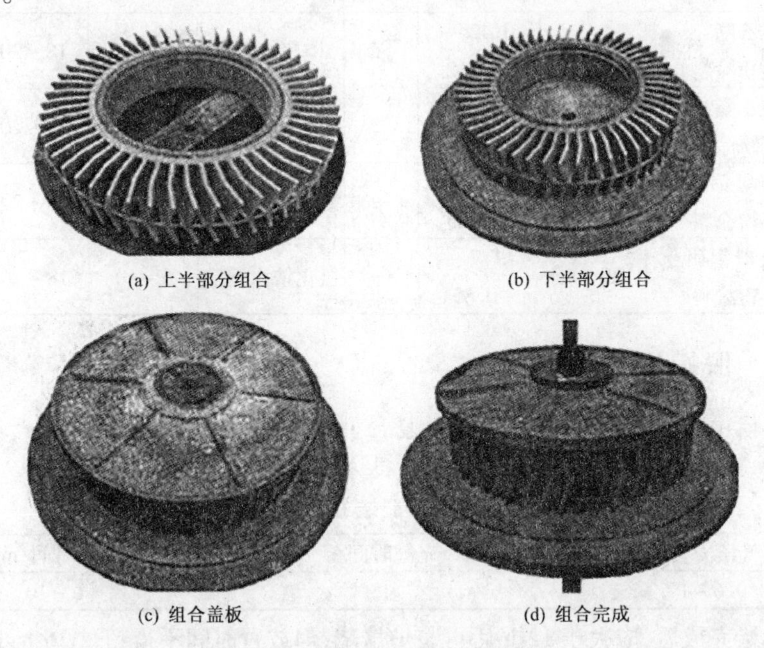

(a) 上半部分组合　(b) 下半部分组合

(c) 组合盖板　(d) 组合完成

图 2.10 叶片组合工艺过程示意图

2.5.5 复合型壳制作

复合型壳制作原材料及技术要求见表 2.30,复合型壳制作工艺见表 2.31。

表 2.30 复合型壳制作原材料及技术要求

材料名称	技术要求
硅酸乙酯	$w(SiO_2)=30\%\sim34\%$,$w(HCl)\leqslant0.15\%$
酒精	GB/T 678—2002,允许用 $w(C_2H_5OH)>95\%$ 的工业乙醇代替
蒸馏水	一次或二次蒸馏
盐酸	GB/T 622—1989,浓度 36% ~38%
硫酸	GB/T 625—1989,浓度 95% ~98%
醋酸	HG 3-1096-77
氨水	符合 GB 631—1989,浓度 20% ~30%
氯化铵	符合 GB 658—1989,工业用
农乳 130	/
石英粉(0.055 mm)	精制干燥石英粉,$w(SiO_2)=98.5\%$,耐火度>1 680 ℃
石英砂(0.425 ~ 0.212 mm、0.85 ~0.425 mm、1.7 ~0.85 mm)	精制干燥石英粉,$w(SiO_2)=98.5\%$,耐火度>1 680℃
铝矾土	$w(Al_2O_3)\geqslant60\%$,耐火温度>1 770 ℃(过 0.106 筛)
水玻璃	无杂质,色泽透明

表 2.31 复合型壳制作工艺

型壳层数	涂料	涂料黏度/(滴·s^{-1})	石英砂粒度/mm	自干/h	硬化剂	硬化时间/min	环境温度/℃	相对湿度/%
面层	硅酸乙酯石英粉涂料	28 ~32	0.425 ~0.212	>2	空气+氨水	30 ~40	18 ~20	45 ~80
第二层	硅酸乙酯石英粉涂料	28 ~32	0.425 ~0.212	>2	空气+氨水	30 ~40	18 ~20	45 ~80
第三层	水玻璃铝矾土石英粉涂料	30 ~45	0.85 ~0.425	—	氯化铵水溶液	5 ~10	18 ~20	—
第四、五六层	水玻璃铝矾土石英粉涂料	30 ~45	1.7 ~0.85	—	氯化铵水溶液	5 ~10	18 ~20	—

2.5.6 脱蜡

叶片熔模由于采用松香-蜡基模料及复合型壳,为了保证脱蜡质量,生产中采用高压蒸气脱蜡法。设备采用电加热蒸气脱蜡釜,具体脱蜡工艺见表 2.32。

表 2.32 脱蜡工艺参数

蒸气压力/MPa	充气时间/s	脱蜡时间/min
0.6 ~1	<5	6 ~10

型壳脱蜡完成后,应大于 12 h 后再装炉焙烧,但放置时间不得超过 36 h,以免型壳起皮、粉化、脱落而降低型壳质量。

2.5.7 焙烧、浇注

型壳焙烧设备采用75 kW 箱式电阻炉,焙烧温度为850±30 ℃,保温1.5~2 h,出炉后应立即热型浇注。浇注完成后放置到型壳温度至室温方可清壳、锯铣浇冒口、喷砂等后处理工作,切忌破壳过早。

参考文献

[1]包彦,谭继良,朱锦伦. 熔模铸造技术[M]. 杭州:浙江大学出版社,1997.
[2]范英俊. 铸造手册(特种铸造)第六卷[M]. 北京:机械工业出版社,2003.
[3]曾昭昭. 特种铸造[M]. 杭州:浙江大学出版社,1990.
[4]姜不居. 熔模精密铸造[M]. 北京:机械工业出版社,2004.
[5]姜不居. 熔模铸造手册[M]. 北京:机械工业出版社,2000.
[6]张锡平,姜不居. 熔模铸造用硅溶胶粘结剂综述[J]. 特种铸造及有色合金,2002,2:39-41.
[7]张锡平,吕志刚,姜不居. 新型PFS-25快干硅溶胶的研制[J]. 铸造技术,2002,6:365-367.

第3章 石膏型精密铸造

3.1 概 述

3.1.1 工艺过程

石膏型精密铸造(Plaster Mold Casting)又称石膏型熔模精密铸造。这种方法是使用熔模材料制成铸件的熔模样件,然后用石膏浆料灌制铸型,经固化、脱蜡、焙烧干燥后浇注金属液既得铸件的方法。与熔模铸造工艺相比,只是用石膏型代替熔模型壳。图3.1为其工艺过程示意图。

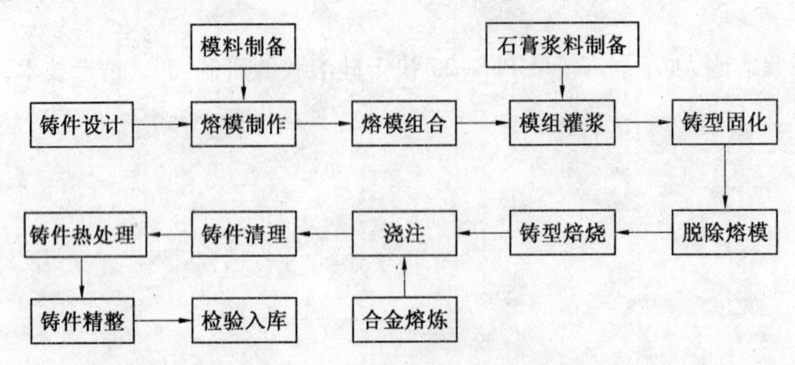

图3.1 石膏型精密铸造工艺过程

3.1.2 工艺特点

(1)石膏浆料流动性好,凝固膨胀系数小,所制铸型轮廓清晰,花纹精致,可铸出小至0.2 mm间隔的凹凸花纹或散热筋片。

(2)石膏型精密铸造工艺适用于生产尺寸精确,表面光洁的精密铸件,特别适宜生产大型复杂薄壁铝合金铸件。

(3)石膏型溃散性好,铸件易于清理。

(4)石膏型透气性极差,铸件易出现气孔、浇不足等缺陷,要合理设置浇注系统及排气系统,防止浇不足、气孔等缺陷。

(5)石膏型导热性差,当铸件壁厚差异大时,厚处易出现缩松、缩孔等缺陷,需采取必要的消除措施。

(6)石膏型的耐火度低,故适用于生产铝、锌、铜、金和银等合金的精密复杂铸件。

(7)石膏型精密铸造成本较高,能耗大,生产周期长,其成本是传统砂铸的5~10倍。

3.1.3 应用范围

石膏型精密铸造已被广泛用于航空、宇航、兵器、电子、船舶、仪器、计算机等行业的零件制造中，也常用于艺术品铸造中。采用此工艺生产的精密铸件，外形最大尺寸可达1 000 mm×2 000 mm，质量达0.03～900 kg，壁厚0.5～1.5 mm，铸件尺寸公差为±0.12 mm/25 mm，铸件尺寸每增加25 mm，公差增加±0.1 mm，铸件尺寸精度CT5，表面粗糙度 *Ra*(0.8～6.3) μm。表3.1为石膏型精密铸造生产的典型铸件。

表3.1 石膏型精密铸造生产的典型铸件

铸件	实物图	特点
传动箱		某汽车厂采用石膏型精密铸造工艺生产的传动箱体，该铸件形状复杂，厚薄比大，尺寸精度 CT6 GB/T 6414—1999；相互尺寸精度±0.15～±0.25 mm，内外非加工表面粗糙度 *Ra* 3.2，铸件需经X光和荧光检测
机箱		外形尺寸为476 mm×276 mm×197 mm内腔连接孔 ϕ4 mm，散热筋多，且厚度为0.5～2 mm；铸件尺寸精度CT6 GB/T 6414—1999，将10个蜡模组合一起铸造形成该零件，铸件需经X光和荧光检测
壳体		外形尺寸 85 mm×205 mm×233 mm；燕尾槽最大间距202 mm，相互尺寸精度±0.2 mm，其余尺寸精度CT5 GB/T 6414—1999；电路板插槽直接使用，不加工，铸件需经X光和荧光检测
四喇叭波导件		外形92 mm×92 mm×199 mm，内腔表面粗糙度 *Ra* 1.6，四方孔公差要求±0.05～±0.07 mm，铸件需经X光和荧光检测

3.2 石膏型铸造工艺

3.2.1 模样制作

模样的制作是石膏型精密铸造工艺的核心环节之一，铸件尺寸精度和表面粗糙度首先取决于模样的制备工艺和制备过程，包括蜡料的选择、配比和配制，蜡模修补、组合和检查等。石膏型精密铸造用的模样主要是熔模，也可使用气化模、水溶性模(芯)。

1. 普通熔模制作

普通熔模制备工艺流程如图3.2所示。

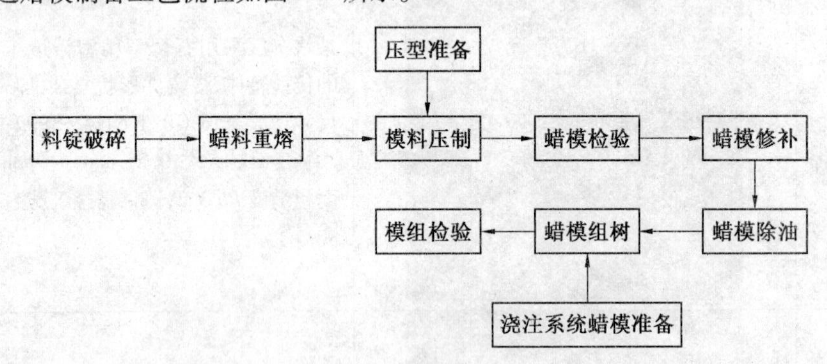

图3.2 普通熔模制备工艺流程

(1)模料

石膏型精密铸造用模料的种类很多，其中蜡基和松香基模料应用最为广泛。对一般中小型铸件也可使用熔模铸造通用模料，而大中型复杂铸件，尺寸精度和表面粗糙度要求高的件，则应使用石膏型精密铸造专用模料。当无法用金属芯制作复杂内腔时，就得使用水溶芯或水溶石膏芯来制作内腔。常用的水溶性模(芯)料有尿素模料、无机盐模料、羰芯等。

对模料的基本要求如下：

①模料强度高、韧性好，能承受石膏浆灌注的作用力而不变形损坏。

②模料线收缩小，保证熔模尺寸精确，防止模样厚大部分缩陷和裂纹，同时可减小脱蜡时石膏型所受胀力。

③滴点低、流动性好以利于成型和脱蜡。

④符合添加石膏型铸造用水溶性模芯料基本要求。

表3.2是国内目前石膏型精密铸造专用模料配比及性能，表3.3和表3.4为常见水溶性模芯的成分与性能。

表3.2 石膏型精密铸造专用模料配比及性能

模料名称	配比(质量分数)/%					性能				
	硬脂酸	松香	石蜡	褐煤蜡	EVA	软化点/℃	线收缩率/%	灰度/%	压铸温度/℃	脱蜡温度/℃
48#	60~40	30~20	5~20	5~20	1~5	67.5	0.3~0.35	0.026	51~55	85~100
48T#	60~40	30~20	5~20	5~20	1~5	61.6	0.4~0.45	0.034	53~57	85~90
996c	—	—	—	—	—	80	0.7~0.9	<0.02	52~63	95~100

表3.3 羰芯成分与性能

序号	配比(质量分数)/%				性能		
	聚乙二醇	碳酸氢钠(工业)	滑石粉(工业)	增塑剂	压注温度/℃	收缩率/%	锥入度
1	50~60 (1 540:6 000) 1:9	20~25	25~20	—	—	0.43	2.0
2	50	20	30	—	—	0.52	1.2
3	55 (2 000~600)	35		10	66	—	—
4	50 (4 000)	35	—	15	66	—	—

表3.4 水溶石膏芯和陶瓷芯的成分与性能

名称	配比(质量分数)/%					性能			
	石膏混合料	硫酸镁	氯化钠	刚玉粉	粗制聚乙二醇	抗压强度/MPa	烧结收缩率/%	表面粗糙度 Rz/μm	发气量/($cm^3 \cdot g^{-1}$)
水溶石膏芯	100	16~25	—	—	—	—	—	—	—
水溶陶瓷芯			60~70	7~14	24~28	15~18	3~4	0.8~3.4	2~5

(2)熔模制作

熔模压制工艺同熔模铸造,一般采用自动、半自动的气动或液压压蜡机、进口高压压蜡机等专用设备。根据蜡模特点,选用不同的压力、流量、注射和保压时间,在一定温度下将模料压注成型,获得熔模。水溶尿素模料、无机盐模料及水溶石膏芯都是灌注成型的。尿素模料则是在110~120 ℃下用25~50 MPa高压压制成型的。羰芯压制则是先在100 ℃以下将聚乙二醇熔化,然后徐徐加入干燥的混合模料,边加边搅拌,加完后继续搅拌0.5~1 h,静置除气4 h以上,即可压制型芯,压力为0.4~0.6 MPa,模料温度为65~75 ℃,压型温度为25~30 ℃。水溶陶瓷芯一般是将各组分先混制成可塑性坯料,再加压成型,经700 ℃左右烧结后待用。

2. 激光快速成型熔模制作

随着20世纪90年代发展并成熟起来的激光快速成型技术应用于精密铸造业,激光快速成型制作熔模成为形状复杂类、单件、小批量、快速试验件精密铸造的首选,其尺寸精度一般可达 CT7～CT6，表面粗糙度达 $Ra3.2\sim6.3$ μm。激光快速成型熔模的制备工艺，如图 3.3 所示。

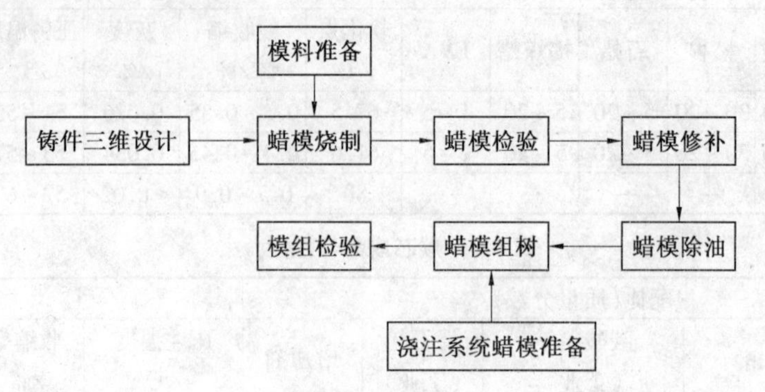

图 3.3 激光快速成型熔模制备工艺流程

(1)快速成型模料

快速成型模料一般以粒度小于 0.1 mm，无毒性可烧结的天然或合成材料为主体的材料，如工程塑料类、精密铸造专用模料类等。目前国内快速成型模料主要有多元聚酰胺 PA 类和多元聚苯乙烯 PS 类。表 3.5 为激光快速成型用模料的组成和使用性能。

表 3.5 激光快速成型用模料的组成和使用性能

类 别	模料组成	使用性能
多元 PA 类	聚酰胺+添加剂	软化点 70 ℃，200 ℃具有较好的流动性，350 ℃剧烈分解，470 ℃后残留物的质量分数为 5%，650 ℃以后残留物的质量分数小于 2%
多元 PS 类	聚苯乙烯+助剂	软化点 100 ℃，250 ℃具有较好的流动性，300 ℃以上开始剧烈分解，500 ℃完全分解，残留物的质量分数小于 1%；脱蜡采用在流动点温度保温 1 h，可流出 80% 的模料，剩下可在高温下分解脱除

(2)快速成型熔模制作

快速成型熔模制作一般使用专用设备，图 3.4 为由华中科技大学自主研发的快速成型设备 HRPS-Ⅳ。

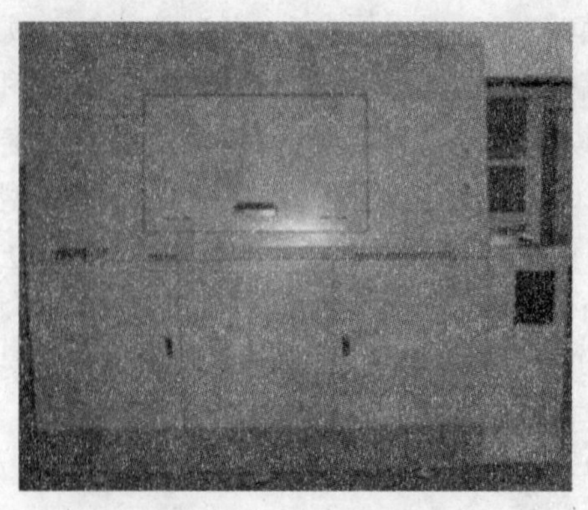

图 3.4 激光快速成型设备 HRPS-Ⅳ

在制作熔模时，首先在三维 CAD 造型系统中完成铸件的三维实体模样设计，生成模样 STL 文件；然后对模样的 STL 文件进行处理，分层加支撑；最后快速成型机在已得到的模样分层、支撑文件控制下，用红外激光对已预热（或未预热）的丙烯酸脂或环氧树脂等粉末一层层地扫描加热，使其达到烧结温度，最后烧结出三维实体模样对应的立体模型，即为铸造用熔模。因为熔模成型材料是丙烯酸脂或环氧树脂等热固性光敏树脂，这些材料只能烧失掉，不能加热熔化。

3.2.2 石膏型制造

1. 石膏浆料的制备

(1)石膏

石膏型铸造常用石膏为半水石膏，半水石膏作为石膏混合料中的“黏结剂”，其质量对石膏混合料的性能有决定性影响。半水石膏分为 α 半水石膏和 β 半水石膏，它们的微观结构基本相似，但是在宏观性能上却有较大差异，见表 3.6。α 半水石膏具有致密、完整而粗大的晶粒，故总比表面积小。β 半水石膏因多孔，所以比表面积大。在配成相同流动性的石膏浆料时，α 半水石膏所需的水更少，浆料凝固后的强度更高，因此石膏型铸造中主要采用的是 α 半水石膏。表 3.7 为国内外一些高强度石膏的性能。

表 3.6 两种半水石膏的性能

性能 种类	晶粒平均粒径/$\times10^{-10}$ m	密度/$(g \cdot cm^{-3})$	总比表面积/$(m^2 \cdot g^{-1})$	石膏型性能		
				相同流动时水固比	石膏浆料凝结时间/min	干燥抗压强度/MPa
α 半水石膏	940	2.73 ~ 2.75	1	0.4 ~ 0.5	15 ~ 25	40 ~ 43
β 半水石膏	388	2.62 ~ 2.64	8.2	0.65 ~ 0.75	8 ~ 15	13 ~ 15

表 3.7 国内外一些高强度石膏的性能

石膏名称	水固比(水/石膏)	凝固时间/min	凝固膨胀率/%	7 h 抗压强度/MPa	干燥抗压强度/MPa	硬度 HBS
上海高强石膏	0.27 ~ 0.29	8 ~ 15	0.07 ~ 0.09	31 ~ 35.5	60 ~ 70	17 ~ 21
上海超高强石膏	0.21 ~ 0.22	6 ~ 10	—	40 ~ 50	90 ~ 100	20 ~ 24
上海铸造石膏	0.34	8 ~ 13	0.1±0.04	19.61①	5.88(残余抗压)	—
眉山 α 半水石膏	0.4	—	—	—	40.7	—
应城 α 半水石膏	0.4	—	—	—	42.1	—
美国 Denste-25 石膏	0.29 ~ 0.31	30 ~ 35	0.049	31.4	42.7	—
德国合成硬石膏	0.23	9±1.5	0.12	—	—	15.3 ~ 17.3(24 h 后)
英国硬石膏	0.27	10	0.23	32.4①	84.3	—
日本シツ超硬石膏	0.20	9	0.03	52	110	—

注：①为 2 h 抗压强度值。

(2)填料及添加剂

为使石膏型具有良好的强度,减小其收缩和裂纹倾向,控制其线膨胀率等,需要在石膏浆料中添加适当的填料和添加剂,石膏型铸造中常用的石膏填料和添加剂及其性能分别见表3.8和表3.9。

表3.8 石膏型用填料及其性能

名称	熔点/℃	密度/(g·cm^{-3})	线膨胀系数/K^{-1}	加入填料后石膏混合料强度/MPa		
				7 h	烘干90 ℃、4 h后	焙烧700 ℃、1 h后
硅砂	1 713	2.6	12.5×10^{-6}	0.5	1.3	0.2
石英玻璃	1 713	2.2	0.5×10^{-6}	—	—	—
硅线石	1 800	3.25	$3.1\sim4.3\times10^{-6}$	1.5	2.8	0.65
高岭土类熟料	1 700~1 790	2.4~2.6	5×10^{-6}	2.4	3.8	0.86
莫来石	1 810	3.08~3.15	5.3×10^{-6}	2.3	3.4	0.86
铝矾土熟料	1 800	3.1~3.5	$5.0\sim5.8\times10^{-6}$	2.6	4.0	0.85
刚玉	2 050	3.99~4.02	8.6×10^{-6}	2.0	3.5	0.65
氧化锆	2 690	5.73	$7.2\sim10\times10^{-6}$	—	—	—
锆砂	<1 948	4.5~4.9	4.6×10^{-6}	—	—	—

表3.9 石膏型用添加剂及其作用

类别	作用	具体添加物
增强剂	增强石膏型湿强度、焙烧强度和烧后强度	以硫酸盐为主体的复合增强剂、硫酸镁、硅溶胶等
缓凝剂	减缓石膏浆料凝结时间	磷酸盐、碱金属硼酸盐、硼砂及硼酸,有机酸及其可溶性盐类如琥珀酸钠、柠檬酸、醋酸等,蛋白胶、皮胶、石灰活化的皮胶及纸浆废液、硅溶胶等
促凝剂	加速石膏浆料凝结时间	Na_2SiF_6、NaCl、NaF、$MgCl_2$、$MgSO_4$、Na_2SO_4、$NaNO_3$、KNO_3、少量二水石膏等
减缩剂	减少石膏型收缩和裂纹倾向	$BaCl_2$、$CO(NH_2)_2$、$Al(NO_3)_3$、$Fe(NO_3)_3$、$Be(NO_3)_2$、$ZrO(NO_3)_2$、$Mn(NO_3)_2$、琥珀酸钠、柠檬酸盐、NaCl、氯化钡、$MgSO_4$等
消泡剂	消除气泡,减少铸件积瘤	水基消泡剂、精铸专用消泡剂
发泡剂	生产发泡石膏型用	阴离子型表面活性剂、渗透剂、非离子型表面活性剂等

(3)石膏浆料制备

图3.5为石膏浆料制备用设备结构示意图。浆料配制过程应严控真空度和搅拌时间,这两工艺参数对浆料质量影响较大。石膏浆料制备的一般步骤如下:

①配料。按照预定的配比配制石膏浆料,成品石膏粉料只需按照所需粉液比注入液态水,并根据铸件对型壳的不同要求,适当添加一定量的增强剂、消泡剂等。

②加料。配料计算好后,一般是先注入所需的液体及添加剂,搅拌均匀后,边搅拌边加入成品石膏粉料。

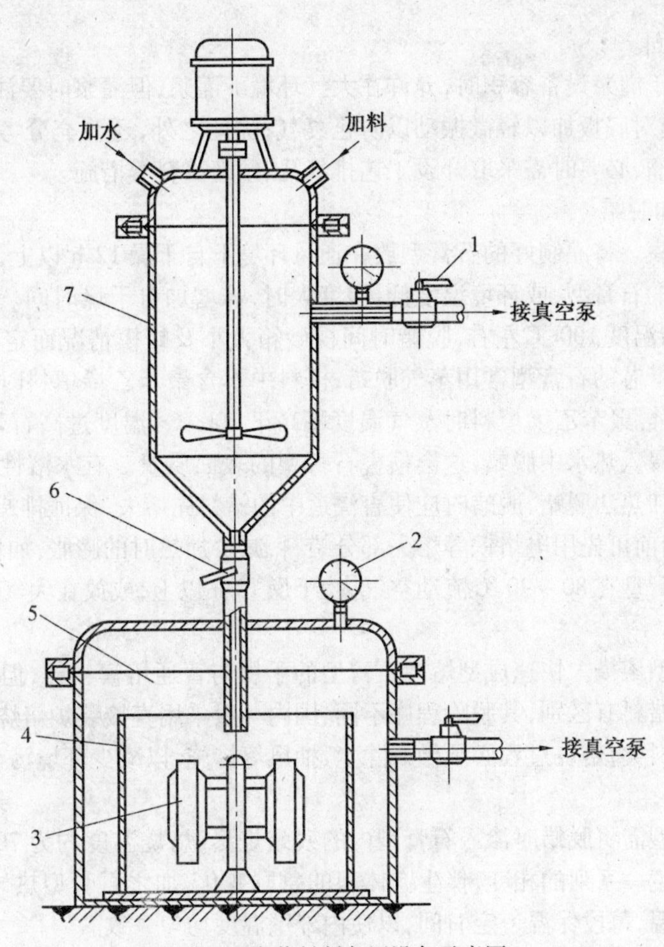

图 3.5 石膏浆料制备用设备示意图

1—真空阀;2—真空表;3—熔模树组;4—砂箱;5—灌浆室;6—二通阀;7—搅拌室

③真空搅拌。待粉料加完后,立刻合上搅拌室顶盖抽真空,并继续搅拌。真空度应在 30 s 达到 0.05 ~ 0.06 MPa,搅拌 2 ~ 4 min,搅拌机转速 250 ~ 350 r/min。

④灌注石膏料。石膏浆料的初凝时间一般为 5 ~ 8 min,搅拌必须在初凝前结束,开始灌注到抽真空状态的灌注罐中,灌注时应尽量保持真空状态,以减少铸件积瘤的发生。

2. 石膏型的制备

(1)灌浆

中小型铸件一般采用图 3.5 的设备真空灌浆,其步骤如下:

①先将熔模树组放入灌浆室中,将真空抽到 0.05 ~ 0.06 MPa。

②开启与搅拌室连接的二通阀,使浆料平稳地注入箱框中,灌浆时间取决于熔模树组大小及复杂程度,时间一般不超过 1.5 min。灌浆时应尽量将浆引到底部,逐渐上升,以利于气体排出,浆料不应直冲蜡模。

③灌完后立刻破真空,取出石膏型,保证其静止 1 ~ 1.5 h,使其有一定强度。此期间切忌振动和其他外加载荷,否则会损害石膏型的强度、精度,甚至使石膏型破裂。

④取型完成后应迅速冲洗搅拌室,防止因清洗不干净,残留的石膏会在下批浆料搅拌

时加速浆体凝固。

当铸件大于灌浆设备容积时,允许在大气环境下灌浆,但灌浆时要注意砂箱与底板之间的密封,并应对底板加以轻微振动以防止裹气;除此之外,还要充分考虑非真空环境下产生的铸件积瘤,必要时需采取开设工艺排气孔、预灌浆料等措施。

(2)干燥和脱蜡

①普通熔模。将灌制好的石膏型放在通风环境下自干燥 12 h 以上,使水分散逸强度增加。对厚大的石膏型,或环境温度低、湿度大时,需增加自干燥时间。然后用蒸气或远红外脱蜡,脱蜡温度 100 ℃左右,脱蜡时间视砂箱大小及蜡模情况而定,一般为 1 ~2 h。不用水溶性石膏芯的石膏型常用蒸气脱蜡,模料中不含聚苯乙烯填料时蒸气温度不高于 110 ℃,模料中含聚苯乙烯填料时蒸气温度不高于 100 ℃,温度过高石膏型会出现裂纹。不能将石膏型浸入热水中脱蜡,这会损害石膏型的表面质量。有水溶性石膏芯的石膏型应采用远红外加热法脱蜡,脱蜡时应使直浇道中的蜡料先熔失,保证排蜡通畅。对粗大的直浇道,在脱蜡前可先用电烙铁等熔失部分蜡料,减少加热时的膨胀,加快浇道蜡的排除。把脱蜡后的石膏型在 80 ~90 ℃流动空气中,干燥 10 h 以上,或放在大气中干燥 24 h 以上方可装炉焙烧。

②快速成型熔模。快速成型熔模石膏型的干燥与普通熔模一样,但由于快速成型熔模成分与普通蜡料有区别,其脱除程序不同,国内一般采用直接装炉焙烧的办法脱除。但其成分多为塑料类,焙烧过程必须做好除尘、抽风等措施,以减少环境污染。

(3)焙烧

熔模石膏型需将脱蜡时渗入石膏型内的残蜡烧尽,焙烧温度约为 700 ℃。石膏在焙烧过程中要发生一系列的相变,伴生有体积的急剧变化,加之石膏型热导率小,所以焙烧应采用阶梯升温,每段保温一定时间,以使内外壁温度均匀一致。

焙烧常使用电、天然气或油的加热炉。石膏型焙烧工艺需根据壁厚适时调整,一般壁厚<50 mm 的石膏型其焙烧工艺曲线如图 3.6 所示。即 80 ~100 ℃保温 8 h→150 ℃保温 5 h→300 ℃保温 2 h→700 ℃保温 2 h,升(降)温速率不大于 50 ℃/h。

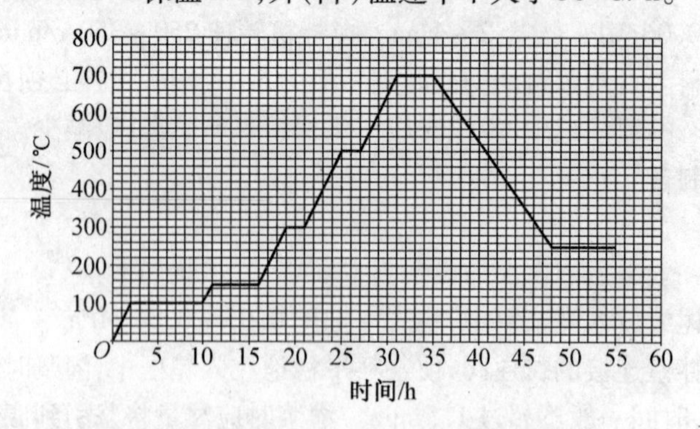

图 3.6 壁厚小于 50 mm 石膏型焙烧工艺曲线

3.2.3 浇注

石膏型导热性差,合金浇注温度一般可低于其他铸造方法,但需根据铸件大小,壁的厚薄,浇注方法等适当调整,石膏型铸件浇注温度一般为690~750 ℃。浇注石膏型铸件时,石膏型一般要保持一定的温度,石膏型温度过低,浇注时受金属液的激热作用易产生裂纹等缺陷。石膏型温度过高则铸件凝固速度慢,易出现粗大组织。生产实践表明,石膏型工作温度为150~350 ℃,大型复杂薄壁铸件可取上限,中小型、壁稍厚的铸件则取下限。

根据石膏型铸件的结构特点可采用不同的浇注工艺,常用的浇注有以下几种。

1. 重力浇注

该工艺不需要特殊设备,合金液在重力下注入型腔。但该工艺对浇注系统的设计要求较高,铸件较易产生内部缺陷,只用于透气石膏型,一般石膏型精密铸造很少采用此工艺。

2. 低压浇注

该工艺是将合金液在一定的充型压力下注入石膏型腔,然后在一个稍高于充型压力的状态下使其结晶初凝。该方法可使复杂薄壁铸件成型并提高铸件出品率,适用于大批量复杂薄壁铸件的生产。目前,此工艺应用比较普遍。

3. 真空浇注加压凝固

该工艺是在浇注前将型腔内抽成真空,真空度达-0.08 MPa左右,然后将金属液浇入型腔,浇注结束后,立即增加压力,在极短时间内达到0.5~0.6 MPa(或更高)。该工艺能在保证薄壁铸件成型的前提下,提高铸件冶金质量,抑制气体析出,加强浇冒口对铸件的补缩,增加铸件致密度,保证铸件外形轮廓清晰,适用于生产各型号薄壁铸件,但对设备的要求较高。目前,该工艺是国内外石膏型精密铸造的主流。图3.7是真空浇注加压凝固设备示意图。

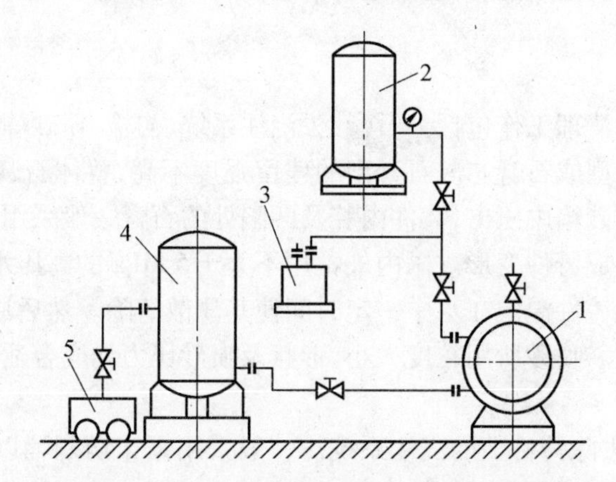

图3.7 真空浇注加压凝固设备示意图

1—真空加压浇注罐;2—预真空罐;3—真空泵;4—贮气罐;5—空压机

石膏型真空浇注加压凝固操作要点见表3.10。

表3.10 石膏型真空浇注加压凝固操作要点

工序	操作要点
准备	(1)将真空罐抽气至真空度为1 kPa以上; (2)贮压罐充气至压力为0.6~0.8 MPa
铸型和浇包就位	(1)将铸型从保温炉转移至浇注罐底盘上; (2)将浇包连同合金液迅速移至浇注罐内浇包架上
真空浇注	(1)关闭浇注罐,打开真空泵、真空罐及浇注罐的阀门,真空度平衡后,关闭真空罐与浇注罐间的阀门,真空泵继续抽真空至达到要求的真空度,关闭阀门,总时间不要超过60 s; (2)通过手轮转动浇包架,将金属液浇入铸型,同时从观察孔监视浇注情况
加压凝固	(1)浇注完毕后先去除真空,然后迅速打开充气阀直至到达要求的压力,总的操作时间不应超过45 s; (2)铸件完全凝固后打开放气阀,取出铸型

4.调压浇注

该工艺是将低压铸造与真空铸造相结合的一种铸造工艺。它是利用压差铸造的原理,通过改变铸件成型过程中环境压力来适应复杂薄壁铸件成型工艺特性。该工艺可根据铸件的形状特点、工艺要求等合理调整型腔内压力,使金属液在压差作用下有控制地进入型腔,并在石膏型受力状态不变的条件下,及时提高铸件凝固时的环境压力,使铸件在压力下凝固。调压铸造可在减少充型压力和降低浇注温度条件下使薄壁铸件成型,可铸出壁厚小于1 mm的铸件并使铸件有较高的致密度。调压浇注适合于生产有厚壁部分的复杂薄壁铸件。

3.2.4 铸件后处理

石膏型精密铸件浇注成型后,还需进行清理、修补、热处理、矫正、检验等工作,才能获得合格铸件。

1.清理

石膏型铸造铸件清理工作包括去石膏、去浇注系统、初检、喷砂等工作。

首先要脱除石膏型或石膏芯。石膏型的残留强度不高,整体石膏可通过专用油压机将石膏及铸件整体从砂箱中压出,铸件内腔及凹陷处的石膏一般采用高压水枪清除,但要防止因高压冲击而造成铸件变形。国内外常用不大于5 MPa的高压水清除石膏型。脱除可溶性石膏芯则可将铸件浸泡在水中一定时间使其溃散清除。然后用喷砂去除铸件表面残留的石膏或氧化皮。喷砂所用粒度大小、形状及喷砂压力均应合适,以防破坏铝铸件表面质量。

石膏清除后,需去除铸件上的浇注系统。一般采用锯床切割辅以普通铣床粗铣浇口相结合的方法去除浇注系统。

浇注系统去除后,需对铸件进行外观初检,初检合格的铸件需清除飞边、毛刺、表面积瘤等,并对清理后的铸件进行初喷砂处理,对初喷后铸件进行分拣,无外观缺陷铸件转探伤处理,有缺陷的铸件及时挽救或报废。

对高要求的精密铸件,为避免不必要工序浪费,喷砂后合格铸件需转入X光或荧光探伤,检测内部质量,合格后转热处理;不合格铸件及时挽救或报废。

2. 修补

对有缺陷但尚不属于废品的铸件可以进行修补。对一些孔洞用氩弧焊补焊,补焊流程如图2.5所示。对表面有局部缺陷的,如粗糙不平、形状不合规定等,可修平、磨光等。总之,通过补焊、修平、磨光等方法使可修补的铸件成为合格品。一般铝合金铸件的补焊工艺如图3.8所示。

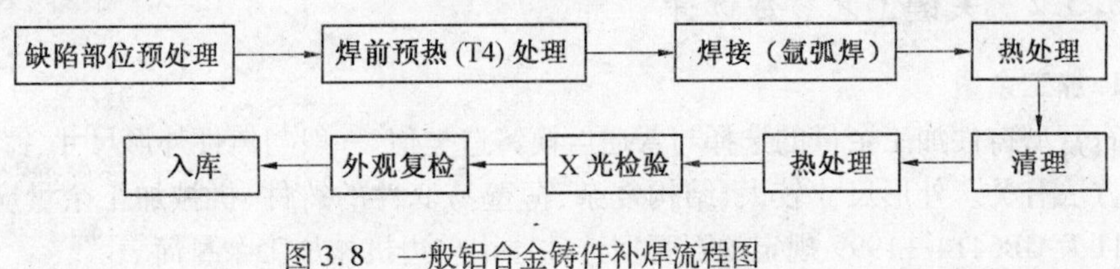

图3.8　一般铝合金铸件补焊流程图

3. 热处理

对石膏型精密铸件来说,石膏型导热性差,铸件内部组织一般较粗大,其铸态力学性能往往低于砂铸或其他精密铸造。热处理是恢复其力学性能最有效的途径。

4. 矫正

复杂薄壁铸件在铸造过程中出现变形现象常有发生,如变形量不大,可通过矫正来校正。校正是在精确的专用校正夹具中进行,主要目的是使铸件形状、尺寸合格,但要防止出现其他缺陷如裂纹等。铝合金铸件在校正前需经T4处理,使铸件有良好的延性及变形能力,然后再经冰冷处理,最后进行矫正。

5. 检验

检验是确保铸件合格的最后保障。石膏型精密铸造工序众多,周期较长,工序检验尤为重要。铸件后处理阶段,外观检验在清理各个阶段逐件检验,入库前按规定比例抽检;内部质量一般需要用X光机、荧光探伤、工业CT等专业检验设备进行。

3.3　石膏型铸件工艺设计

3.3.1　铸件结构工艺设计

铸件结构工艺性对生产过程及铸件成品率的影响极大,因此分析铸件结构是否适合石膏型熔模铸造生产要求,是进行石膏型铸件工艺设计的基础。石膏型精密铸件结构设计应尽量满足以下条件。

(1)铸件壁厚尽量均匀。做好壁厚的过渡设计,尽量减少热节,尤其避免热节集中。

(2)铸件要利于顺序凝固。石膏型透气性差,顺序凝固尤为重要,否则较易发生缩松、孔洞类缺陷。

(3)尽量避免大平面,减少不透孔。大平面和不透孔往往给灌浆造成麻烦,易出现憋气、石膏掉块、积瘤和水纹等铸造缺陷。

(4)铸件应尽量避免薄壁、大口径深腔设计。石膏密度较低,高温焙烧易造成悬臂型芯变形或断裂,造成铸件壁厚不均或不成型。

(5)合理设置工艺筋、工艺孔。为保证熔模铸件质量,应根据需要在铸件设计上设置必要的工艺筋和工艺孔,以防止铸件变形,减少热节,利于铸件成型。

(6)合理设置机械加工工艺台。石膏型精密铸造往往用于生产薄壁、异形、复杂铸件,铸件设计初期必须考虑此类铸件后续机械加工的困难,要铸出必要的机械加工工艺台待用。

3.3.2 关键工艺参数选择

1. 加工余量

石膏型铸件加工余量的选择与普通熔模铸造类似,一般与铸件外形尺寸、铸件结构和加工方法有关。外形尺寸较大、结构复杂、薄壁易变性的铸件,机械加工余量应大一些。表3.11为GB6414—1999规定的石膏型铸件通用单边机械加工余量简表。

表3.11 石膏型铸件通用单边余量简表

铸件最大尺寸/mm	<63	63~100	100~160	160~250	250~400	400~630
机械加工余量/mm	0.3~0.5	0.5~1	0.8~1.5	1~2	1.3~2.5	1.5~3

2. 铸造公差

石膏型铸件铸造公差的选择与普通熔模铸造类似,但其精度更高。表3.12为石膏型铸件通用铸造公差简表。

表3.12 石膏型铸件通用铸造公差简表

铸件基本尺寸/mm	铸件公差等级			
	CT4	CT5	CT6	CT7
≦10	±0.13	±0.18	±0.26	±0.37
10~16	±0.14	±0.19	±0.27	±0.39
16~25	±0.15	±0.21	±0.29	±0.41
25~40	±0.16	±0.23	±0.32	±0.45
40~63	±0.18	±0.25	±0.35	±0.50
63~100	±0.20	±0.28	±0.39	±0.55
100~160	±0.22	±0.31	±0.44	±0.60
160~250	±0.25	±0.36	±0.50	±0.70
250~400	±0.28	±0.39	±0.55	±0.80
400~630	±0.32	±0.45	±0.60	±0.90

3. 收缩率

影响石膏型精密铸件尺寸的因素较多,如熔模的收缩、石膏型胶凝膨胀和脱水收缩、合金的收缩等。这几方面的综合影响称为石膏型精密铸件的综合收缩率,其中前三项的数据见表3.13,部分非铁合金的铸造收缩率见表3.14。

表 3.13 石膏型精密铸件的综合收缩率

熔模收缩/%	石膏型胶凝膨胀/%	石膏型脱水收缩/%
0.4～0.6	0	0～0.5

表 3.14 部分非铁合金的铸造收缩率

合金种类	收缩率/%	
	阻碍收缩	自由收缩
铝硅合金	0.8～1.0	1.0～1.2
铝铜合金[w(Cu)=7%～12%]	1.4	1.6
铝镁合金	1.0	1.3
镁合金	1.2	1.6
锡青铜	1.2	1.4
无锡青铜	1.6～1.8	2.0～2.2
锌黄铜	1.5～1.7	1.8～2.0
硅黄铜	1.6～1.7	1.7～1.8
锰黄铜	1.8～2.0	2.0～2.3

石膏型精密铸件的综合收缩率 A 的计算公式为

$$A=(a+b+d)\times 100\% \tag{3.1}$$

式中 a——熔模收缩率；

b——石膏型胶凝膨胀率；

d——铸造合金收缩率。

4. 铸造斜度

石膏型精密铸件一般不需要设置铸造斜度，特殊情况可参考熔模铸件的铸造斜度。

3.3.3 浇注系统设计

石膏型精密铸件浇注系统及冒口设计可参考熔模铸造或砂型铸造，同时应注意以下几点：

(1)石膏导热性差，金属液保持流动性时间长，故浇注系统截面积尺寸可比砂型铸造减少 20% 左右。

(2)石膏型透气性差，浇冒系统设计应保证有良好的排气能力，在顶部和易憋气处开设出气口，使型腔中气体能顺利排出。

(3)石膏型铸件冷却慢，对壁厚不均匀的铸件，一般内浇道开在厚处并要合理地设置冒口，保证补缩。

(4)要保证金属液在型腔中流动平稳，避免出现涡流、卷气现象。

(5)浇注系统应尽可能不阻碍铸件收缩，以防止造成铸件变形和开裂。

(6)石膏型精密铸造脱蜡时，浇注系统应先熔失，减小熔模对石膏型的膨胀力。

3.4 石膏型精密铸件常见缺陷及预防

石膏型铸造周期较长，工序繁多，设备要求高，所用原材料、辅料多且来源广，给生产组织及工艺控制带来诸多难度，极易造成铸件质量问题。此外，石膏型精密铸造采用石膏铸型，且多为热型浇注，由于石膏型透气性差，极大降低了铸件成型冷却速度，造成铸态铸件内部晶粒粗大，铸件综合机械性能偏低。石膏型铸造一般在薄壁、复杂铸件成型中优势明显，但在普通精密铸件成型过程中成品率偏低。因此，做好石膏型精密铸造常见缺陷的预防是石膏型精密铸造的一个重要环节。

下面介绍常见石膏型精密铸造的缺陷及其成因以及预防措施。

3.4.1 铸件尺寸超差

造成铸件尺寸超差的原因较多，归结起来主要有以下几个方面。

(1)模具收缩设计不合理。模具设计时预设收缩与实际收缩不符是主因，石膏型精密铸造以复杂、薄壁、异形类零件为主，此类零件结构特殊，传统收缩理论往往不能完全满足要求，需要以系统实践经验做基础，一旦设计者经验欠缺便易造成熔模尺寸超差。

(2)模料性能差。熔模模料性能差，会造成熔模尺寸精度低，往往造成高精度铸件熔模尺寸超差。

(3)熔模保存不当。石膏型精密铸造用熔模对环境的要求特别高，一般合格蜡模必须在20～25 ℃恒温保存，且要求熔模不得堆积、挤压等，诸多因素若控制不力，便会造成熔模尺寸超差。

(4)熔模压制参数设计不当。熔模制作与蜡温、型温、充型压力、流量、保压时间、合模压力等密切相关，不同结构的铸件这些参数差别较大，稍有偏差便会造成熔模尺寸超差。

(5)对于激光快速成型熔模，除上述因素外，支撑筋(边)的设置、烧结参数的选择、熔模后处理工艺等都会影响熔模质量。

防止此类缺陷需做好以下几点。

(1)认真分析铸件结构工艺性，以合金收缩理论为前提，以实践经验为基础，合理设计模具的收缩率和结构，保证加工精度。

(2)根据铸件精度等级要求，合理选择熔模模料。

(3)确保熔模保存环境符合工艺规定。

(4)合理设计熔模制作参数，确保设备稳定。

3.4.2 缩孔、疏松、气孔

石膏型导热性差，透气不好，且多采用热型浇注，铸件在型腔中冷却速度慢，往往会在厚壁和热节处产生缩孔、疏松缺陷；若浇注时涡流、卷气不能及时排出，则易在铸件中形成集中缩孔。

防止此类缺陷需做好以下几点。

(1)合理设计浇注系统,充分考虑厚壁处的补缩,合理设计内浇口位置,保证铸件按一定顺序凝固。

(2)合理使用冷铁,增加局部冷却速度,确保顺序凝固。

(3)采用加压凝固、调压和差压铸造等工艺,加强金属液补缩能力。

(4)适当加大热节处的过渡圆角,增强金属液流动性。

(5)真空负压浇注,设置必要的排气通道,确保铸型排气顺畅。

3.4.3 表面粗糙

造成成型铸件表面粗糙有以下原因。

(1)模具表面精度差。

(2)熔模表面不清洁,熔模修理不到位。

(3)模料灰度高,脱蜡后残留模料高温焙烧后残灰粘附型腔壁。

(4)石膏型(芯)表面质量不合格。

(5)浇注工艺设计不合理,如浇注温度、型温过高,充型压头过高等。

防止此类缺陷需做好以下几点。

(1)保证模具表面精度。

(2)合理选择模料、石膏浆料,确保辅料合格。

(3)采用内富集在石膏型表面的添加剂,将表面孔隙填平,注意浆料制作时防止吸气,消除气泡。

(4)灌浆前清洗熔模树组表面。

(5)合理设置浇注工艺参数。

3.4.4 积瘤

铸件表面产生大小不等的球状金属瘤称为积瘤,产生原因如下。

(1)石膏浆料制备时未充分除气。

(2)灌浆时卷入的气泡未能排除。

防止此类缺陷需做好以下几点。

(1)严格控制浆料制备时的真空度和搅拌时间。

(2)增加适量消泡剂。

(3)保证灌浆平稳,不卷气。

(4)调整铸件浇注位置,必要时采取开设工艺孔或提前预灌石膏等措施。

3.4.5 毛刺、披缝

产生毛刺、披缝主要是因为石膏铸型有裂纹,主要原因如下。

(1)脱蜡时因蜡料与石膏的膨胀系数不一致,使铸型开裂。

(2)铸型焙烧工艺不合理,升降温过快使铸型开裂。

(3)铸型受外力冲击而开裂。

(4)浇注时充型压力过大,压头过高。

防止此类缺陷需做好以下几点。

(1)选择收缩相匹配的模料和石膏浆料,保证合理的脱蜡工艺。

(2)保证焙烧工艺合理,避免剧烈温度波动。

(3)提高石膏型强度,避免铸型受过大外力。

(4)控制浇注时的真空度和压力。

3.4.6 力学性能差

石膏型导热性差,热型浇注后冷却速度较慢,晶粒成长很难被抑制,导致晶粒粗大,铸件力学性能偏低。

防止此类缺陷需做好以下几点。

(1)采取必要的精炼、细化措施,使合金液细化。

(2)采用锆砂、石墨等蓄热系数较大的填料来增加石膏型的导热性。

(3)采用超声振动、电磁振动等措施延缓晶粒产生。

(4)利用合理的热处理手段,提高铸件力学性能。

3.4.7 呛火

铸件呛火是指浇注时,型腔内产生气体,导致合金液面浇注过程中充填不平稳,进而造成铸件局部产生缺陷,外观上表现为光亮的局部缩松、缩孔。呛火产生的原因如下。

(1)环境湿度大,气压变化剧烈。

(2)金属液除气不净,或浇注过程卷入气体。

(3)石膏型焙烧不透,型腔湿度或铸型干燥不达标。

(4)浇注系统设计不合理。

防止此类缺陷需做好以下几点。

(1)保持熔炼及浇注工序环境稳定。

(2)做好金属液净化除气工作,避免金属液转运、浇注过程卷入气体。

(3)合理设计石膏型焙烧工艺,做好焙烧炉抽风、排气工作。

(4)合理设计浇注系统,尽量保证充型、排气顺畅。

3.4.8 夹渣

铸型型腔不洁净,金属液净化不力是造成铸件夹渣的主要原因。

(1)石膏型强度低,焙烧或浇注时石膏起皮,掉块落入型腔。

(2)铸型焙烧防尘不好,导致砂箱氧化屑、炉灰等进入型腔。

(3)金属液净化不力,精炼、除渣措施不到位等。

防止此类缺陷需做好以下几点。

(1)提高石膏强度,如添加增强剂、玻璃纤维等。

(2)做好铸型焙烧过程的防尘、除尘工作。

(3)提高金属液质量。

(4)合理设置滤渣网、聚渣工艺台(筋)等。

总之,石膏型精密铸造周期长、工序繁多,造成铸件缺陷的因素众多,往往一种缺陷是多因素共同作用的结果。因此,生产中要严格工艺纪律,做好工序检验,确保缺陷不流转,是减少铸件缺陷,确保产品质量的有效途径。此外,现场工艺记录尤为重要,做好现场工艺记录,确保记录可追溯,据此有效分析缺陷成因,制定详细的防止措施,是确保铸件质量尺寸稳定的必要途径。

3.5 石膏型精密铸造典型案例

图3.9为某型号航空专用优质铝合金铸件,铸件平均壁厚3 mm,减重孔较多,非减重专用孔精度CT6,底面安装配合部位内部质量要求高,整体按HB962—2001 Ⅰ类件要求,非机加表面粗糙度要求不超过 Ra 3.2 μm。拟采用石膏型熔模精密铸造工艺生产。

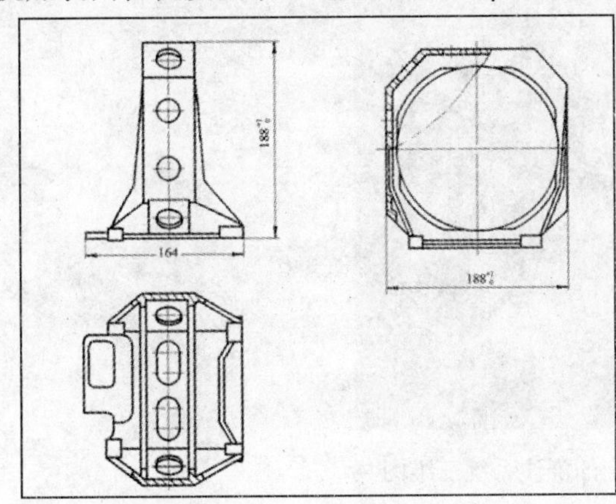

图3.9 待铸零件工程及三维简图

3.5.1 毛坯工艺设计

根据零件结构的特点,结合零件图纸对配合面、关键部位质量、技术的要求,同时结合GB/T 6414—1999铸件尺寸公差及加工余量要求,取尺寸公差CT6,单边机加余量外形尺寸取1.5 mm,工艺保证量0.3 mm,综合收缩率取1%,未注铸造圆角 $R=3$ mm。图3.10(a)为据此设计的铸件毛坯简图(带内浇口),图3.10(b)为据成型工艺设计的浇注系统模。

3.5.2 浇注系统设计

石膏型精密铸造对高大、薄壁筒形、箱形件一般采用缝隙式或阶梯式浇注系统,对某些铸件亦可采用平注和斜注。对复杂薄壁铸件,内浇口一般不应直对型壁和型芯,防止冲刷型壁和型芯,而应沿着型壁和型芯设内浇口。同时,为防止薄壁件变形及裂纹,内浇口应均匀分布,避免局部过热及浇不足等缺陷。据此,经过理论计算和实践修正,并结合专业的铸造工艺模拟,对该铸件采用图3.11所示的浇注系统。

(a) 铸件工程简图（含内浇口）

(b) 浇注系统简图

图 3.10 铸件毛坯及浇注系统简图

图 3.11 选定的浇注系统三维图

3.5.3 熔模制作

选用广泛应用于汽车、航空航天等薄壁零件专用高品质蜡料 996C 制作熔模，其主要性能参数见表 3.15。

表 3.15 模料主要性能参数

牌号	性能						
	针入度/DMM	软化点/℃	比重	灰度/%	收缩率/%	压铸温度/℃	脱蜡温度/℃
996C	12～20	79～84.5	0.95～0.985	<0.02	0.5～0.8	52～63	95～100

该铸件熔模制备工艺及参数见表 3.16。

表 3.16 熔模制备工艺及参数

工艺过程		工艺参数
模料配制	化蜡	在压蜡机自带化蜡区化蜡
	熔化温度	≤90℃
熔模制造	压蜡设备	全自动进口 30T-MPI 压蜡机
	环境温度	20 ~ 25 ℃
	模料温度	56 ~ 59 ℃
	模具温度	25 ~ 28 ℃
	脱模剂	甲基硅油或用酒精、蓖麻油 1∶1 混合
	注射压力	16 ~ 30bar
	注射流量	80 ~ 100cc/s
	压蜡时间	100 ~ 120 s
	保压时间	180 ~ 300 s
	冷却剂	循环水(16 ~ 25 ℃)
熔模冷却	冷却时间	≥12 h
熔模校正	校正方法	采用砂块、金属块压校(确保重量及校压时间); 采用专用校正模校正
熔模存放	存放温度	16 ~ 25 ℃
	存放方式	专用场地存放,不得堆积、挤压
合模前检验	外观检验	100% 检查,不得有纰缝、冷隔、裂纹、缩陷、起泡等
	尺寸检验	专用测量工具检测熔模尺寸及几何形状

3.5.4 熔模组合

按设计的浇注系统进行手工组合蜡模,如图 3.12 所示。由于熔模自带浇注内浇口,且其余浇注系统采用模具压制成型,因此大大降低了劳动强度,同时最大限度地提高了作业效率。这种半自动化的作业方式在国内得到较快发展,但较之欧美发达国家还有很大差距,欧美国家的蜡模组合工艺已经实现全自动化。

图 3.12 组合好的熔模

3.5.5 石膏型壳制作

型壳材料选用某型号成品石膏浆料及相关辅料，具体制壳工艺见表3.17。

表3.17 石膏型壳材料及其制作工艺

石膏浆料	成品石膏粉
设定壁厚尺寸/mm	15～20
空气压力/MPa	0.4～0.7
水胶液/%	29～36
增强剂	玻璃纤维≤0.2%
消泡剂	水基消泡剂适量
真空度/MPa	≤-0.06
搅拌时间/min	3～5
振动时间/min	1～2
放置时间/h	2～4

3.5.6 脱蜡、焙烧及浇注

为了保证脱蜡质量，改善作业环境，生产中采用蒸气脱蜡法。设备采用通用蒸气脱蜡釜，具体脱蜡工艺见表3.18。型壳脱蜡完成后，应放置不少于12 h，再装炉焙烧，以确保型壳强度。石膏型壳焙烧设备采用180 kW箱式电阻炉。焙烧应采用阶梯升温，每阶段保温一定时间，以使内外壁达到一致。该铸件型壳焙烧参考图3.6，其焙烧工艺为80～100 ℃，8 h→150 ℃，5 h→300 ℃，2 h→700 ℃，2 h。高温焙烧后，以不大于60 ℃/h的速率降温至250 ℃，保温6 h以上方可出炉浇注。图3.13为浇注破箱后带浇注系统铸件。该铸件采用真空浇注、加压凝固方式成型，浇注完成后放置到型壳温度至室温后，方可进行清壳、锯铣浇冒口、喷砂等后续处理工作，切忌破壳过早。

表3.18 脱蜡工艺

脱蜡方式	脱蜡压力	脱蜡时间	放置时间
蒸气脱蜡	<0.1 MPa	1～3 h	>12 h

图3.13 浇注破箱后带浇注系统铸件

3.5.7 铸件综合性能检测

浇注出的铸件经系列后续处理工序后，其外观质量、尺寸精度、综合力学性能见表3.19。由该统计表可知，采用石膏型熔模铸造生产的该铸件完全满足 HB962—2001 Ⅰ类件要求。

表 3.19 铸件综合性能评价表

尺寸超差率/%	表面粗糙度/μm	抗拉强度/MPa	延伸率/%	硬度/HBS	X 光探伤	铸件清理
5.4	1.6~3.2	273	3.4	78	Ⅰ类	易

参考文献

[1]范英俊.铸造手册(特种铸造)第六卷[M].北京:机械工业出版社,2003.
[2]罗启全.铝合金石膏型精密铸造[M].广州:广东科学技术出版社,2005.
[3]高以熹等.石膏型熔模精铸工艺及理论[M].西安:西北工业大学出版社,1992.
[4]崔凤楼等.铝合金石膏型熔模铸造工艺研究[J].特种铸造及有色合金,1986,3:32-38.
[5]李玉观.熔模精密铸造缺陷与对策[M].北京:化学工业出版社,2012.

第4章 压力铸造

4.1 概 述

压力铸造简称压铸,是近代金属加工工艺中发展较快的一种高效率、少无切削的金属成型精密铸造方法。压铸件除用于汽车和摩托车、仪表、工业电器外,还广泛应用于家用电器、农机、无线电、通信、机床、运输、造船、照相机、钟表、计算机、纺织器械等行业。其中,汽车和摩托车制造业是最主要的应用领域,汽车约占70%,摩托车约占10%。汽车轻量化是实现环保、节能、节材、高速的最佳途径。用铝合金压铸件代替传统的钢铁件,可使汽车质量减轻30%以上。目前,铝合金压铸工艺已成为汽车用铝合金成型工艺中应用最广泛的工艺之一,在各种汽车成型工艺方法中占49%。目前生产的一些压铸零件最小的只有几克,最大的铝合金铸件质量达50 kg,最大直径可达2 m。近年来随着汽车工业、电子通信工业的发展和产品轻量化的要求,压铸技术的日趋完善,压铸件的应用领域逐渐扩大。

近年来,我国压铸市场异常活跃,压铸产业的高速增长带来了压铸模具制造工业的快速发展。据统计,压铸模具约占各类模具总量产值的5%,每年增长速度高达25%。这几年,各模具厂普遍加大设备投入,提升技术水平和制模能力,模具的质量有了很大的提高。总体来说,中小型模具的制作完全可以满足国内的需求,大型、复杂、精密的压铸模具依赖进口的状况得到较大的改善。目前,全国压铸模制造厂数量众多,星罗棋布,正在对我国压铸模具行业和相关产业的发展做出贡献。我国压铸模品种、产量、综合设计水平、产品复杂精密程度有了很大发展,模具的大型化以及企业工装设备、工作环境、加工和检测手段均得到很大提高。

但是,我国压铸模制造总体来说与国外先进工业国家相比差距还很大,制造过程存在质量控制不够严谨制造精度低,以及设计时对模具的热平衡分析、冷却系统设置、零件的快换、安装的快捷、生产的安全性等方面还需提高,还存在模具使用的稳定性不高,故障率大等问题。与发达国家相比,我国模具工业无论在技术上,还是管理上,都存在较大差距,特别是在大型、精密、复杂、长寿命模具技术上,差距尤为明显。

4.2 压铸的工艺特点及分类

在压铸工艺中,熔体填充铸型的速度每秒钟可高达十几米甚至上百米,压射压力高达几十兆帕甚至数百兆帕。由于高速高压,压铸必须采用金属模具。上述特性决定了压铸工艺自身的主要优点包括:

(1)可以得到薄壁、形状复杂,但轮廓清晰的铸件。

(2)可生产高精度、尺寸稳定好、加工余量少及高光洁度的铸件。

(3)铸件组织致密,具有较好的力学性能。

(4)生产效率高,容易实现机械化和自动化操作,生产周期短。

(5)采用的镶铸法可以省去装配工序并简化制造工艺。

(6)铸件表面可进行涂覆处理 。

除上述优点外,压铸也存在不足:

(1)压铸件常有气孔及氧化夹杂物存在,由于压铸时液体金属充填速度极快,型腔内气体很难完全排除,从而降低了压铸件的质量。

(2)不适合小批量生产,主要原因是压铸机和压铸模具费用昂贵,压铸机效率高,小批量生产不经济。

(3)压铸件尺寸受到限制,因受到压铸机锁模力及装模尺寸的限制而较难压铸大型压铸件。

(4)压铸合金种类受到限制,目前主要适用于低熔点的压铸合金,如锌、铝、镁、铜等有色合金。

常见的压铸方法分类见表4.1。

表4.1 压铸方法分类

<table>
<tr><th colspan="3">压铸方法分类</th><th>说 明</th><th colspan="2">压铸方法分类</th><th>说 明</th></tr>
<tr><td rowspan="4">按压铸材料分</td><td colspan="2">单金属压铸</td><td rowspan="4">目前主要是非铁合金</td><td rowspan="2">按压铸机分</td><td>热室压铸</td><td>压室浸在保温坩埚中</td></tr>
<tr><td rowspan="3">合金压铸</td><td>铁合金</td><td>冷室压铸</td><td>压室与保温炉分开</td></tr>
<tr><td>非铁合金</td><td rowspan="2">按合金状态分</td><td>全液态压铸</td><td>常规压铸</td></tr>
<tr><td>复合材料合金</td><td>半固态压铸</td><td>一种压铸新技术</td></tr>
</table>

4.3 压铸工艺设计

压铸是一种将熔融状态或半熔融状态的金属浇入压铸机的压室,在高压力作用下,以极高的速度充填在压铸模的型腔内,并在高压下使熔融或半熔融的金属冷却凝固而形成铸件的高效益高效率的精密铸造方法。

压铸成型的过程是将熔融的金属液注入压铸机的压室,在压射冲头的高压作用下,高速度地推动金属液经过压铸模具的浇注系统,注入并充满型腔,通过冷却、结晶、固化等过程,成型相应的金属压铸件。压铸成型过程如图4.1所示。压铸模闭合后,压射冲头4复位至压室3的端口处,将足量的液态金属8注入压室3内,压射冲头4在压射缸中压射活塞的高压作用下,推动液态金属8通过压铸模的横浇道、内浇口进入压铸模的型腔1。金属液充满型腔后,压射冲头4仍然作用在浇注系统,使液态金属在高压状态下冷却、结晶、固化成型。压铸成型后,开启模具,压铸件脱离型腔,之后在压铸机顶出机构的作用下,将压铸件及其余料顶出并脱离模体,压射冲头同时复位。

压铸工艺是把压铸合金、压铸模、压铸机这三个压铸生产要素有机组合和运用的过程。压铸时,影响金属液充填成型的因素很多,其中主要有压射力、压射速度、充填时间和压铸模温度等。压铸工艺流程如图4.2所示。按作业内容划分,压铸生产工部主要包括压铸模具、熔炼、压铸及清理检验等四个基本工部。压铸工部进行压铸作业,铸出压铸件毛坯。清理及检验工部负责清除压铸件浇注系统、飞边、毛刺等,并对压铸件进行质量检查,确定废品及合格品。

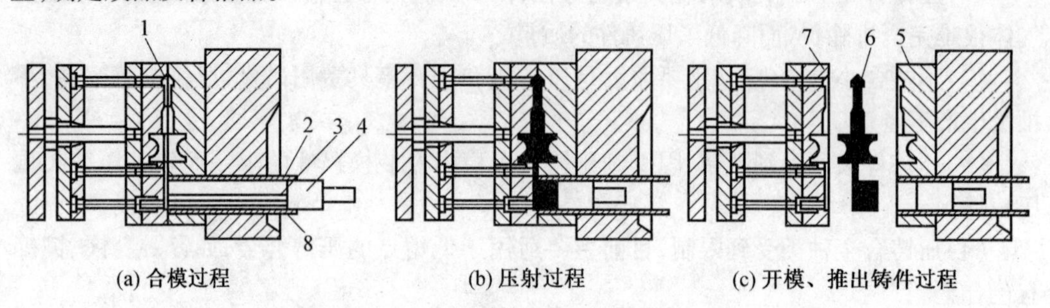

图4.1 卧式冷室压铸机压铸过程示意图

1—型腔;2—加料口;3—压室;4—压射冲头;5—定模;6—压铸件;7—动模;8—金属液

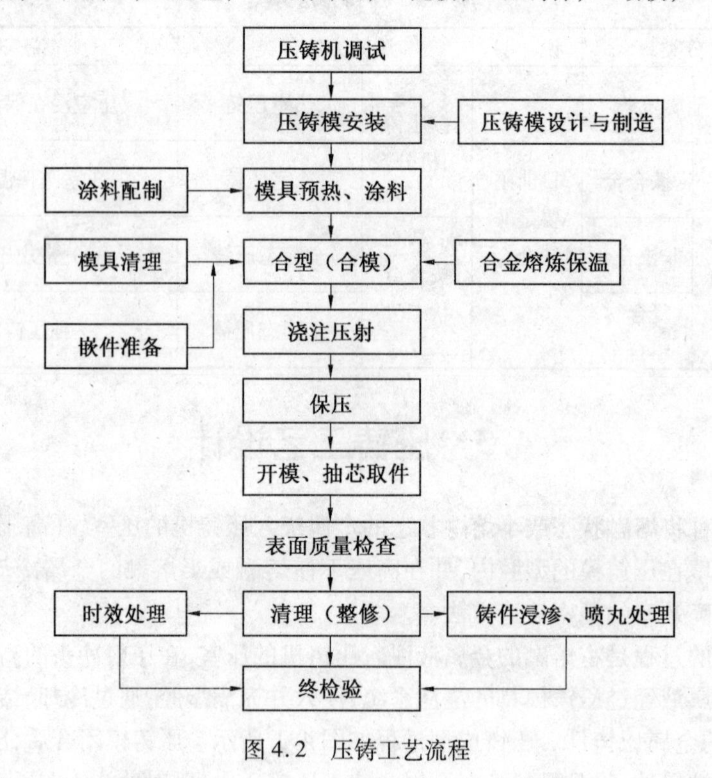

图4.2 压铸工艺流程

4.3.1 压铸模具结构

通常压铸模具的基本结构包括:熔杯、成型镶块、模架、导向件、抽芯机构、推出机构以及热平衡系统等。多数压铸型都是由定型和动型组成,其中动型固定在压铸件动型安装板上，并随动模安装板移动而与定模合模或开模。定型固定在压铸件定型安装板上，有直浇道与喷嘴或压室相连接。下面分别介绍各个系统组成部分，图4.3为压铸模具结构示意图。

成型部分——构成型腔的部分，包括固定的和活动的镶块与型芯。

模架——各种模板、座架等构架零件，其作用是将模具各部分按一定的规律和位置加以组合和固定，并使模具能够安装到压铸机上。

导向零件——准确地引导动模和定模合拢或分离。

顶出机构——从模具上脱出铸件的机构，包括顶出和复位零件，还包括顶出机构自身的导向和定位零件。

浇注系统——与成型部分及压室连接，引导金属液按一定的方向进入铸型的型腔部分，直接影响金属液进入成型部分的速度和压力，由直浇道、横浇道和内浇口等组成。

排溢系统——是排除压室、浇道和型腔中的气体的通道，包括排气槽和溢流槽。

其他——紧固用的螺栓、销钉以及定位用的定位件等。

由于铸件形状和结构的需要，常设抽芯机构。

为保持模具温度场的分布符合工艺的需要，模具内还设有冷却装置或冷却-加热装置。

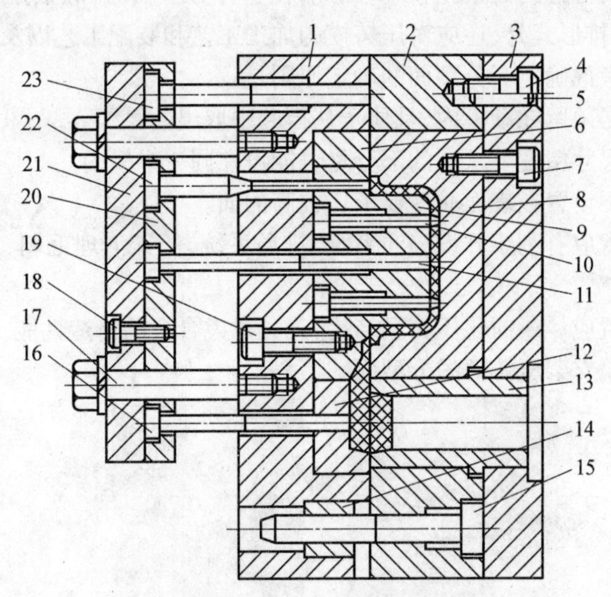

图4.3 压铸模具结构示意图

1—动型型板；2—定型套板；3—定型座板；4、7、18、19—螺钉；5—销钉；6—镶块；8—定型镶块；9—动型镶块；10—型芯；11、22—推杆；12—浇道镶块；13—浇口套；14—导套；15—导柱；16—浇道推杆；17—导钉；20—推杆固定板；21—挡板；23—复位杆

4.3.2 压铸件分型面的选择

压铸模具动型与定型的接触面通常称为分型面，分型面是由压铸件的分型线决定的，模具上垂直于锁模力方向上的接合面即为基本分型面，一般压铸型只有一个分型面，有时

因为铸件复杂等原因,可以有两个以上辅助分型面。

根据分型面的形状,压铸型分型面可分为平直型、倾斜型、阶梯型、曲线型四种。图4.4为压铸型分型面类型,其中平直型分型面结构简单、制作方便,所以应用最广。对于阶梯型分型面,一般把浇注系统设置在其中一个阶梯面上,排溢系统设置在另外的阶梯面上,这样便于金属液的充填与排气。

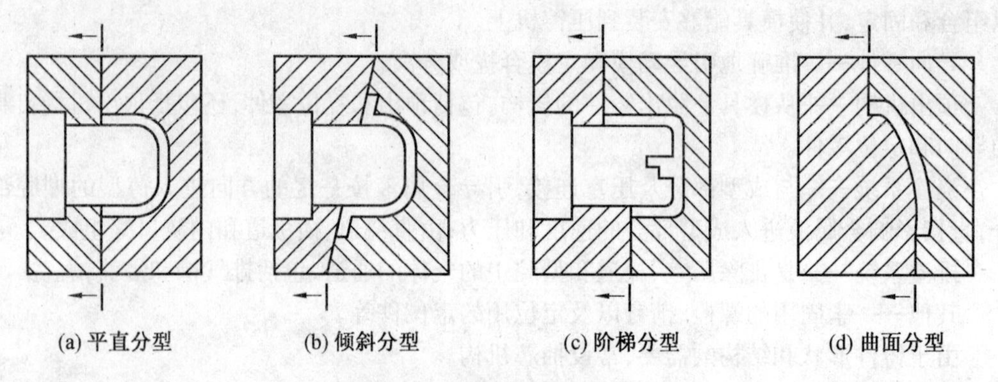

图 4.4 压铸型分型面类型

确定分型面需要考虑的因素比较多,因此,在选择分型面时,除根据压铸件的结构特点,结合浇注系统安排形式外,还应对压铸模的加工工艺和装配工艺以及压铸件的脱模条件等诸多因素统筹考虑确定。分型面的确定原则是:

①开型时铸件必须留在动模内,且便于从模腔中取出。

②不同轴度与尺寸精度要求高的部分尽可能设在同一半模内。

③分型面一般不设置在表面质量要求比较高的面。

④分型面的设置应有利于开设浇注系统、排溢系统,便于清理毛刺、飞边、浇口等,便于刷涂料。

⑤分型面的设置应尽量简化压铸型结构,充分考虑合金的铸造性能。

图 4.5 为倒视镜支架压铸件的分型面。

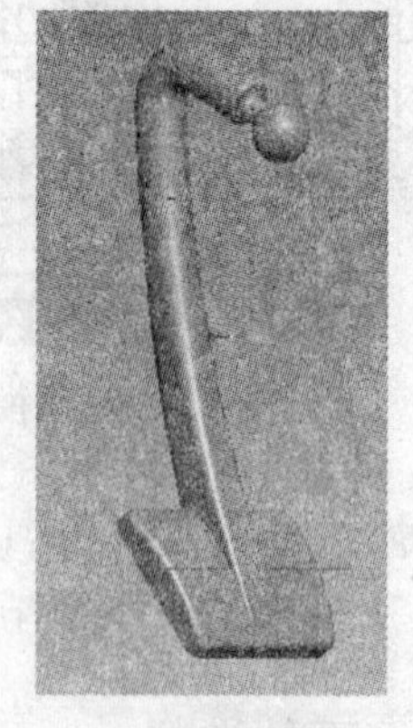

图 4.5 倒视镜支架压铸件的分型面

4.3.3 压铸件浇注系统

浇注系统的主要作用是把金属液从热室压铸机的喷嘴或冷室压铸机的压室导入型腔内。浇注系统和溢流、排气系统与金属液进入型腔的部位、方向、流动状态以及型腔内气体的排出等密切相关,并能调节充填速度、充填时间、型腔温度等充型条件,因此浇注系统的设计是压铸模设计的重要环节。在压铸件的生产过程中,浇排系统(浇道、浇口、溢流、排气等)对生产效率和压铸件质量影响最大。图 4.6 为压铸件浇排系统,包括料饼、横浇道、内浇口、集渣包、排气槽、溢流口。图 4.7 为汽车倒视镜支架的浇排系统。

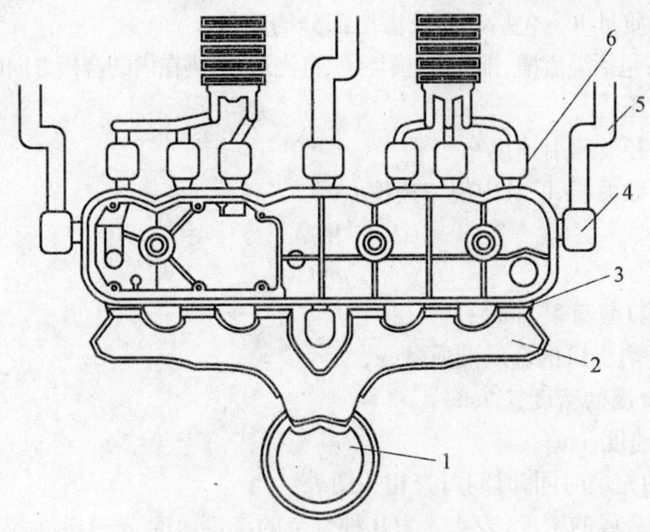

图 4.6 压铸件浇排系统

1—料饼;2—横浇道;3—浇口;4—集渣包;5—排气槽;6—溢流口

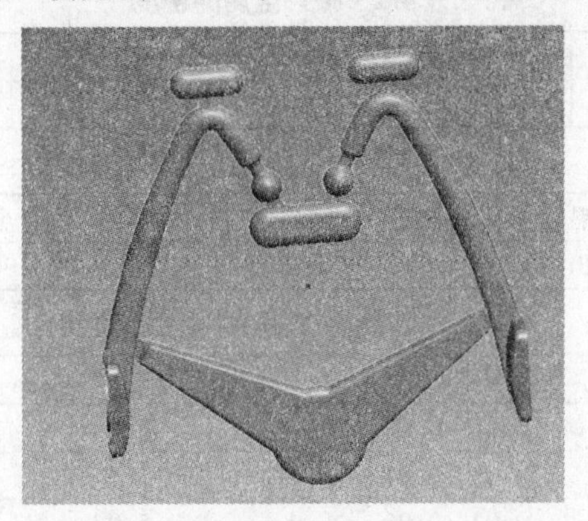

图 4.7 汽车倒视镜支架的浇注系统

1. 浇口的设计原则及方法

(1)浇口设计原则

浇口浇道的作用是把金属液由压室、直浇口送入型腔,浇口的设计原则:

①优先考虑充填最困难区域,尽量使金属液流程最短;

②多浇口充填时，各浇口大小按其主要充填区域大小比例分配；

③尽量避免流动方向及截面积的突变，避免产生卷气及涡流；

④尽量保证铸件重要部位先充满，内浇口处有型芯时，采取金属液分流方式流入，但是要确保分开的金属液流前端不碰撞；

⑤必要时考虑增设辅助内浇道，去掉浇口后不影响铸件外观质量。

(2)浇口设计方法

在生产实践中，主要结合具体条件按经验选用。

①首先计算浇铸件质量 W_t：包括溢流槽、横浇道、直浇道在内的所有质量；

②计算压铸件质量 W_p：包括产品及溢出部分的质量；

③求铸造面积：包括溢流槽、排气道、横浇道、直浇道、料饼在内的合模方向的投影面积；

④选定压射比压；

⑤确定冲头直径及压射速度；

⑥确定内浇口截面积 A_g 及内浇口速度 v_g

$$A_g = \frac{W_p}{\rho v_g t} \tag{4.1}$$

式中 A_g——内浇口截面积，mm^2；

W_p——通过内浇口的金属液质量，g；

ρ——液态金属的密度，g/cm；

v_g——填充速度，cm/s；

t——型腔的充填时间，时间可查相关图表。

表4.2为液态金属的密度，表4.3为几种合金的浇口速度，表4.4为常用铝合金充填时间。

表4.2 液态金属的密度

合金种类	铅合金	锡合金	锌合金	铝合金	镁合金	铜合金
ρ/g·cm^{-3}	8~10	6.6~7.3	6.4	2.4	1.65	7.5

表4.3 几种合金的浇口速度推荐值

合金种类	铝合金	锌合金	镁合金	黄铜
充填速度/m·s^{-1}	20~60	30~50	40~90	20~50

表4.4 充填时间推荐表(铝合金适用)

铸件平均壁厚 b/mm^{-1}	型腔充填时间/s	铸件平均壁厚 b/mm^{-1}	型腔充填时间/s
1.5	0.01~0.03	3.0	0.05~0.10
1.8	0.02~0.04	3.8	0.05~0.12
2.0	0.02~0.06	5.0	0.06~0.20
2.3	0.03~0.07	6.4	0.08~0.30
2.5	0.04~0.09	8.0	0.10~0.40

实际内浇口截面积的开设往往在模具制造中取值略小，然后根据产品试制结果再做轻微调整。

(3)浇口截面积与横浇道截面积的关系

浇口截面积与横浇道截面积的比值为1∶1.3~1.4,远离产品的横浇道截面积逐步加大,采取收敛式浇道,使从压室射出的金属液在到达内浇口之前压力不减、不吸气、不产生涡流。当有多个分支浇道时也遵循这一原则。

2. 典型浇道的开设方法

生产中常用的浇道主要有两种形式:扇形浇道、锥形切线浇道,有时两种形式结合起来使用。

(1)扇形浇道

如图4.8所示,采用梳状多浇口充型,可以避开金属液对型芯的冲击,同时可以保证长度方向同时充型,单个分支浇道采用扇形浇口,可以获得理想的喷射角度。扇形浇口的特性是浇口中央部分流速度快,两侧的金属流速慢,所以扇形浇道的展开角度要小于90°,避免两侧金属液流速过低导致冷隔,防止去除浇口时产品容易缺肉,如图4.9所示。

图4.8 散热盘压铸件

图4.9 支架压铸件

采用扇形浇道充型时,如果充型区域过宽,扇形浇口喷射区域不能满足要求,可将横浇道宽度增加或采用多个分支浇道,为保证金属液的流动压力,由浇道和内浇口的截面积采用递减收敛的形式。生产中一般扇形浇道的参数比例如下:

浇道截面积 浇口截面积=1.5:1

浇道宽度 浇道厚度=3:1

扇形长度 浇口宽度=1.34:1

典型的扇形浇道结构如图4.10所示,其中图(a)为凿子形浇道,它是扇形浇道中开口角度为0°的一种,一般应用于产品厚大部位或很小的压铸件,有时用于辅助充型的特殊部位。图(b)为单边扇形,主要用于产品的宽度与深度尺寸在中心线一侧的情况。图(c)为钳形浇道,是由两个扇形浇道组成,有利于产品中央部分的优先充型,该类型浇道一般较宽较浅,但是结构复杂不便于加工。图(d)为窄扇形浇道,其充型集中,液流方向便于控制,内浇口较窄较厚。图(e)为环扇形浇道,该结构使金属液充型覆盖区域大,一般内浇口宽而薄,但是设计中确保圆弧线上浇口宽度要小于90°,两侧末端要修成圆弧状,以控制紊流范围。

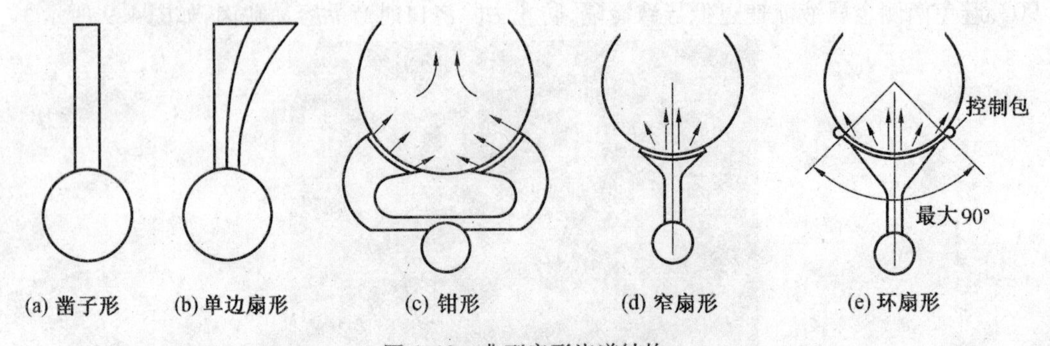

图4.10 典型扇形浇道结构

(2)锥形切线浇道

锥形切线浇道可用于长度较大的内浇口,流道所占体积较小,通过改变流道入口与浇口的面积,可以控制流动角的大小。锥形切线型浇道包括一个切线浇道、半三角区、一个缓冲包。通过控制流动角,获得理想的充型区域。锥形流道尾端速度容易过大,必须控制流道截面积,使浇口速度均匀,并在尾部设置缓冲包,如图4.11所示。

图4.11 炊具压铸件

锥形切线浇道的几种形式:

①图4.12(a)为对称双切线形,是一种常用的锥形切线浇道,特别适用于矩形平面类

产品的充型需要，金属液前沿由中心轴两侧展开，中部三角区域占有内浇口宽度的近1/4，在横浇道开始时产生一个大的半径和压射惯性力。

②图4.12(b)为角部区域充型，切线充型对角部区域可以获得良好的流态，角部两边长度不等时，两侧切线浇道的长度也应按比例开始，当产品高度较大时，该充填方式容易在顶端曲面处产生涡流。

③图4.12(c)为多腔型切线形，因为浇道的收敛性使每个型腔几乎同时充满，每一个产品的分浇道采用小扇形过渡。

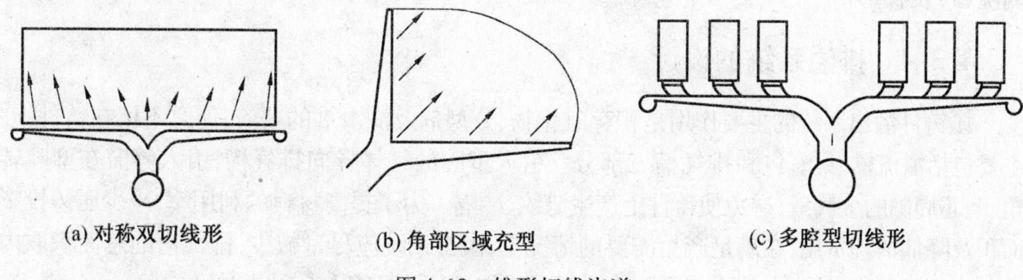

(a) 对称双切线形　　(b) 角部区域充型　　(c) 多腔型切线形

图4.12　锥形切线浇道

3. 内浇口的形式及开设

内浇口与压铸件连接，因此内浇口的开设既要考虑充型的需要也要考虑后续工序的清理，常见的内浇口形式有多种，见表4.5。

表4.5　内浇口形式

<table>
<tr><td rowspan="3">按导入口位置分类</td><td>顶浇口(铸件顶部无孔)</td><td rowspan="7">按导入口形状分类</td><td>扇形</td></tr>
<tr><td>中心浇口(铸件顶部有孔)</td><td>长梯形</td></tr>
<tr><td>侧浇口</td><td>环形</td></tr>
<tr><td rowspan="4">按导入口方向分类</td><td>切线</td><td>半环形</td></tr>
<tr><td>割线</td><td>缝隙形(缝隙浇口)</td></tr>
<tr><td>径向</td><td>圆点形(点浇口)</td></tr>
<tr><td>轴向</td><td>压边浇口</td></tr>
</table>

图4.13为内浇口的开设形式，端部充型形式利于金属液沿壁厚流动，适宜于类箱形产品。其中图4.13(a)适合深型腔产品充型，模具结构简单，易于加工，产品的浇道去除方便，缺点是产品内浇口部位容易过热；图4.13(b)是一种理想的充型模式，适用于深型腔产品的充型，缺点是模具分型面复杂，加工费时，浇道去除不方便；图4.13(c)模具结构简单易加工，产品浇道易去除，适合型腔不太深的产品，目前应用较广。

对于平板类产品，适合采用图4.13(d)垫形充型，利于产品水平方向的充型。对于圆筒类产品，适合采用对合充型，如图4.13(e)所示。圆周两边充型对称，易于设置排气、排渣位置；缺点是去除浇道后产品表面有残留，影响外观。采用端部充型或垫形充型时，内浇口与横浇道的连接部分及横浇道尾部的斜度对金属液的流动具有导向作用，连接部分长，角度大时，金属液沿着直线方向流动作用强，适合平板类产品或远浇口端的充型，连接部分短，角度小时，金属液在内浇口附件喷射作用强，适合产品型腔略深或内浇口附近充型。设计浇口浇道时，金属液避免过热形结构，此种结构既会造成产品内浇口部的粘附拉伤，又会降低模具寿命。

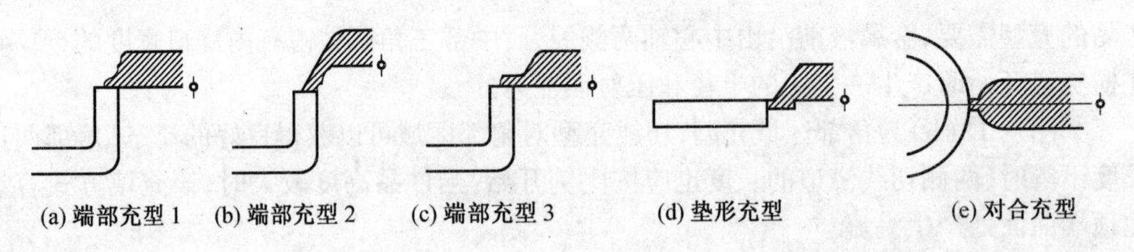

图 4.13 内浇口形式

根据铸件的形状和复杂程度，为了便于排气和溢流，保证铸件的质量，浇口形式选择侧浇口，长梯形。

4.3.4 排溢系统的设计

压铸件溢出系统的主要作用是积存氧化物、分型剂及润滑剂的残渣，使之不留在铸件上，主要包括溢流槽、集渣包和排气槽三部分。引入型腔的气体导向排气槽，引入停滞在型腔转角、型芯周围的金属液，避免使铸件上产生皱纹、冷隔。为了提高材料的利用率，减少压铸投影面积及降低清理费用，在满足产品需要的情况下，溢出系统应尽量减少，排气槽的总面积取内浇口面积的 30% ~70%，铝合金和锌合金排溢系统的尺寸见表 4.6 和图 4.14。

表 4.6 铝合金和锌合金排溢系统尺寸 mm

合金	H	W	D	C_0	C_1	C_2	H_1	H_2	L
铝合金	12 ~ 50	10 ~ 35	6 ~ 12	0.5 ~ 1.0	0.25 ~ 0.35	0.1 ~ 0.15	8 ~ 35	8 ~ 25	1 ~ 3
锌合金	10 ~ 40	8 ~ 25	5 ~ 10	0.4 ~ 0.5	0.1 ~ 0.2	0.05 ~ 0.1	7 ~ 25	8 ~ 25	1 ~ 3

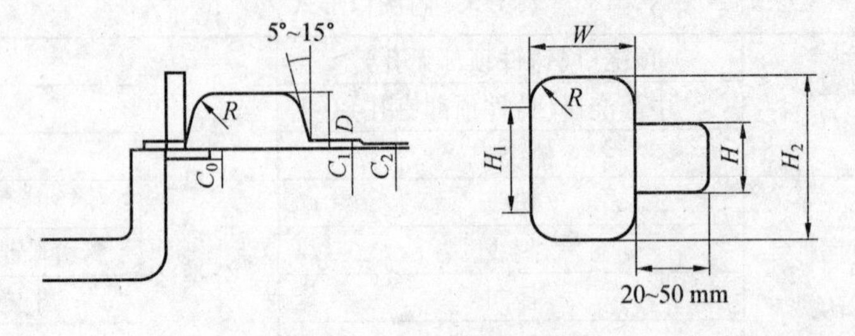

图 4.14 排溢系统尺寸

溢出系统设置时，为了防止金属液进入集渣包后先封住排气道，一般将溢流口与排气道设在分型面两侧，如图 4.15 所示。图 4.15(a)常用于产品端部平面不进行加工的情况，当产品端部平面进行加工或没有平面要求时，采用图 4.15(b)的结构，图 4.15(c)常用于产品最末端需要大量排渣或平衡静模温度的场合，但要注意，静模一侧集渣包深度相对较浅，出模斜度大，方便脱模。

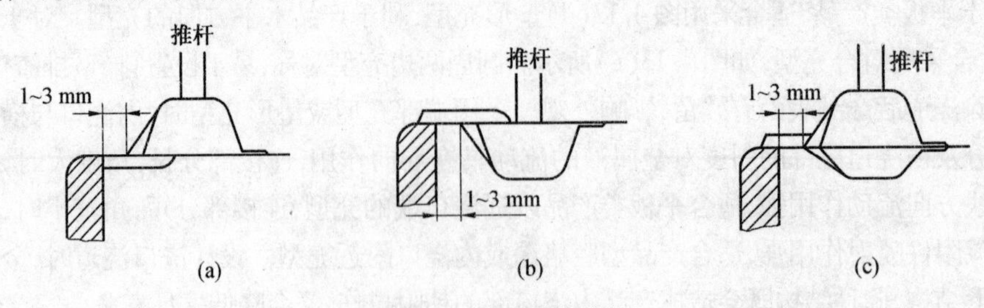

图 4.15 排溢系统结构

4.4 压铸工艺参数的选择

压铸过程中主要的工艺参数包括:压力参数、速度参数、温度参数、时间参数、压室充满度等。

4.4.1 压力参数

压力是获得铸件组织致密和形状的主要因素。

1. 压射力

压射力是压铸机压射机构中推动压射活塞的力。压射部分结构如图4.16所示,压射力的大小由压射缸的截面积和工作液的压力所决定,其计算公式为

$$F_y = p_g \times \frac{\pi D^2}{4} \tag{4.2}$$

式中 F_y——压射力,N;

p_g——压射缸内的工作压力,MPa;

D——压射缸直径,mm。

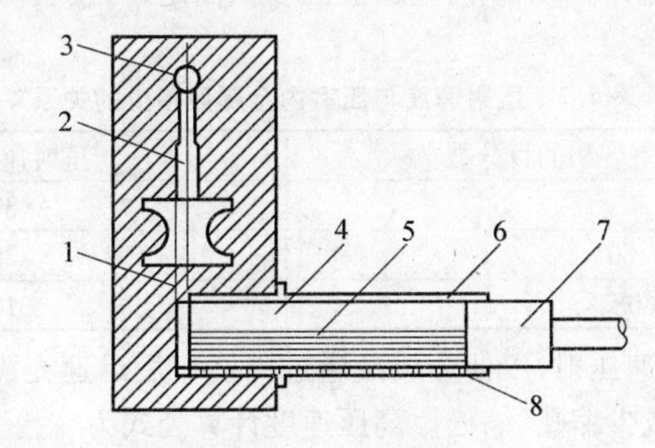

图4.16 压射部分结构

1—横浇道;2—内浇道;3—型腔;4—压室;5—金属液;6—加料口;7—压射冲头;8—压射缸

2. 比压

比压是压室内金属液单位面积上所受的力,即压铸机的压射力与压射冲头截面积之比。充填时的比压称压射比压,用于克服金属液在浇注系统及型腔中的流动阻力,特别是内浇道口处的阻力,使金属液在内浇口处达到需要的速度。计算压射比压的公式为

$$p_b = \frac{4F_y}{\pi d^2} \tag{4.3}$$

式中 p_b——压射比压,Pa;

F_y——压射力,N;

d——压射冲头(或压室)直径,m。

由上式可见,比压与压射机的压射力成正比,与压射冲头直径的平方成反比。所以,可以通过改变压射力和压射冲头直径来调整。

3. 胀模力的确定

压铸过程中，在压射力作用下，金属液充填型腔时，给型腔壁和分型面一定的压力称为胀模力。压铸过程中，最后阶段的增压比压通过金属液传给压铸模，此时的胀模力最大。计算胀模力的公式为

$$F_z = p_b \times A \tag{4.4}$$

式中 F_z——胀模力，N；

p_b——压射比压，MPa；

A——压铸件、浇口、排溢系统在分型面上的投影面积之和。

4.4.2 压射速度和内浇口速度的确定

1. 压射速度的确定

压铸过程中，速度受压力的直接影响，又与压力共同对内部质量、表面轮廓清晰度等起着重要作用。速度有压射速度和内浇口速度两种形式。

压射第一、第二阶段是低速压射，可防止金属液从加料口溅出，同时使压室内的空气有较充分的时间逸出，并使金属液堆积在内浇口前沿。

低速压射的速度根据浇入压室内金属液的多少而定，可按表 4.7 选择，根据生产过程中的实际情况调节。

表 4.7 压射速度与压室内金属液多少的关系

浇注金属液量占压室容积的百分数/%	压射速度/$cm \cdot s^{-1}$
≤30	30～40
30～60	20～30
>60	10～20

压射第三阶段是高速压射，以便金属液通过内浇口后迅速充满型腔，并出现压力峰，将压铸件压实，消除或减少缩孔、缩松。高压速度计算公式为

$$u_{yh} = 4V[1 + (n + 1) \times 0.1] / (\pi d^2 t) \tag{4.5}$$

式中 u_{yh}——高速压射速度，$m \cdot s^{-1}$；

V——型腔容积，m^3；

n——型腔数；

d——压射冲头直径，m；

t——充填时间，s。

2. 内浇口速度的确定

金属液通过内浇口处的线速度称为内浇口速度，又称充型速度，它是压铸工艺的重要参数之一。由于每个模具的型腔各不相同，通常描述和设定的浇口速度均指填充时段内的平均线速度选用内浇口速度时，参考如下：

①铸件形状复杂或薄壁时，内浇口速度应高些；

②合金浇入温度低时，内浇口速度可高些；

③合金和模具材料导热性能好时，内浇口速度应高些；

④内浇口厚度较厚时，内浇口速度应高些。

内浇口速度过高也会带来一系列问题,主要是容易卷,气体形成气孔。此外,也会加速模具的磨损。冲头速度和浇口速度的关系式如下

$$V_nA_n = V_CA_C \tag{4.6}$$

式中 V_n——浇口速度,cm/s;

A_n——浇口截面积,cm^2;

V_C——冲头速度,cm/s(快压射速度);

A_C——压室截面积,cm^2。

$$A_C = \pi d^2/4 \tag{4.7}$$

式中 d——压室直径。

4.4.3 合金浇注温度和模具温度的确定

1. 合金浇注温度的确定

合金浇铸温度是指金属液自压室进入型腔的平均温度。由于金属液从保温炉取出到浇入压室一般要降温 15 ~20 ℃,所以金属液的熔化温度要高于浇注温度。但温度不宜过高,因为金属液中气体溶解度和氧化程度随温度升高而迅速增加。

选择浇注温度时,还应该综合考虑压射压力、压射速度和模具温度。通常在保证成型和所要求的表面质量的前提下,采用尽可能低的温度。一般浇注温度高于液相线温度 20 ~30 ℃。

表 4.8 铝合金的浇注温度与壁厚的关系

合 金	铸件壁厚≤3 mm		铸件壁厚>3 ~6 mm	
铝硅铜系	结构简单	结构复杂	结构简单	结构复杂
	630 ~660 ℃	640 ~690 ℃	630 ~650 ℃	640 ~670 ℃

2. 模具温度的确定

模具的精度一般是指常温时的精度,但飞边的产生、产品和模具的拉伤等现象都受压铸参数中的模具温度所左右。在压铸过程中,模具温度过高、过低都会影响铸件质量和模具寿命。因此,压铸模在压铸生产前应预热到一定温度,在生产过程中要始终保持在一定的温度范围。

预热压铸模可以避免金属液在模具中因激冷而使流动性迅速降低,导致铸件不能顺利成型。此外,预热可以避免金属液对低温压铸模的热冲击,延长模具寿命。

4.4.4 压铸过程中时间的确定

1. 充填时间、增压建压时间的确定

充填时间为金属进入型腔到充满型腔的时间间隔,根据填充时间对铸件表面粗糙度和气孔率的影响,一般取较短的充型时间,如图 4.17 所示。

增压建压时间是指金属液充满型腔瞬间开始至达到预定增压压力所需时间。从压铸工艺角度来说,这一时间越短越好。

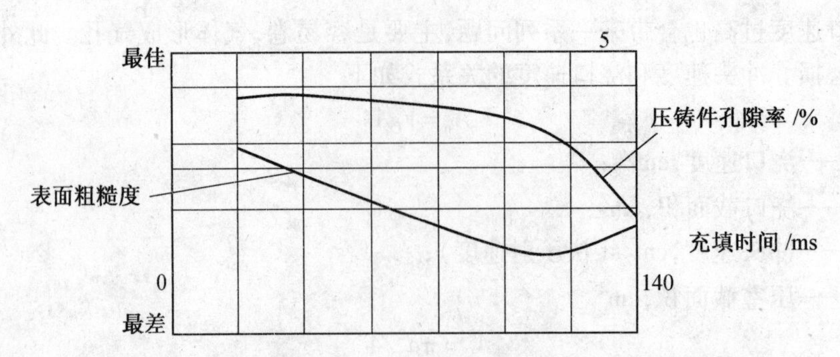

图 4.17　充填时间对典型压铸件表面粗糙度和气孔率的影响

2. 持压时间和留模时间的确定

增压压力建立起来后，要保持一定时间，使压射冲头有足够时间将压力传递给未凝固的金属，使之在压力下结晶，以便获得组织致密的压铸件。

持压时间内的压力是通过比铸件凝固得更慢的余料、浇道、内浇口等处的金属液传递给铸件的，所以持压效果与余料、浇道的厚度及浇口厚度与铸件厚度的比值有关。表 4.9 为持压时间与壁厚的关系。

表 4.9　持压时间与壁厚的关系

压铸合金	铸件壁厚<2.5 mm	铸件壁厚>2.5 ~ 6 mm
铝合金	1 ~ 2 s	3 ~ 8 s

留模时间是指持压结束到开模这段时间，若留模时间过短，由于铸件温度高，强度尚低，铸件脱模时易引起变形或开裂，强度差的合金还可能由于内部气体膨胀而使铸件表面彭泡。但留模时间过长不但影响生产率，还会因铸件温度过低使收缩大，导致抽芯及推出铸件的阻力增大，使脱模困难，热脆性合金还会引起铸件开裂。表 4.10 为留模时间与壁厚的关系。

表 4.10　留模时间与壁厚的关系

压铸合金	壁厚<3 mm	壁厚<3 ~ 4 mm	壁厚>5 mm
铝合金	8 ~ 15 s	10 ~ 20 s	20 ~ 30 s

4.4.5　压室充满度的计算

浇入压室的金属液占压室容量的百分数称压室充满度。若充满度过小，压室上部空间过大，则金属液包卷气体严重，使铸件气孔增加，还会使金属液在压室内被激冷，对充填不利。压室充满度一般为 70% ~ 80%，每一压铸循环，浇入的金属液量必须准确或变化很小。

压室充满度计算公式如下

$$\varphi = \frac{m_j}{m_{ym}} \times 100\% = \frac{4m_j}{\pi d^2 l\rho} \times 100\% \tag{4.8}$$

式中　φ——压室充满度，%；

m_j——浇入压室的金属液质量，g；

m_{ym}——压室内完全充满时的金属液质量，g；

d——压室直径,cm;
l——压室有效长度,cm;
ρ——金属液密度,g/cm^3。

4.5 压铸合金的选择

压铸合金种类较多,有铝合金、镁合金、铜合金等,应用较广的是铝合金压铸件。铝合金本身具有良好的铸造性,铸件强度高,热膨胀系数小,耐腐性能高及切削性好等特点,且资源丰富、来源广,价格便宜。但由于铝与铁有很强的亲和力,易粘模,加入 Mg 以后可得到改善,一般不使用热室压铸机。

介绍几种应用较多的压铸铝合金。

(1) Al-Si 合金。流动性好,凝固温度范围窄,热淬性及收缩倾向小,不易产生裂纹。

(2) Al-Si-Cu 合金。合金强度和硬度高,压铸工艺性能好,适用于强度要求高的压铸件,如汽车零件、摩托车零件、机械零件及仪表等。

(3) Al-Mg 合金。塑性、耐磨性和表面质量较好,适合压铸耐腐蚀零件及表面质量要求较高的零件。

因此, Al-Si-Cu 合金中的 ADC12 铝合金为常用的压铸材料。

ADC12 铝合金的物理性能、化学成分及力学性能分别见表 4.11、表 4.12。

表 4.11 ADC12 铝合金物理性能

ADC12	导热系数/W·(m·K)$^{-1}$	熔 点/℃	沸 点/℃	密 度/g·cm^{-3}
物理性能	96.2	660.32	2 519	2.7

表 4.12 ADC12 化学成分及力学性能

牌 号	化学成分(质量分数)/%								力学性能(不低于)		
	Si	Cu	Mn	Fe	Zn	Ni	Sn	Al	σ_b /MPa	δ /%	HB
ADC12	10.5 ~ 11.5	3.0 ~ 3.5	0.3 ~ 0.5	0.3 ~ 0.6	0.6 ~ 0.9	0.2 ~ 0.5	≤ 0.3	其余	228	1.4	74.1

4.6 压铸涂料的选用

压铸过程中,为了避免铸件与压铸模焊合,减少铸件顶出的摩擦阻力和避免压铸模过分受热而采用涂料。压铸涂料是指在压铸过程中,使压铸模易磨损部分在高压下具有润滑性能,并减少活动件阻力和防止粘模所用的润滑材料和稀释剂的混合物。压铸过程中,在压室、冲头的配合面及其端面、模具的成型表面、浇道表面、活动配合部位都必须根据操作及工艺上的要求喷涂涂料。

4.6.1 涂料的作用

压铸涂料具有以下作用:

①避免金属液直接冲刷型腔和型芯表面,改善压铸模具条件。

②减少压铸模的热导率,保持金属液的流动性,改善金属的成型性。

③高温时保持良好的润滑性能,减少铸件与压铸模成型部分之间的摩擦,从而减轻型腔的磨损程度,延长压铸模寿命和提高压铸表面质量。

④预防粘模(对铝合金而言)。

4.6.2 对涂料的要求

对压铸涂料的要求:

①在高温时,具有良好的润滑性,不会析出有害气体。

②挥发点低,在 100 ~150 ℃时,稀释剂能很快挥发,在空气中稀释剂挥发小,存放期长。

③涂敷性好,对压铸模及压铸件没有腐蚀作用,不会在型腔表面产生积垢。

④配方工艺简单,来源丰富,价格低廉。

4.6.3 涂料的选定

压铸过程中选择的涂料为水溶性模具润滑剂。水溶性润滑剂以很细的颗粒稳定地分散在水中,能在模具表面形成均匀的脱模薄膜,能够经受压铸过程中高温高压的冲击,从而保证良好的脱模性。

4.7 合金的熔炼与压铸件的后处理

4.7.1 合金的熔炼

压铸合金的熔炼是压铸过程的重要环节,金属从固态变为熔融状态是一个复杂的物理化学反应以及热交换过程。随着熔炼过程中合金产生金属和非金属的夹杂物、吸收气体以及合金中的组分与杂质含量有所变化,因而在不同程度上影响到合金的物理、化学、工艺、力学性能。

压铸铝合金熔炼的一般过程如图 4.18 所示。

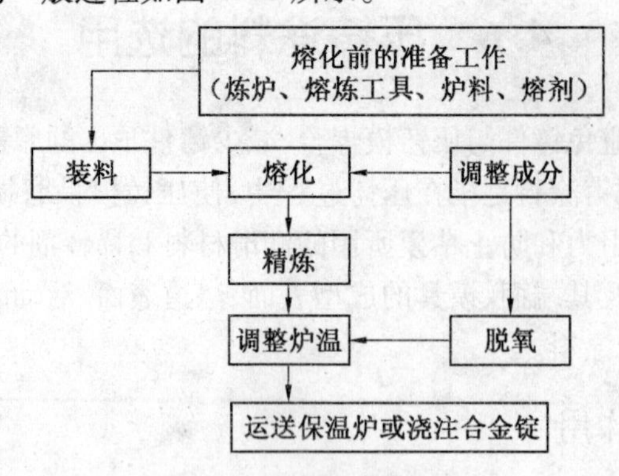

图 4.18 铝合金熔炼流程

4.7.2 压铸件的清理

压铸件的清理包括除浇口（浇注系统）、排溢系统的金属物、飞边及毛刺，有时还需修整残留的金属或痕迹。

切除浇口和飞边所用的设备主要是冲床、液压机和摩擦压力机。表面清理多采用普通多角滚筒和振动埋入式清理装置。清理后的铸件按照使用要求还可以进行表面处理和浸渗，以增加光泽，防止腐蚀，提高气密性。

4.7.3 压铸件的浸渗、整形和修补

1. 压铸件的浸渗

浸渗处理是将压铸件浸渗在装有渗透、填补作用的浸渗液中，使浸渗液透入压铸件内部的疏松处，从而提高压铸件的气密性。

2. 压铸件的整形

按常规程序进行生产的压铸件一般不会变形，形状复杂和薄壁的铸件可能因顶出时受力不均匀或持压时间掌握不当，及搬运过程中碰撞引起的，或是由于铸件本身结构限制，因有残余应力而引起变形（如平面较大的铸件压铸后翘曲）。在一般情况下，变形后允许用手工或机械方式进行校正。

3. 压铸件修补

压铸或加工后的铸件，发现有不符合技术要求的缺陷时，一般都予以报废，只有在下列情况下，并且有修补的可能时才进行修补。

①形状很复杂，压铸很困难或加工周期很长的铸件。

②带有铸入镶件，镶件是由很贵重的材料制成，或者是制造很困难而回收后不能重复使用的。

4.7.4 压铸件的热处理和表面处理

1. 压铸件的热处理

一般压铸件不宜进行淬火处理，通常为了稳定铸件的尺寸和形状，或者是消除压铸件的内应力，进行退火或时效处理是必要的。

2. 压铸件的表面处理

表面处理是为了加强铸件表面耐蚀性和增加美观，铸件表面可以进行人工氧化，还可以根据需要进行涂漆、电镀等处理。

4.8 压铸件缺陷分析

压铸件缺陷种类很多，缺陷的形成原因也是多方面的。铝合金压铸件常见的缺陷分析及其改善措施见表4.13。

表4.13 铝合金压铸件常见的缺陷分析及其改善措施

种类	特征	形成原因	改善措施
压铸件表面呈网状	该网状结构突出在压铸件表面,通常出现在铜压铸件表面	模具老化	突起网状表面说明模具已热疲劳,模具材料选择不当或热处理工艺不合适均会造成模具早期龟裂,模具使用前的预热可以增加模具寿命
气孔	封闭气孔(该气孔存在于压铸产品内部而在压铸件没有机加工前通常很难发现)	(1)金属浇入温度太高;(2)活塞速度太快;(3)充填率太低;(4)注射压力低;(5)料头过薄;(6)模具温度太低;(7)浇铸系统结构不合理;(8)溢流槽或排气槽堵塞;(9)脱模剂用量过大	(1)保持正确的浇注温度;(2)降低活塞速度以降低铝液紊流程度,同时也改善脱气;(3)减少活塞直径;(4)增加注射压力,改善密封和进料系统;(5)增加料头厚度;(6)缩短压铸周期,加强冷却;(7)清理溢流槽和排气槽;(8)减少脱模剂用量以降低气体含量
	开放及半封闭气孔(该类气孔出现在压铸件表面,这些表面气孔通常是由压铸金属内包含高压气体或空气释放造成)	(1)金属浇入温度太高;(2)活塞速度太快;(3)充填率太低;(4)注射压力低;(5)料头过薄;(6)模具温度太低;(7)浇铸系统结构不合理;(8)溢流槽或排气槽堵塞;(9)脱模剂用量过大	(1)保持正确的浇注温度;(2)降低活塞速度以降低铝液紊流程度,同时也改善脱气;(3)减少活塞直径;(4)增加注射压力,改善密封和进料系统;(5)增加料头厚度;(6)缩短压铸周期,加强冷却;(7)清理溢流槽和排气槽;(8)减少脱模剂用量以降低气体含量
缩孔	形状不规则,表面呈粗糙、暗色的孔洞	(1)铸件凝固收缩,压射力不足;(2)铸件结构不良,壁厚不均匀;(3)溢流槽容量不足;(4)余量饼太浅;(5)冲头返回太快	(1)提高压射力;(2)改进结构;(3)加大溢流槽容量;(4)增厚余料饼;(5)保证一定的持压时间
压铸件带有脱模剂痕迹	压铸件上的脱模剂痕迹通常发暗,与冷流动相互关联	(1)金属液温度很低;(2)模具温度过低;(3)脱模剂用量过大	(1)提高金属液温度;(2)改善模具温度(不是最有效措施);(3)减少脱模剂用量,特别是锤头冷却剂用量应减少
压铸件飞边	金属液从模具分型面流出产生飞边,也可能产生于压铸件的抽芯部位或推杆部位与模具之间的位置	(1)金属液温度过高;(2)锁模力太小;(3)注射力太高;(4)活塞速度过快;(5)动、静模没有平行;(6)模具产生变形;(7)金属液残留在分型面上;(8)模具温度不均,局部过高	(1)降低金属液温度使金属液流速减缓;(2)保证锁模力;(3)注射力不可超过锁模力与铸件总投影面积之比;(4)降低活塞速度;(5)检查模具装配;(6)调整动静模平行度;(7)清理分型面;(8)加强模具局部温度过高处的冷却

续表 4.13

种 类	特 征	形成原因	改善措施
压铸件产生裂纹、变形	可能由于在压铸件还是很热的情况下就从模具中取出产生	(1)开模取件太早;(2)推件力太大;(3)模具表面过分粗糙;(4)模具产生变形;(5)脱模剂用量太少	(1)增加冷却凝固时间,确保压铸件凝固后被推出;(2)降低推件力;(3)打磨模具表面;(4)矫正模具的变形;(5)增加脱模剂用量
未充满	型腔局部注射压力不足	(1)金属液温度过低;(2)金属液量过少;(3)活塞速度太低;(4)注射压力太小;(5)模具温度过低;(6)排气槽堵塞;(7)注射时间过长	(1)控制金属液温度;(2)检查浇杯,太少的金属液会使料头过薄;(3)加快活塞速度特别是第二阶段的速度;(4)增加注射力;(5)减轻模具冷却强度;(6)清理溢流槽和排气槽;(7)缩短单件注射周期
压铸件表面塌陷	凹陷通常是浅的,这些浅凹陷的表面是光滑的,经常出现在压铸件厚的部位或拐角部位	(1)金属液温度太高;(2)注射压力过低;(3)模具温度太高	(1)调节浇铸温度;(2)增加注射压力;(3)在对应压铸件凹陷部位的模具部位加强冷却,延长单件注射周期
过冷流动	金属没有完全熔接在一起	(1)金属浇入温度过低;(2)活塞速度太慢;(3)模具温度太低;(4)注射时间过长;(5)排气槽堵塞;(6)脱模剂用量过大	(1)提高浇铸温度;(2)增加活塞速度以保证注射时金属液温度维持在高温;(3)减小单件注射周期;(4)加强冷却;(5)检测溢流槽和排气槽;(6)减少脱模剂用量
压铸件表面流旋线、变色	压铸件表面清晰地呈现金属凝固前流动曲线,这类问题有时会在过冷流动后发生,通常在初期压铸生产中发生	(1)金属液温度过低;(2)活塞速度太慢;(3)模具温度太低;(4)脱模剂用量过大	(1)提高浇铸温度;(2)增加活塞速度以保证注射时金属液温度维持高温;(3)减小单件注射周期;(4)减少脱模剂用量
气 泡	表面光滑、形状规则或不规则的孔洞	(1)金属液夹裹气体较多;(2)金属液温度过高;(3)模具温度过高;(4)压铸涂料过多;(5)浇注系统不合理,排气不畅	(1)增加缺陷部位的溢流槽和排气孔,减小冲头速度;(2)保证正确的温度;(3)控制模具温度;(4)涂料少且均匀;(5)修改浇注系统
夹 杂	铸件表面或内部形状不规则的内有杂物的空穴	(1)炉料不净,太高的非金属夹杂含量会产生沉淀;(2)合金净化不足,没有足够的助溶剂帮助除渣;(3)舀取合金液时带入熔渣及氧化物;(4)模具不清洁	(1)保证炉料干净;(2)合金净化,选用便于除渣的熔剂;(3)防止熔渣及气体混入勺中;(4)注意模具清洁

4.9　压铸件生产案例

4.9.1　压铸件的简介

压铸零件材料为 ADC12 铝合金，铸造精度 CT6，平均壁厚约为 6 mm，有较多棱角起伏。其实物如图 4.19 所示，其二维图如图 4.20 所示。

图 4.19　压铸件实物图

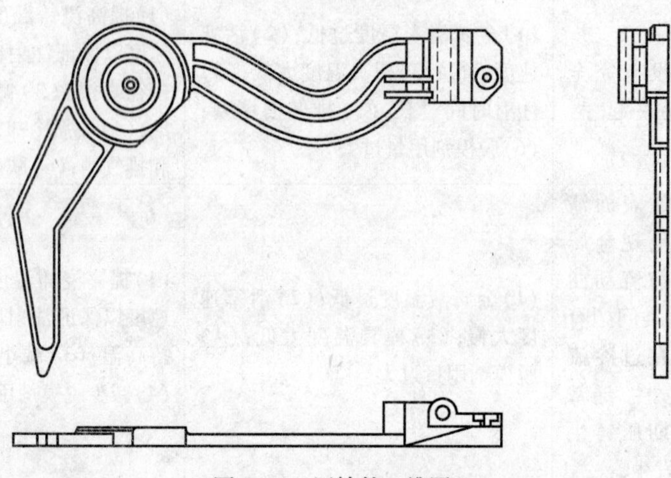

图 4.20　压铸件二维图

4.9.2　压铸件的精度、表面粗糙度及加工余量的确定

1. 压铸件尺寸精度的确定

GB6414—1999《铸件尺寸公差》中规定了压力铸造生产的各种铸造金属及合金铸件的尺寸公差。对于成批量和大量生产的铝合金压铸件，其尺寸公差一般为 CT5 ~ CT7。由于此铸件尺寸比较小，压铸精度较高，长度尺寸、圆角半径尺寸、角度、孔中心距尺寸等尺寸公差都取 0。

2. 表面粗糙度的确定

压铸件的表面粗糙度可达到 Ra 2.5 ~0.63 μm,要求高的达到 Ra 0.32 μm。随着模具使用次数的增加,压铸件的表面粗糙度逐渐增大。本压铸件的粗糙精度取 0.63 μm。

3. 加工余量的确定

当压铸件某些部位尺寸精度或形位公差达不到设计要求时,可在这些部位适当留取加工余量,用后续的机械加工来达到其精度要求。由于本压铸件尺寸小,表面组织致密、强度高,精度高,故没有加工余量。

4.9.3 压铸件基本结构单元设计

1. 壁的厚度及连接形式

本铸件的平均壁厚为 6 mm,为有利于金属液流动和压铸件成型,避免压铸模产生应力集中和裂纹,压铸件壁与壁的连接采用隅部加强渐变过渡连接。

2. 脱模斜度

为了便于压铸件从压铸模中脱出及防止划伤铸件表面,铸件上所有与模具运动方向(即脱模方向)平行的孔壁和外壁均需有脱模斜度。一般在满足压铸件使用要求的前提下,脱模斜度应可能取大一些,按《压铸工艺与模具设计》选取,外表面 α 取 30′,内表面 β 取 1°。

3. 压铸孔

对于一些精度要求不是很高的孔,可以不必进行机械加工就可以直接使用,从而节省了金属和机械加工工时。本零件需压铸的孔直径为 5 mm。

4.9.4 压铸机的选取

根据该产品的实际生产情况,选取卧式冷室压铸机,压铸机主要参数如下:压射力为 230 kN;合模力为 1 800 kN;压室直径为 40 ~70 mm;最大浇注量为 2.5 kg;动模板行程 350 mm;拉缸内空间水平×垂直为 480 mm×480 mm。

4.9.5 参数计算

压射力 $F_y = 16\ 336$ N

胀模力 $F_z = 9.9\times10^5$ N

高压速度 $v_{yh} = 2\ \mathrm{m\cdot s^{-1}}$

内浇口速度 $v = 35\ \mathrm{m\cdot s^{-1}}$

ADC12 的浇注温度为 680 ℃

模具预热温度 150 ~180 ℃,因本设计压铸过程中模具温度会升高,喷脱模剂有降温的作用,吸热和散热基本保持不变,故不需进行预热。

4.9.6 浇注系统及推出结构的分布

该压铸件所用的卧式冷室压铸机浇注系统的结构及推出系统的分布,如图 4.21 所示。

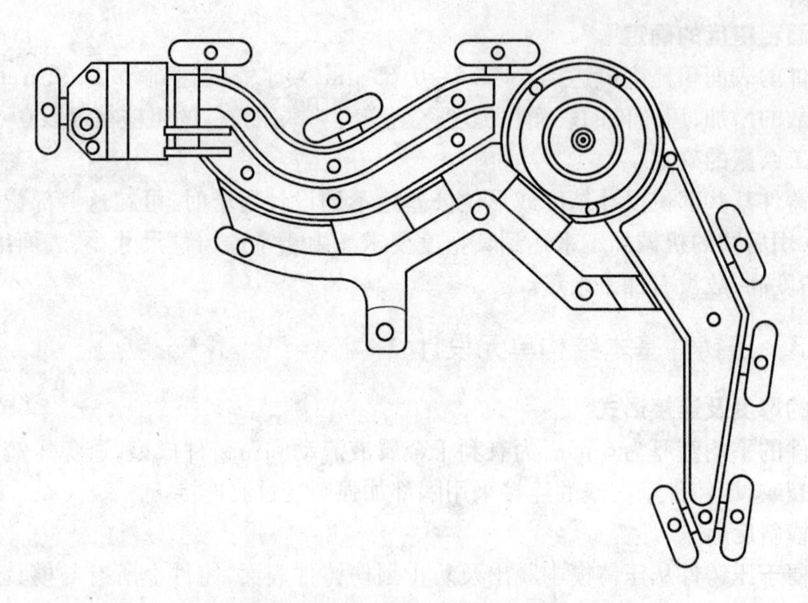

图4.21 压铸件的浇注系统及推出机构分布

参考文献

[1]潘宪曾. 压铸模设计手册[M]. 北京:机械工业出版社,1998.

[2]王鹏驹,殷国富. 压铸模具设计手册[M]. 北京:机械工业出版社,2008.

[3]许发樾. 实用模具设计与制造手册[M]. 北京:机械工业出版社,2000.

[4]马修金,朱海燕. 压铸工艺与模具设计[M]. 北京:北京理工大学出版社,2007.

[5]卢宏远,董显明,王峰. 压铸技术与生产[M]. 北京:机械工业出版社,2008.

[6]付宏生,张景黎. 压铸成型工艺与模具[M]. 北京:化学工业出版社,2008.

[7]赖华清. 压铸工艺及模具[M]. 北京:机械工业出版社,2004.

[8]吴春苗. 中国压铸业的规模、产品及市场前景[J]. 特种铸造及有色合金,2003,5:34-35.

[9]宋才飞. 第3届中国国际压铸会议论文集[C]. 沈阳:东北大学出版社,2002.

[10]唐玉林,徐爽,苏仕方. 第3届中国国际压铸会议论文集[C]. 沈阳:东北大学出版社,2002.

[11]甘玉生. 压铸模具工程师专业技能入门与精通[M]. 北京:机械工业出版社,2007.

[12]骆楫生,许琳. 金属压铸工艺与模具设计[M]. 北京:清华大学出版社,2006.

[13]陈金城. 国外压铸的新发展[J]. 特种铸造合金,1997,3:47-50.

[14]蔡紫金,潘宪曾. 我国压铸模制造简况[J]. 特种铸造及有色金属,2000,1:36-40.

[15]机械设计实用手册编委会. 机械设计实用手册[M]. 北京:机械工业出版社,2009.

第5章　消失模铸造

5.1　绪　论

消失模铸造最早出现于1958年，经过半个多世纪不断的改进和发展，现在已成为值得重视的铸造工艺之一。用消失模工艺可生产不同材质的铸件。铝合金铸件生产的成功经验颇多，在美国和欧洲都实现了高水平的工业规模生产，例如汽车的缸盖、缸体等。对于灰铸铁和球墨铸铁件，虽然国外有一些工厂已用于生产，但成熟的经验还不太多。对于铸钢件，虽然应用的范围还不太广，但生产中的技术问题较生产铸铁件时少一些。用此工艺生产的铸件，小的可在1 kg以下，大的可在10 t以上，范围甚广。

5.1.1　概　述

1958年，Harold F. Shroyer首先在美国取得了消失模铸造的专利。当时的做法是：将泡沫塑料模（以下简称发泡模）和浇、冒口组装好并施以涂料，埋入加有黏结剂的型砂中并使型砂坚实，然后浇注液态金属，由金属液的热量使发泡模热解并被排出铸型，液态金属即取代发泡模所占的空间，冷却后得到铸件。用此种工艺时，铸型中没有传统工艺时由模样形成的空腔，因而称之为"实型铸造法"。用此种工艺生产的第一个铸件，是在美国麻省理工学院铸造的铜质双翼飞马，重150 kg。其后，1961年德国的Grunzweig和Hartt-mann公司购买了这一专利技术加以开发，并在1962年在工业上得到应用。1964年，德国的H. Nellen和美国的T. R. Smith研制了用无黏结剂的干砂填埋发泡模的方法，并申请了专利。由于无黏结剂的干砂在浇注过程中经常发生坍塌的现象，所以1967年德国的A. Wittemoser采用了可以被磁化的铁丸来代替硅砂作为造型材料，用磁力场作为"黏结剂"，这就是所谓"磁型铸造"。1971年，日本的Nagano发明了V法（真空铸造法），今天的消失模铸造在很多地方也采用抽真空的办法来固定型砂。近20年来消失模铸造技术在全世界范围内得到了迅速的发展。

5.1.2　消失模铸造的分类

（1）用板材加工成型的气化模铸造

特点：a 模样不用模具成型，而是采用泡沫板材，用数控机床分块制作，然后黏合而成。

b 通常采用树脂砂或水玻璃砂作充填砂，也有人采用干砂负压造型。

这种方法主要适用于中、大型铸件的单件、小批量生产，如汽车覆盖件模具、机床床身等。通常将这种方法称为Full Mould Casting（简称FMC）法。

（2）用模具发泡成型的消失模铸造

特点:模样在模具中成型和采用负压干砂造型。

这种方法主要适用于中、小型铸件的大批量生产,如汽车和拖拉机铸件、管接头、耐磨件的生产。通常将这种方法称为 Lost Foam Casting(简称 LFC)法。该技术是用泡沫塑料制作成与零件结构和尺寸完全一样的实型模具,经浸涂耐火黏结涂料,烘干后进行干砂造型,振动紧实,然后浇入金属液使模样受热气化消失,而得到与模样形状一致的金属零件的铸造方法。消失模铸造是一种近无余量、精确成型的新技术,它不需要合箱取模,使用无黏结剂的干砂造型,减少了污染,被认为是 21 世纪最可能实现绿色铸造的工艺技术。

5.1.3 消失模铸造技术

消失模技术与其他技术结合,演化成多种消失模铸造技术,最常见的消失模铸造技术如:

1. 压力消失模铸造技术

压力消失模铸造技术是消失模铸造技术与压力凝固结晶技术相结合的铸造新技术,它是在带砂箱的压力罐中,浇注金属液使泡沫塑料气化消失后,迅速密封压力罐,并通入一定压力的气体,是金属液在压力下凝固结晶成型的铸造方法。这种铸造技术的特点是能够显著减少铸件中的缩孔、缩松、气孔等铸造缺陷,提高铸件致密度,改善铸件力学性能。

2. 真空低压消失模铸造技术

真空低压消失模铸造技术是将负压消失模铸造方法和低压反重力浇注方法复合而发展的一种新铸造技术。真空低压消失模铸造技术的特点是:综合了低压铸造与真空消失模铸造的技术优势,在可控的气压下完成充型过程,大大提高了合金的铸造充型能力;与压铸相比,设备投资小、铸件成本低、铸件可热处理强化;而与砂型铸造相比,铸件的精度高、表面粗糙度小、生产率高、性能好;反重力作用下,直浇口成为补缩短通道,浇注温度的损失小,液态合金在可控的压力下进行补缩凝固,合金铸件的浇注系统简单有效、成品率高、组织致密;真空低压消失模铸造的浇注温度低,适合于多种有色合金。

3. 振动消失模铸造技术

振动消失模铸造技术是在消失模铸造过程中施加一定频率和振幅的振动,使铸件在振动场的作用下凝固,由于消失模铸造凝固过程中对金属溶液施加了一定时间振动,振动力使液相与固相间产生相对运动,而使枝晶破碎,增加液相内结晶核心,使铸件最终凝固组织细化、补缩提高,力学性能改善。该技术利用消失模铸造中现成的紧实振动台,通过振动电机产生的机械振动,使金属液在动力激励下生核,达到细化组织的目的,是一种操作简便、成本低廉、无环境污染的方法。

4. 半固态消失模铸造技术

半固态消失模铸造技术是消失模铸造技术与半固态技术相结合的新铸造技术,由于该工艺的特点在于控制液固相的相对比例,也称为转变控制半固态成型。该技术可以提高铸件致密度、减少偏析、提高尺寸精度和铸件性能。

5. 消失模壳型铸造技术

消失模壳型铸造技术是熔模铸造技术与消失模铸造结合起来的新型铸造方法。该方法是将用发泡模具制作的、与零件形状一样的泡沫塑料模样表面涂上数层耐火材料,待其硬化干燥后，将其中的泡沫塑料模样燃烧气化消失而制成型壳，经过焙烧，然后进行浇注，而获得较高尺寸精度铸件的一种新型精密铸造方法。它具有消失模铸造中的模样尺寸大、精密度高的特点，又有熔模精密铸造中结壳精度高、强度大等优点。与普通熔模铸造相比，其特点是泡沫塑料模料成本低廉，模样黏接组合方便，气化消失容易，克服了熔模铸造模料容易软化而引起的熔模变形的问题，可以生产较大尺寸的各种合金复杂铸件。

6. 消失模悬浮铸造技术

消失模悬浮铸造技术是消失模铸造工艺与悬浮铸造结合起来的一种新型实用铸造技术。该技术工艺过程是金属液浇入铸型后，泡沫塑料模样气化，夹杂在冒口模型的悬浮剂与金属液发生物化反应从而提高铸件整体（或部分）组织性能。

5.1.4 消失模工艺流程

(1)制作泡塑白模，组合浇注系统，气化模表面刷、喷特制耐高温涂料并烘干。

(2)将特制隔层砂箱置于振动工作台上，填入底砂（干砂）振实，刮平，将烘干的气化模放于底砂上，填满干砂，微振适当时间刮平箱口。

(3)用塑料薄膜覆盖，放上浇口杯，接真空系统吸真空，干砂紧固成型后，进行浇注，白模气化消失，金属液取代其位置。

(4)释放真空，待铸件冷凝后翻箱，从松散的干砂中取出铸件。图5.1为消失模铸造与传统的黏土砂铸造的主要工艺流程。

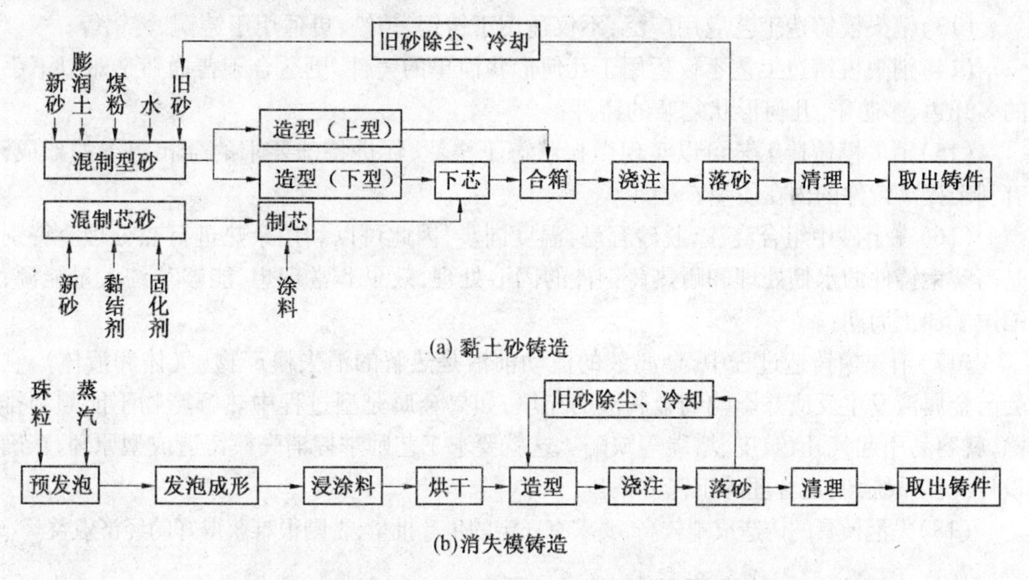

图5.1 消失模铸造与传统的黏土砂铸造的主要工艺流程

5.1.5 消失模铸造特点

与传统黏土砂铸比较，消失模铸造主要特点为：

(1)铸件尺寸形状精确，重复性好，铸件的表面光洁度高，具有精密铸造的特点；

(2)取消了砂芯和制芯工部，根除了由于制芯、下芯造成的铸造缺陷和废品；不合箱、

不取模,大大简化了造型工艺,消除了因取模、合箱引起的铸造缺陷和废品;

(3)采用无黏结剂、无水分、无任何添加物的干砂造型,根除了由于水分、添加物和黏结剂引起的各种铸造缺陷和废品;

(4)大大简化了砂处理系统,型砂可全部重复使用,取消了型砂制备工部和废砂处理工部,落砂极其容易,大大降低了落砂的工作量和劳动强度;

(5)铸件无飞边毛刺,使清理打磨工作量减少50%以上;

(6)负压浇注,更有利于液体金属的充型和补缩,提高了铸件的组织致密度;可在理想位置设置合理形状的浇冒口,不受分型、取模等传统因素的制约,减少了铸件的内部缺陷;

(7)组合浇注,一箱多件,大大提高了铸件的工艺出品率和生产效率;

(8)减少了加工余量,降低了机加工成本,易于实现机械化自动流水线生产,生产线弹性大,可在一条生产线上实现不同合金、不同形状、不同大小铸件的生产;

(9)减少了粉尘、烟尘和噪音污染,大大改善了铸造工人的劳动环境,降低了劳动强度,简化了工艺操作,对工人的技术熟练程度要求大大降低;

(10)零件的形状不受传统的铸造工艺的限制,解放了机械设计工作者,使其根据零件的使用性能,可以自由地设计最理想的铸件形状;

(11)可减轻铸件质量,降低了生产成本;

(12)简化了工厂设计,固定资产投资可减少30%~40%,占地面积和建筑面积可减少30%~50%,动力消耗可减少10%~20%;

(13)消失模铸造工艺应用广泛,不仅适用于铸钢、铸铁,更适用于铸铜、铸铝等;

(14)消失模铸造工艺不仅适用于几何形状简单的铸件,更适合于普通铸造难以下手的多开边、多芯子、几何形状复杂的铸件;

(15)消失模铸造工艺可以实现微振状态下浇注,促进特殊要求的金相组织的形成,有利于提高铸件的内在质量;

(16)在干砂中组合浇注,脱砂容易,温度同步,因此可以利用余热进行热处理。特别是高锰钢铸件的水韧处理和耐热铸钢件的固溶处理,效果非常理想,能够节约大量能源,缩短了加工周期;

(17)消失模铸造过程中,金属液的流动前沿是热解的消失模产物(气体和液体),它会与金属液发生反应并影响到金属液的充填,如果金属充型过程中热解产物不能顺利排除,就容易引起气孔、皱皮、增碳等缺陷。这就要求工艺师掌握消失模铸造成型原理,正确设计浇注系统,制定合理的工艺方案。

(18)发泡模具的铸造成本较高,要求有一定的生产批量,否则很难获得好的经济效益。

5.1.6 消失模的发展现状

1.欧美消失模发展现状

(1)减轻或消除消失模铝合金铸造缺陷

碳夹杂冷隔缺陷是消失模铸造铝合金铸件最头疼的难题。碳夹杂冷隔缺陷是指出现于两股金属流相遇处,还没有浸润互熔而导致的“冷隔”。尤其对于发动机缸盖和缸体这样的复杂铸件,碳夹杂冷隔易造成液体在铸件内部渗漏,或导致金属疲劳断裂。因此许多研究者从以下不同的角度来探讨如何消除碳夹杂冷隔缺陷:①通过如何提高铝合金流动性来减少碳夹杂冷隔缺陷;②通过提高涂层渗透能力,使涂层及时排出金属前沿的分解产物而获得合格铝铸件;③铸造企业采用了很多工艺方法将碳夹杂物移到非重要部位,或通过改变浇注口位置、调整模样在砂箱中的位置或在金属浇注时抽真空来减轻碳夹杂物;④美国 Mercury Marine 公司则采取在砂箱内加压的新技术,有效地解决了冷隔和缩松缺陷,提高了铸铝件的气密性。

(2)发泡模具及白区制模技术

普及发泡模具的 CAD/CAE/CAM 技术,缸体和缸盖的分块技术,以及多块模片的黏接工艺等。

(3)消失模铸造 CAE 和快速原型技术

将先进的 CAE 分析软件和快速制造技术用于消失模铸造已成为趋势,其涉及以下几个方面:

①对复杂铸件如缸盖的发泡模具,用计算机动态模拟泡沫珠粒充填模腔的过程,用模拟结果指导射料枪的安放位置和排气塞的布局;

②对发泡模具温度场的模拟,用以指导模具壁厚和进排气的的设计;

③模拟消失模铸造过程,即同时展现泡沫模消失过程和金属液充填过程,德国 MAGMA 公司开发出消失模铸造专用模拟软件,已对箱体、曲轴、缸体以及大型覆盖件等复杂铸件进行模拟,其结果获得用户好评;

④用数控直接加工出泡沫原型的方法,再用消失模铸造工艺快速提供铸件样件;

⑤开发多种采用快速制模的方法,缩短发泡模具的开模周期。

表 5.1 和表 5.2 分别给出欧美铝合金及黑色金属消失模铸造企业生产现状。

表 5.1 北美和欧洲铝合金消失模铸造十大企业

公司名称	基本情况
美国 GM-Saturn 公司 网址:jim. deppler@ gm. com	年产 1.035 万吨铝合金缸体、缸盖和球铁铸件
美国 GM-Powertrain Saginaw 厂	年产 1.755 万吨铝合金(A356)缸体和缸盖铸件
美国 GM-Powertrain Massena 厂	年产 3.6 万吨铝合金(319)铸件(汽车发动机铸件)
德国 BMW 公司 网址:www. BMW. com	生产轿车铝合金铸件(6 缸缸体缸盖)
美国 Internet Foundry 公司 网址:www. internet. com	年产 1 万吨铝合金(319/354/242)发动机铸件
意大利 Teksid Ahaninum 网址:www. teksid. com	年产 2 万吨铝合金汽车铸件
美国 Maco 公司 网址:www. macocorp. com	年产 0.63 万吨铝合金泵体和传动箱体等
美国 Mercury Marine 公司 网址:www. mercurycastings. com	年产 0.54 万吨铝合金(356)轿车和船舶铸件
美国 Willard Industries 公司 网址:www. willardindustries. com	年产 0.16 万吨铝合金铸件

表 5.2 北美和欧洲消失模铸造黑色合金铸造十大企业

公司	基本情况
美国 Robinson Foundry 公司 网址:www. robisonfoundry. com	年产 1.2 万吨灰铁和球铁铸件(汽车配件)
美国 Citation Foam Cast 公司 网址:www. citationcorp. com	年产 1.3 万吨灰铁和球铁铸件(轿车、卡车配件及电机壳体)
美国 Advance Cast Products 公司 网址:www. advanceproductionscorp. com	年产 1.2 万吨灰铁和球铁铸件(汽车配件)
美国 Metfoam Casting 公司 网址:www. metfoam. com	年产 1.8 万吨灰铁和球铁铸件(汽车和机车辆配件)
美国 Wankesha Foundry 公司 网址:www. lffoundry3. nl	生产铬基合金、铜合金以及碳钢铸件
荷兰 Lovink 公司 网址:www. Iffoundry3. nl	年产 1.2 万吨灰铁和球铁铸件
德国 Handtmann 公司 网址:www. handtmann. de	生产灰铁、球铁以及铝合金铸件
墨西哥 Arbomex 公司 网址:www. arbomex. com. mx	年产 1.2 万吨灰铁和球铁铸件(汽车配件)
英国 Linamar 公司 网址:www. linamar. com	生产汽车和铁路配件(灰铁和铝合金)
美国 Mueller 公司 网址:www. muellercompany. com	生产泵体和阀体配件

2. 我国消失模发展现状

对比国外水平,我国消失模铸造的三个主要差距。

(1)我国消失模铸件产量偏低,据铸造协会实型铸造专业委员会最新统计,2001 年我国消失模铸造黑色合金总产量为 6.5 万吨。消失模铸造企业不下 500 家,但多数消失模铸造生产线远未发挥应有效益;不少企业没有经过技术积累过程,就仓促投资上马,因产品废品率居高不下,使黑色铸件的年产量长期徘徊在千吨以下。

(2)我国消失模铸造技术虽有长足进步,但在汽车关键铸件(缸体缸盖等)上还作为不大,还没有把消失模铸造的优势发挥出来。可喜的是目前我国有几家民营和私营企业,正在用消失模技术攻克缸盖和缸体等汽车关键铸件。

(3)在我国,消失模铸造生产复杂铝合金铸件的各方面条件还不成熟,排除市场原因,还有多道技术难关没有攻克,我国的消失模铝合金铸造任重道远。

5.2 模样制造

5.2.1 模样的重要性及要求

模样是消失模铸造成败的关键,没有高质量的模样,绝对不可能得到高质量的消失模铸件。对于传统的砂型铸造,模样和芯盒仅仅决定着铸件的形状、尺寸等外部质量,而消失模铸造的模样,除了决定着铸件的外部质量之外,还直接与金属液接触并参与热量、质量、动量的传输和复杂的化学、物理反应,对铸件的内在质量也有着重要影响。一切从事消失模铸件生产的人们,务必十分重视模样的制造质量,尤其是某些从包装材料厂购买模样的工厂,必须把好模样质量的验收关。与传统砂型铸造的模样和芯盒仅仅是生产准备阶段的工艺装备不同,消失模铸造的模样是生产过程必不可少的消耗品,每生产一个铸件,就要消耗一个模样。模样的生产效率必须与消失模生产线的效率匹配。

铸造用的泡沫模样在浇注过程中要被溶解掉,金属液将取代其空间位置而成型铸件,因此模样的外部及内在质量要满足以下要求:

(1)模样表面必须光滑,不能有明显凸起和凹陷,珠粒间融合良好,其形状和尺寸准确符合模样图的要求。

(2)模样内部不允许有夹杂物,同时其密度不能超过允许的上限,以使热解产物尽量少,保证金属液顺利,减少铸造缺陷。

(3)模样在涂覆涂料之前,必须经过干燥处理,减少水分并使其尺寸稳定。

(4)模样应具有一定的强度和刚度,保证使用过程中不被损坏或变形。

5.2.2 模样生产的工艺流程

模样制造工艺流程如图 5.2 所示。

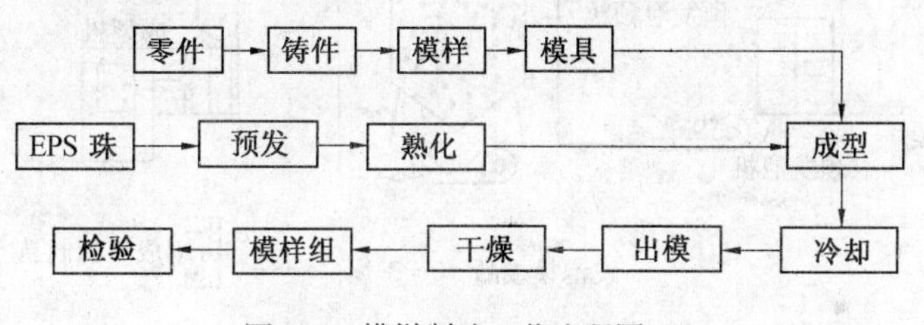

图 5.2 模样制造工艺流程图

5.2.3 模样材料

发泡模材料是消失模铸造工艺中的关键,据估计,2/3 以上的工艺参数和工艺控制都与其密切相关。用发泡材料制成消失模,目的是减少浇注时模样材料的发气量,这是很容易想到的。一般说来,制模材料发泡后的密度大约是发泡前的 1/40 ~ 1/6。也就是说,单位体积发泡模的发气量,与未发泡的原料相比,只有 1/4 ~ 1/60。从降低发气量的方面考虑,当然希望发泡模发泡时体积膨胀的倍数大些,发泡后的密度小一些。但是,发泡模的密度太小,则强度太低,在制模、上涂料和造型过程中容易变形。从强度方面考虑,又不允许密度太小。

如果要保证消失模铸造产品的质量好,使用优质的铸造专用泡沫珠粒是关键的一个环节。用包装用泡沫来制造产品的泡沫模型,会因为其发气量、增碳量等不确定因素大大影响了铸件产品质量。随着消失模铸造业在国内的蓬勃发展,随之而来的原辅材料也要求越来越专业化,下面介绍几种常用的消失模铸造用泡沫珠粒。

1. 常用模样材料

(1)消失模铸造专用的可发性聚苯乙烯树脂珠粒(简称 EPS);

(2)可发性甲基丙烯酸甲脂与苯乙烯共聚树脂珠粒(简称 STMMA);

(3)可发性聚甲基丙烯酸甲脂树脂珠粒(简称 EPMMA)。

2. 专用模样材料

消失模铸造用专用泡沫珠粒产品的适用范围见表 5.3。

表 5.3 泡沫珠粒适用范围

名称	适用范围
EPS	有色金属(铝、铜等)、灰铁及一般钢铸件
STMMA	灰铁、球铁、低碳钢、合金钢铸件
EPMMA	球铁、可锻铸铁、低碳钢、合金钢、不锈钢铸件

5.2.4 制造成型发泡模的工艺过程

图 5.3 为制造成型发泡模的工艺过程,其工艺过程为

原始珠粒→预发泡→干燥、熟化→成型发泡→发泡塑料模

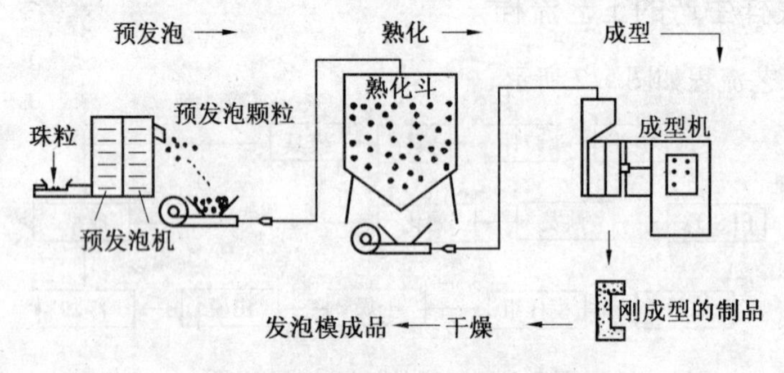

图 5.3 制造成型发泡模的工艺过程

1. 预发泡

(1)预发泡的目的

为了获得密度低、表面光洁、质量优良的泡沫模样,可发性珠粒在成型发泡之前必须经过预发泡和熟化处理。

(2)预发泡的方法

有热水预发泡、蒸气预发泡和真空预发泡,广泛采用的是蒸气预发泡。将可发性聚苯乙烯珠粒置于预发泡机中,通入蒸气,将其加热到 100 ~ 110 ℃进行预发泡。用蒸气作热源,不仅是因为其方便易得,而且蒸气本身也起发泡剂的作用。珠粒加入预发泡机中之后,应不断搅拌,使其受热均匀,并防止结块。通常采用分批作业的大气开放式预热机,发泡倍数由料位计控制。也有连续作业的预发泡机和真空预发泡机等,采用这类设备时,预发泡倍率由发泡工艺过程控制。预发泡时的发泡倍率,一般为 4 ~ 5。此时,预发泡颗粒的直径大致是原珠粒的 3 倍。预发泡颗粒的直径与发泡倍率的关系见图 5.4 所示。为使发泡模的表面状态良好,成型时,成品壁厚最小的部位应能排 3 个以上的预发泡颗粒。由上述两点,就可以确定对可发性珠粒直径的要求。

珠粒直径的最大允许值=铸件最小壁厚×1/10

例如,最小壁厚为5 mm的铸件,所用可发性聚苯乙烯珠粒的直径一般而言应不大于0.55 mm。但是,对于薄壁铸铁件,预发泡时发泡20倍左右,制成坚固的发泡模,也是可行的。制造薄壁铸件时,当然有必要用细珠粒。但是,细珠粒的比表面积大,浸含的发泡剂易于挥发逸散,最高发泡倍率的限值也就较低。对于厚壁铸件,经预发的颗粒充填成型模没有困难,发泡模的强度也相当高,采用直径较大的珠粒,也能得到表面质量良好的铸件。

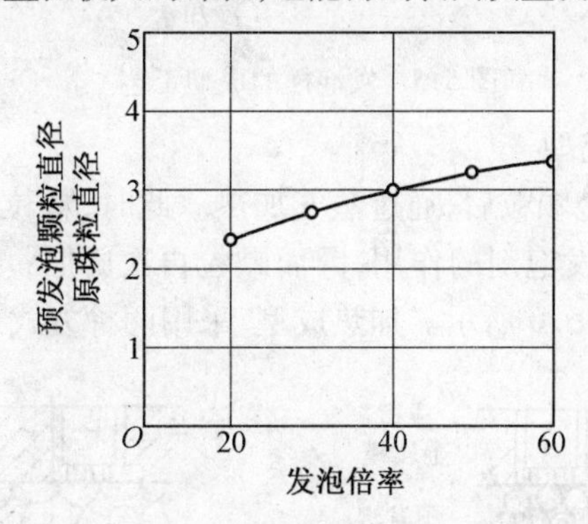

图5.4 预发泡颗粒的直径与发泡倍率的关系

2. 预发泡珠粒的熟化处理

经过预发泡的珠粒,由于骤冷造成泡孔中发泡剂和渗入蒸气的冷凝,泡孔内形成真空。如果立即将珠粒送去发泡成型,珠粒压扁后就不再复原,模样质量比较差,因此,珠粒必须存储一段时间,让空气渗入泡孔中,使残余的发泡剂重新扩散,均匀分布,这样就可以部分消除泡孔内的真空,保持泡孔内外压力的平衡,使珠粒富有弹性,增加模样成型时的膨胀能力和模样成型后抵抗外压变形、收缩的能力,这个过程就是熟化处理。熟化处理合格的珠粒干燥而富有弹性,同时内含残存发泡剂符合要求(质量分数在3.5%以上)。

熟化斗内的温度以20~25 ℃为宜,温度过高,发泡剂的损失增大,温度过低,减慢了空气渗入和发泡剂扩散的速度。

最佳熟化时间取决于熟化前预发泡珠粒的湿度和密度,一般来说,预发泡珠粒的密度越低,熟化时间越长,预发泡珠粒的湿度越大,熟化的时间也越长。表5.4为水的质量分数在2%以下不同密度的预发泡珠粒需要的最短和最佳熟化时间。

表5.4 EPS预发泡珠粒熟化时间参考值

堆积密度/(kg/m^3)	15	20	25	30	40
最佳熟化时间/h	48~72	24~48	10~30	5~25	3~20
最短熟化时间/h	10	5	2	0.5	0.4

3. 成型发泡

发泡模的成型共有充填、加热、冷却和脱模四个工序,如图5.5所示。

(1)充填预发泡颗粒

对于精度有严格要求的发泡模,充填是重要的工序。如充填不足,无论怎样通过加热来调整,都不可能得到优良品。手工充填时,应经多次振动,使模腔内充满预发泡颗粒。最好用充填枪,利用压缩空气喷吹,使金属模腔充满。

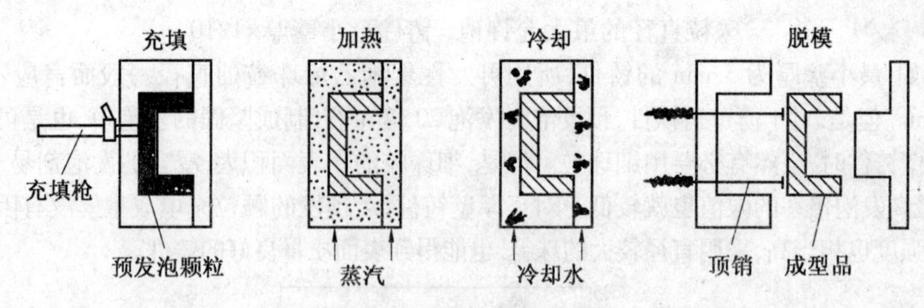

图 5.5 发泡模的成型工艺

(2)加热(二次发泡)成型

金属模膛内充满预发泡颗粒后,通过蒸气加热。此时,颗粒内仍残留有发泡剂(可能是4% ~4.5%),蒸气也起发泡剂的作用,因而颗粒再次膨胀,填满颗粒之间的间隙。使各颗粒表面相互融合,如图 5.6 所示。加热成型,采用两种方式。

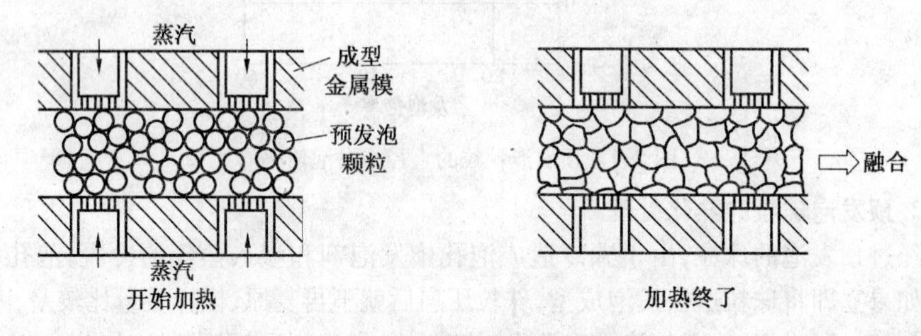

图 5.6 加热时预发泡颗粒的膨胀和融合

大批量生产的情况下,成型压机制造铸造用的发泡模一般多采用水平分模的垂直成型压机。为使复杂的发泡模一次成型,有时也制作 5 面或 6 面分模的成型机。采用成型压机,模具结构复杂,成型金属模上应有通蒸气和冷却水的孔。蒸气压力为 100 ~ 200 kPa。整个制模周期为 2 ~ 5 min。小批量生产的条件下,用手工充填预发泡颗粒后,将成型金属模置于高压釜中,通入蒸气加热。蒸气压力为 20 ~ 70 kPa。手工充填,在高压釜中成型用的金属模,结构比用于成型压机的简单,造价也要低 40% ~ 50%。用此种方式制造发泡模,所需的时间则比用成型压机时长得多。成型用的金属模,需反复加热和冷却,故应选用热导率高的材料,从制造所需的工时和材料成本考虑,以采用铸造铝合金和铝合金型材比较好。

(3)冷却(抑制继续发泡)

在预定条件下加热后,必须在脱模前使成型金属模冷却。冷却工序中包含通水冷却和在空气中冷却。

(4)脱模

成型后,发泡模内部仍处于减压状态而且相当软,必须十分细心地取出发泡模,以免破坏其表面。聚苯乙烯发泡模成型后,还要收缩,线收缩约为 0.3% ~0.6%。设计成型金属模时,应考虑金属凝固、冷却过程中的收缩和发泡模的收缩。

4. 模样的熟化处理

模样从模具中取出时,含质量分数为 6% ~8% 的水,由于前期的水分和发泡剂的蒸发而从模样中逸出和后期的应力松弛,模样脱模后尺寸会随时间而变化。即在型内冷却时已出现0.4%的线收缩,脱模后4 h还有0.2%的线膨胀,继续干燥两天后,线收缩率稳定在0.45%左右。生产实践中,为了缩短模样熟化处理的时间,常将模样置入50~70 ℃烘干室中强制干燥5~6 h,这可以达到在室温下自然熟化两天的效果。

5.2.5 模样常见缺陷的原因及预防方法

1. 模样成型不完整轮廓不清晰

产生原因:

(1)珠粒量不足,未填满模具型腔或珠粒充填不均匀;

(2)发泡的粒子粒度不合适,不均匀;

(3)模具型腔的分布、结构不合适;

(4)操作时进粒不规范。

预防方法:

(1)珠粒大小要与壁厚匹配,薄壁模样,应用小珠粒;

(2)调整模具型腔内结构及通气孔的布置、大小、数量;

(3)手工填粒时,适当振动或手工帮助填料;用压缩空气喷枪填料时,应适当提高压力和调整进料方向。

2. 模样熔结不良,组合松散

产生原因:

(1)蒸气的热量,温度不够,熟化时间过长;

(2)珠粒粒度太小,发泡或发泡剂含量太少;

(3)珠粒充型不均匀或未填满模型。

预防方法:

(1)控制预发泡粒子密度,控制熟化;

(2)增加通气的温度、时间和压力;

(3)改粒度较小的珠粒。

3. 模样外表正常,内部呈颗粒状未被熔结

产生原因:

(1)蒸气压力不足,没能进入模型中心或冷气充斥型腔;

(2)成型加热时间短,成型温度低,模具未达一定温度;

(3)预发粒子熟化时间过长,发泡剂含量太少;

(4)粒子过期变质。

预防方法:

(1)提高模具的预热温度;

(2)提高蒸气的压力,延长成型时间;

(3)控制粒子熟化时间及发泡剂的用量;

(4)选用保质粒料。

4. 模样熔融、软化

产生原因：

(1)成型温度过高,超过了粒子的工艺规范；

(2)成型发泡时间太长；

(3)模型通气孔太多,太大。

预防方法：

(1)降低成型发泡温度、压力；

(2)缩短时间；

(3)调整模具型腔通气孔大小、数量、分布。

5. 模样增大,膨胀变形

产生原因：

(1)模具未能充分冷却,温度过高；

(2)模样脱模过早,过快。

预防方法：

(1)冷却模具,不烫手；

(2)控制脱模时间。

6. 模样大平面收缩

产生原因：

(1)冷速太快,冷却时间太短；

(2)成型时间过长,使模样大面积过热；

(3)模具过热。

预防方法：

(1)控制冷速,冷却时间；

(2)减少成型时间；

(3)将模样置入烘箱内进行处理,促其均匀,不使收缩过甚而凹陷。

7. 模样局部收缩

产生原因：

(1)加料不匀；

(2)冷却不均；

(3)模具结构不合理或模具在蒸缸中放妥当,局部正对着蒸气进口处的热区。

预防方法：

(1)控制加料均匀；

(2)调整模具的壁厚和通气孔大小、数量、分布的位置,以此控制冷速,使模具冷却均匀；

(3)改变模具在蒸缸中位置,避免局部地方对着进口处过热。

8. 表面颗粒界面凸出

产生原因：

(1)成型发泡的时间过长；

(2)模具冷却速度太快。

预防方法：

(1)缩短成型发泡的时间;
(2)降低模具冷速或放在空气中缓冷;
(3)保证粒子的质量。

9. 表面颗粒界面凹陷,粗糙不平

产生原因:
(1)成型发泡时间太短;
(2)违反预发泡和熟化规范;
(3)发泡剂加入量太少;
(4)通气孔大小、数量、分布不合理。
预防方法:
(1)延长成型发泡时间;
(2)缩短预发泡时间,降低成型加热温度,延长粒子的熟化时间;
(3)使用干燥粒子或相应合格珠粒;
(4)模具型腔通气孔大小、数量、分布要合理。

10. 模样脱皮(剥层)微孔显露

产生原因:
模样与模具型腔表面发生粘合胶着。
预防方法:
加适当的脱模剂或润滑剂(如甲基硅油)。

11. 变形、损坏

产生原因:
(1)模具工作表面没有润滑甚至粗糙;
(2)模具结构不合理或取模样工艺不妥;
(3)冷却时间不够。
预防方法:
(1)及时加润滑油,保证模具工作表面光滑;
(2)修改模具结构,出模斜度,取模样工艺;
(3)延长模具冷却时间。

12. 飞边、毛刺

产生原因:
模具在分型面处配合不严或操作时未将模具锁紧闭合。
预防方法:
(1)模具分型面配合务必严密;
(2)飞边可用刀削去或用砂皮纸磨光(但务必保持模样尺寸)。

13. 模样含冷凝水

产生原因:
(1)颗粒熔结不完全;
(2)冷却时水压过高和时间过长;
(3)发泡粒子较粗,成型加热时破裂并孔。

预防方法：

(1)成型加热时蒸气压力要适当；

(2)调整冷却水压力和时间；

(3)将模样放置在 50～60 ℃，烘箱或干燥室热空气中进行干燥处理。

5.3 涂 料

涂料是消失模铸造工艺中最重要的控制因素，它对金属充型的过程和铸件的质量影响很大。但是，在消失模铸造的条件下，对涂料作用的评定是非常困难的。对涂料的要求，要取决于许多相关的工艺因素，如铸件的材质、铸件的形状、大小和壁厚、发泡模的特性(成分和密度)、型砂的状况及砂箱内减压的状况等。尽管当前科学技术发展很快，对于这样的涂料，人们的认识还是远远不够的。所以，目前为止，还不可能就一般情况对涂料的性能提出具体的要求，只能通过试验和探索以求得令人满意的结果。

5.3.1 涂料的作用

1.涂料的作用

(1)可以降低铸件表面粗糙度，提高铸件的表面质量和使用性能。

(2)有助于防止或减少铸件粘砂、砂眼等缺陷，因为涂料层建立了一道耐火性、热化学稳定性高的屏障，将金属液与干砂隔开来。

(3)有利于提高铸件落砂、清理效率。

(4)能使金属液流动前沿气隙中模样热解的气体和液体产物顺利通过，排到铸型中去，但又要防止金属液的渗入，这是防止铸件产生气孔、金属渗透和碳缺陷十分重要的条件。

(5)能提高泡沫模样的强度和刚度。

(6)对铝合金铸件，尤其是薄壁铝合金铸件，有良好的保温绝热作用，以防止由于模样热解吸热时金属液流动前沿温度下降过快，避免冷隔和浇不足缺陷。

表 5.5 给出了消失模铸造涂料的工艺过程与通常的砂型铸造涂料的比较。

表 5.5 消失模铸造涂料和普通砂型铸造涂料的比较

比较项目	消失模铸造涂料	普通砂型铸造涂料
涂覆对象	密度小(是涂料密度的 1/100)、强度小的泡沫模样，对水不润湿、不渗透	密度大、强度高的砂型(砂芯)，对水可润湿、可渗透
涂覆过程	适合浸涂，涂覆时要注意，防止浮力大、刚性差的模组被折断	刷涂、喷涂、浸涂、流涂都可以，涂覆时砂型(砂芯)不易损坏
造型工艺	先有模样的涂层，再进行造型，涂层要经受干砂的冲刷	先有砂型(砂芯)，再涂覆涂料，涂层除浇注时受金属液冲刷外，不受其他冲刷
成型过程	所有发泡模样的热解产物(气态和液态)都要通过涂层排出，但涂层不允许金属液渗入	型腔内的气体一般通过浇冒口、出气孔排出，不必通过涂层，相反要防止型砂中的气体通过涂层侵入金属液
涂料类别	涂层的厚薄不影响铸件尺寸精度，属于不占位涂料	涂层的厚薄直接关系到铸件尺寸精度，属于占位涂料。

2. 涂料的性能

目前,消失模铸造用的涂料几乎都是水基涂料,但也不是绝对的,有时也可以用有机载体涂料。模组上涂料后,应先行晾干,以免涂料层开裂,然后再在低温干燥室内使其充分干燥。为防止发泡模受热变形,干燥室的温度应在 55 ℃以下。大体上说来,涂料应具备以下一些性能。

(1)适当的透气能力

在浇注过程中,发泡模受热分解,要产生大量气体,涂料层有一定的透气能力是非常重要的,砂箱中不减压时,涂料层的透气能力尤为重要。但是,由此以为涂料层的透气能力越高越好,并不全面。实际生产中已有过这样的情况,由于涂料层透气能力很高,金属液充型很快,液流中可能卷入尚未完全分解的模料,以致铸件中产生气孔缺陷。在砂箱内减压程度高的情况下,就更容易出现这种问题。此外,涂料透气能力太高,铸件表面上还可能出现粘砂。

(2)吸附液体的能力

涂料吸附液体的能力以前没有注意到,最近几年的研究表明,涂料层必须具有吸附液体的能力。在浇注过程中,聚苯乙烯不会在瞬间全部气化,有一部分会成为低黏度的液体。如果此种液体留在金属液流表面上,会产生不易分解的高碳残留物,使铸件上出现冷隔或光亮碳缺陷。如果涂料层有吸附液体的能力,则上述问题会大为减轻。

(3)较高的强度

组装好的发泡模上涂料后,能使模组强度增加,避免在搬运和造型时变形或破损。此外,涂料层还应有高温强度,以耐受金属液流的作用和热冲击。

(4)保温隔热性能

浇注过程中,发泡模材料的软化、熔化、裂解和分解都是要吸收热量的,这当然会对金属液流的前端有冷却作用。因此,采用消失模铸造工艺时,浇不足或冷隔是常见的铸造缺陷。如果涂料层有激冷作用,当然会促进这类缺陷的形成;如果涂料层有一定的保温、隔热性能,就有利于防止产生这类缺陷。

5.3.2 涂料的组成

消失模铸造涂料是由多种不同性质的材料组成的分散体系,通常包括耐火填料、载体、粘结剂、悬浮剂、以及改善其性能的添加物等。

1. 耐火填料

耐火填料是涂料最主要的组成部分,它决定涂料的耐火度、化学稳定性和绝热性,对透气性也有重要影响。常用的耐火填料有刚玉粉、锆石粉、氧化镁粉、棕刚玉粉、高铝矾土熟料粉、高岭石熟料粉、硅藻土粉、滑石粉、珠光粉、云母粉等。不同材质的铸件浇注温度差别很大,对涂料的耐火度、化学稳定性、绝热性的要求也不同,因而选用的耐火填料也不同。表 5.6 给出不同材质铸件常用耐火材料的选用原则。

表 5.6　耐火材料选用原则

铸件材质	耐火填料										
	刚玉粉	锆石粉	氧化镁粉	棕刚玉粉	硅石粉	高铝矾土熟料粉	高岭石熟料粉	硅藻土粉	滑石粉	珠光粉	云母粉
铸钢件	+	+	+	—	—	×	×	×	×	×	×
铸铁件	×	×	×	+	+	+	+	×	×	∧	∧
铸铝件	×	×	×	×	×	×	×	+	+	∧	∧

注:"+"表示常用,"—"表示有时用,"×"表示基本不用,"∧"表示常与别的耐火填料配合使用

耐火填料及其粒度分布是影响涂层透气性和致密度的重要因素。粒度越粗,粒度分布越集中,粒形越趋于球形,涂料的透气性就越高。合理的耐火填料及其粒度分布可在保证涂层具有一定致密度的前提下,获得较高的透气性,以便在浇注过程中泡沫塑料模样在高温下的分解产物及时地通过涂层排出。

2. 载体

载体又称载液或溶剂,主要作用是使耐火填料分散在其中,形成便于涂覆的浆状或膏状涂料。常用的载体有水和有机溶剂。消失模铸造生产中使用较多的是以水为载体的水基涂料。由于水中钙、镁盐类过多会破坏涂料的悬浮性和胶体的稳定性,导致涂料相关性能的恶化,因此用来配制涂料的水,硬度不能太高,pH 值最好等于 7。

3. 悬浮剂

为了防止涂料中固体耐火填料从载体中沉淀下去而加入的物质叫悬浮剂。它对调节涂料的流变性、改善涂料的工艺性能有重要的作用。水基涂料常用的悬浮剂有膨润土、凹凸棒土、羧甲基纤维素纳(CMC)、聚丙烯酰胺(PAM)等。

4. 粘结剂

粘结剂的作用是将涂料中的耐火填料及其他组分粘结起来,并对模样有一定的粘附性,使涂料能涂刷在模样上,从而使它具有足够的强度和耐磨性。消失模涂料中常用的粘结剂有硅溶胶、聚醋酸乙烯乳液(俗称白乳胶)、水溶性酚醛树脂。

5. 添加剂

包括润湿剂、消泡剂、防腐剂,此外还可能针对特定的铸造缺陷加入特殊添加剂,例如,英国 Foseco 公司在涂料中添加少量冰晶石($NaAlF_6$),冰晶石在高温下分解成活性很高的 NaF 和 AlF_3,可吸附热解产物碳,从而减少铸钢、铸铁的碳缺陷。

5.3.3　涂料的配制

涂料的配制包括两方面的内容:各种原、辅材料配比的确定,涂料的配制工艺和性能控制。

1. 涂料配比的原则和依据

不同的合金种类,其涂料配比有很大差异。铸钢铸铁件密度大,浇注温度高,对涂层的热作用和机械作业远高于铝合金铸件,因此涂料的强度要求也高。浇注温度越高,泡沫

模样和涂料自身的发气量也越大,所以所需涂料要求具有更好的透气性。在涂料的热能方面,铸钢铸铁件注重涂料的耐火度,热化学稳定性,而铸铝件则更注重其绝热性能和吸附性。

涂料的强度主要取决于粘结剂的种类和加入量,室温强度由有机粘结剂与无机粘结剂共同提供,影响最大的是有机粘结剂,高温强度则主要取决于无机粘结剂。

涂料的透气性与耐火填料粒度级配、粒形等有密切关系,粘结剂和附加物对透气性也有一定的影响。涂层的厚度与密度对透气性影响也非常大。一般来说,涂层密度增加,涂层厚度也增加,涂层厚度增加,透气性将降低。

2. 铸铁件涂料配比案例

表5.7为合肥工业大学与合肥铸锻厂联合开发的适用于铸铁件的涂料配比,表5.8为其性能指标。

表5.7 铸铁件涂料配比(质量比)

铝矾土	云母粉	粘结剂	膨润土	凹凸棒土	表面活性剂	消泡剂	水
70	30	8	1.5	1.0	微量	微量	适量

表5.8 涂料性能指标

密度/(g·cm^{-3})	pH值	黏度/s	悬浮性/%	透气性/(cm^2/Pa. min)	流平性	涂挂性	耐磨性
1.45	6~7	60	96	0.73~0.80	好	好	好

3. 铝合金铸件涂料配比案例

铝合金铸件浇注温度低,对耐火填料的耐火度、高温化学稳定性要求不高,但对绝热性有着特殊要求,因为铝合金热容小,而模样热解需要吸收大量热量,导致熔液温度低,引起冷隔、浇不足等缺陷,尤其对于薄壁铝合金铸件更是如此。针对铝合金铸件对涂料的特殊要求,表5.9、5.10给出其涂料配比及性能指标。

表5.9 HW-1铝合金涂料配比(质量比)

硅藻土	珠光粉	硅溶胶	白乳胶	PAM	CMC	凹凸棒土	云母粉	JFC
40	60	9	2	10	0.3	2	40	0.03

表5.10 HW-1铝合金涂料性能指标

密度/(g·cm^{-3})	不流淌性/s	悬浮性/%	透气性/(cm^2/Pa. min)	高温强度/kPa	吸着性(LOI)/%	涂刷性/%
1.3	51	100	0.738	42	2.95	100

5.3.4 涂料的涂覆与干燥

消失模铸造生产中大都采用浸淋法,浸淋法生产效率高、涂层均匀。由于泡沫模密度小,浸涂时浮力大,为防止变形采用舀子淋浇,然后悬挂静置,待不滴淌移至干燥室。若涂料要求在搅拌下进行涂敷,搅拌应慢速,注意防止卷气。刷好涂料的模型悬挂于干燥室,干燥室温度控制在40~55 ℃。烘干过程除温度控制外还应注意控制湿度,因此干燥室应有良好的排风,若湿度≤30%,即视为烘干。浸淋一般需要进行二遍,视铸件情况,若厚大件需三遍,但是只有头遍涂料彻底干透(约4~6 h)才可浸淋第二遍,否则铸件将有表面缺陷。两遍涂料需 12 ~24 h 才能出干燥室进行埋箱。

5.3.5 涂料造成铸件缺陷的种类及原因分析

大多数的铸件缺陷与涂料性能有着直接关系,如果将涂料的某些性能提高,就可以相应地减少或者消除许多铸造缺陷。

1. 铸件碳缺陷产生原因及解决方法

采用聚苯乙烯泡沫塑料制作铸件模样具有刚度好,价格低廉等优点,它最大的缺点是在热解过程中形成大量的游离碳,这些游离碳往往给铸件造成缺陷,其主要表现为铸铁件积碳,铸钢件增碳。出现这种情况的铸件有以下几个特征:

(1)涂料层通身发黑,在涂料层与铸件之间有一层碳黑,涂料层外侧的砂子也被染黑,铸件表面除了有一层碳膜之外,泡沫塑料粒珠的网状痕迹消失,或在铸件某处聚集着部分碳黑。

(2)涂料层外侧的型砂显得潮湿,其中有一部分水分来自于 H_2 和 O_2 的化合产生的水。

实际上所有的涂料对液态泡沫塑料都能或多或少地排出一部分,如果浇注时涂料能够更迅速有效地排出泡沫塑料液态产物,最有效的方法就是浇注时液态泡沫塑料瞬间润覆在涂料的表面,包括孔隙内的表面。在负压作用下,液态泡沫塑料迅速地被排出型腔。

2. 夹渣缺陷产生的原因及解决方法

夹渣缺陷产生的原因主要有:

(1)浇注时金属液带进型腔里的渣;

(2)由涂料性能造成的夹渣缺陷:

①骨料(耐火材料)耐火度不够;

②涂料含有较多的酸性骨料(SiO_2)或含有较多的低熔点物质。

解决方法:

解决夹渣缺陷最有效的方法就是采用耐火度高的中性或弱碱性耐火骨料,并且尽可能少地添加低熔点材料。

3. 气孔产生的原因及解决方法

与涂料相关的气孔缺陷有两种,一种是卷入性气孔,另一种是侵入性气孔。这两种情况都是因为涂料的润湿性和透气性差,不能及时排出泡沫塑料的液态产物和气态产物,致使型腔内气压偏高,最终造成气孔缺陷,如图 5.7 所示,铸钢件生产中表现的尤为明显。

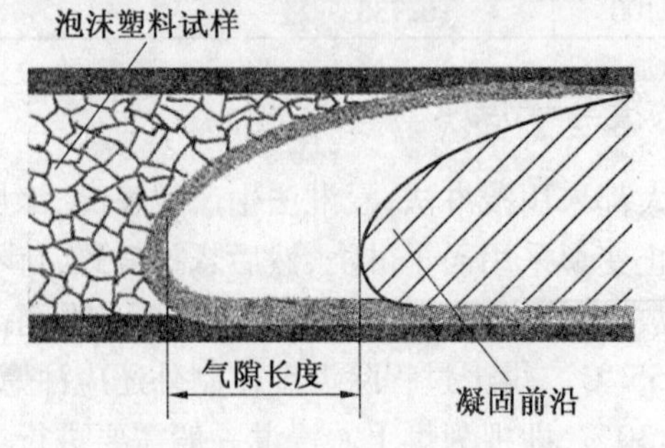

图 5.7 浇注过程中金属液前沿的气隙

解决方法：

提高涂料的润湿性和透气性，减少型腔内的气压。

4. 夹涂料缺陷产生的原因及解决方法

主要表现为铸件进行机械加工时，在加工面上呈现形状规则的，颜色与涂料相近或呈黑色的夹杂物。这些夹杂物是涂料片。原因有以下几种：

(1)涂料的室温强度、刚度和韧性不够；

(2)涂好涂料的模样在烘干过程中温度偏高；

(3)涂料的抗高温爆裂性差。

解决方法：

提高涂料的室温性能，严格控制烘干温度，提高涂料的抗高温爆裂性。

5. 夹砂缺陷的产生原因及解决方法

主要表现为在铸件内部星星点点地分布着型砂，机械加工时，夹砂处形成一个白点，影响铸件内在质量。其产生原因与解决方法与夹涂料相同。

6. 塌箱(非工艺因素)缺陷产生原因分析及解决方法

由涂料因素造成的塌箱有两种原因：

(1)涂料的高温抗爆裂性能差，涂料遇热突然大面积崩落，大量型砂进入型腔。破坏了型腔的原有形状。出现这种现象其涂料颜色是涂料原色，或局部出现黑色。

(2)浇注过程中由于涂料的润湿性透气性极差，造成型腔内气压较高，将某处涂料局部推裂且崩落，使大量型砂进入型腔。浇注后涂料一般呈黑色。

解决方法：

对于第一种原因，应着重提高涂料的高温抗爆裂性和韧性。对于第二种原因，应改善涂料的润湿性和透气性。

7. 金属包砂(黏砂)产生的原因及解决方法

该缺陷主要表现：铸件表面或棱角处粘附一片金属和砂的混合物，将其敲打下来，发现大片的金属包砂只有很小的缝隙与铸件相连，一般不影响铸件的内在质量。但是，如果相连部分较大，金属包砂就无法从铸件上敲打下来，这样就会造成缺陷。

这种状况主要是因为干燥后的模样在搬运、粘接、造型振动过程中，涂料层产生裂纹，浇注时铁水从裂纹中钻出，进入型砂的间隙中凝固，形成铁砂混合物。有时模样涂料层局部小面积脱落也会形成这种缺陷，这种原因形成的缺陷无法敲打下来。

解决方法：

提高涂料的常温、高温强度和刚度。

5.4 造型及振动紧实

1. 型砂

消失模铸造工艺中用于填埋发泡模的型砂，最常用的是硅砂。制造高锰钢铸件时，如来源方便，可用镁橄榄石砂；如涂料合适，用硅砂也可以。但是，在铸件尺寸精度要求很高的情况下，硅砂在575 ℃时的相变膨胀是不能忽视的，就有必要考虑采用镁橄榄石砂、锆砂或人造莫来石质陶粒等膨胀小的砂子代替硅砂。美国 Mercury Marine 铸造厂用消失模铸造工艺生产缸体铸件,采用 Matrix 多传感器空气规(Matrix 空气规用于监测发泡模的尺寸变化,如起模后、熟化后、粘合及运输后的变化,1991 年在美国亚拉巴马-伯明翰大学试验、鉴定,1992 年 11 月开始用于生产。)测定了发泡模的变形特性。对大量测定数据进行分析之后,发现影响铸件尺寸精度的主要因素不在于发泡模的制造,而在于型砂的控制。于是决定采用人造莫来石质陶粒代替硅砂,并取得了很好的效果。干砂造型所用的型砂,以圆粒形为好。圆形砂流动性好,易于填充狭窄部位,而且紧实所需的能量较少。采用硅砂时,宜尽量采用圆粒砂。人造陶粒的圆整度优于任何天然砂,基本上接近球形。天然锆砂以圆粒形为多,也有的呈长椭圆形。镁橄榄石砂是由岩石破碎加工制成的,只能是尖角形到多角形的。型砂的粒度,应与铸造合金的种类、涂料的特性和砂箱中的减压程度等因素综合考虑。一般说来,制造铝合金铸件可用平均粒度为 0.425 ~ 0.212 mm 的型砂;制造铸钢件和铸铁件可用平均粒度为 0.212 ~ 0.106 mm 的型砂。砂箱内减压程度高时,宜选用较细的型砂。采用 PMMA 发泡模时,因其产气量较大,应采用较粗一些的砂。在干砂振实的情况下,为防止振实时不同粒径的砂粒偏析,型砂的粒度分布不宜太宽,越接近单筛砂越好。浇注以后,回收砂应经处理,其目的有三:

(1)砂子温度降到 50 ℃以下,砂温高易导致消失模变形。

(2)除去粉尘。

(3)除去残留的有机物。

制造铝合金铸件时,上述处理尤为重要。因为铝合金的浇注温度低,浇注后砂箱中型砂的温度也低,很易使发泡模料热解产生的高分子气体在砂中冷凝,从而影响型砂的振实。批量生产铝合金铸件时,应控制回收砂的灼烧减量(LOI),一般情况下,用过的型砂应分离出 15% 左右,并相应补加新砂。分离出的砂可用热法再生,然后再作为新砂使用。

2. 型砂的紧实

干砂紧实的实质是,通过振动作用使砂箱内的砂粒产生微运动,砂粒获得冲量后克服周围的摩擦力,使砂粒产生相互滑移及重新排列,最终引起砂体的流动变形及紧实。

将发泡模用型砂填埋并使其紧实,要满足三个要求:

(1)均匀填埋到发泡模内外表面及各个部位;

(2)有足够的紧实度和密度,足以耐受浇注过程中金属液和气体的压力;

(3)既要使型砂处处紧实,又不能造成发泡模损坏或变形。

用不加粘结剂的干砂,当然有可能只靠振实来紧实型砂。但是,对于水平位置的孔或发泡模下面的凹部,均匀而紧实地填砂是不易做到的。考虑到发泡模形状复杂,想达到上述三个要求,在技术上绝非易事。由于填砂及紧实型砂是本工艺中的重要环节,各工业国都有人在探讨、研究,目前还不能说对此已能掌握。实际上,并不是用此工艺时不需要粘结剂,而是要使振实型砂时发泡模不致变形,型砂中加有粘结剂是非常有害的。不过,在制造形状复杂的铸件时,也可以先在难以填砂的凹部塞填自硬砂,再填埋干砂,不必刻意追求无粘结剂。

3. 干砂振动充填紧实的影响因素

(1)振动维数

垂直方向的振动是提高干砂紧实率的主要因素,在垂直振动的基础上,增加水平方向的振动,紧实率有所提高,单纯水平方向的振动,紧实效果较差。

(2)振动时间

在振动开始后的40 s内紧实率变化很快,振动时间为40～60 s时,紧实率的变化较小,振动时间大于60 s后,紧实率基本不变。

(3)原砂种类

研究表明,原砂种类对紧实率具有一定的影响,自由堆积时,圆形砂的密度大于钝角或尖角形砂,振动紧实后,钝角或尖角形砂的紧实率增加较大,另外颗粒度大小对型砂的紧实率也有影响。

(4)振动加速度

加速度在14.11～25.68 m/s^2之间,获得的平均紧实率较高。

(5)振动频率

当振动频率大于50 Hz后,紧实率的变化不太大。

4. 砂箱中的减压程度

干砂振动紧实后,铸型浇注通常在抽真空的负压下进行。抽真空的目的与作用:

将砂箱内砂粒间的空气抽走,使密封的砂箱内部处于负压状态,因此砂箱内部与外部产生一定的压差,在此压差的作用下,砂箱内松散、流动的干砂粒可形成紧实、坚硬的铸型,具有足够高的抵抗金属液作用的抗压、抗剪强度。此外,抽真空可以强化金属液浇注时泡沫模样气化后气体的排出效果,减少铸件的气孔、夹渣等缺陷。

砂箱中适宜的减压程度,与铸造合金种类、铸件特征、发泡模材料、涂料性能及型砂特性等许多因素有关,应在现场通过试验确定。下面列出大致范围,供参考。

铝合金铸件　减压程度为0～-20 kPa

铸铁件　减压程度为-20～-40 kPa

铸钢件　减压程度为-30～-50 kPa

5.5 浇注系统及浇注工艺

5.5.1 浇注位置的确定

确定浇注位置时应考虑以下原则:

(1) 尽量立浇、斜浇,避免大平面向上浇注,以保证金属液有一定的上升速度。

(2) 浇注位置应使金属与模型热解速度相同,防止浇注速度慢或出现断流现象,而引起塌箱、对流缺陷。

(3) 模型在砂箱中的位置应有利于干砂充填,尽量避免水平面和水平、向下的盲孔。

(4) 重要加工面应处在下面或侧面,顶面最好是非加工面。

(5) 浇注位置还应有利于多层铸件的排列,在涂料和干砂充填紧实过程中,应方便支撑和搬运,模型某些部位可以加固以防止变形。

5.5.2 浇注方式的确定

浇注系统按金属液引入型腔的位置分为:顶注式、底注式、侧注式、阶梯式。

1. 顶注充型速度快

金属液温度降低少,有利于防止浇不足和冷隔缺陷;充型后上部温度高于底部。适于铸件自下而上地顺序凝固和冒口补缩。浇注系统简单,工艺出品率高。一般壁薄、矮小的铸件采用顶注方式。

图 5.8 顶注式浇注

2. 底注方式浇注

底注式是从模型底部引入金属液,上升平稳,充型速度慢,铸件上表面容易出现碳缺陷,尤其是厚大件更为严重。因此应将厚大平面置于垂直方向,而非水平方向。底注工艺最有利于金属的充型,金属液前沿的分解产物在界面空隙中排出的同时,又能支撑干砂型壁。一般厚大件应采用底注方式。

图 5.9 底注式浇注

3. 侧注方式浇注

侧注式是液体金属从模型中间引入,一般在铸件最大投影面积部位引入,可缩短内浇道的距离。生产铸铁件时采用顶注和侧注,铸件表面出现碳缺陷的几率低。但卷入铸件内部的碳缺陷常常出现。

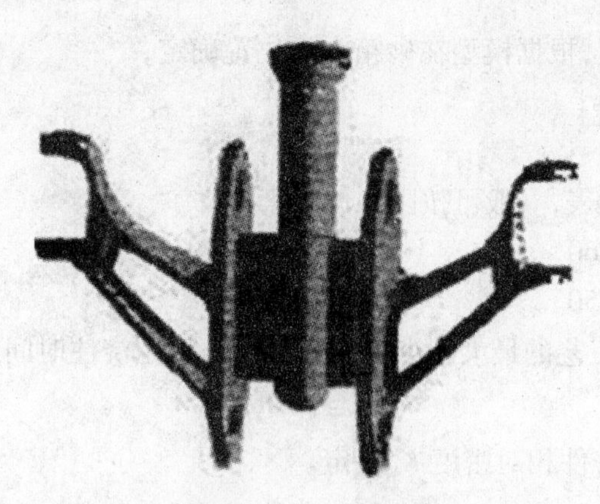

图 5.10　侧注式浇注

4. 阶梯方式浇注

阶梯浇注分两层或多层引入金属时采用中空直浇道,像传统空腔砂型铸造工艺一样,底层内浇道引入金属液最多,上层内浇道也同时进入金属液。但是,如果采用实心直浇道,大部分金属从最上层内浇道引入金属,多层内浇道作用减弱。阶梯浇道容易引起冷隔缺陷,一般高大铸件采用这种浇注方式。

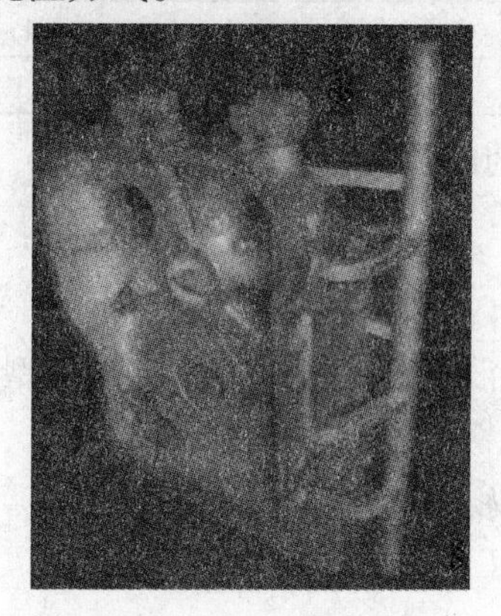

图 5.11　阶梯式浇注

5.5.3　浇注系统各组元尺寸的确定

和传统砂型铸造工艺一样,首先要确定内浇道(最小断面尺寸),再按一定比例确定直浇道和横浇道,其计算方法可用下列两种。

(1)经验法

以传统砂型工艺为参考,经查表或经验公式计算后再做调整,一般增大 15% ~20%。

(2)理论计算法

如水力学计算公式为

$$\sum F_{内} = \frac{G}{0.31\mu t\sqrt{H_p}} \tag{5.1}$$

式中　$F_{内}$——内浇道横截面积,cm^2;

G——流经内浇道的液态合金质量(铸件重+浇注系统重+浇冒口重),kg;

H_p——压头高度,根据模型在砂箱中的位置确定;

t——浇注时间,s;

μ——流量系数。

可参考传统工艺查表,一般可按阻力偏小来取:

铸铁件　0.40 ~ 0.60

铸钢件　0.30 ~ 0.50

快速浇注是 EPC 工艺的最大特点,对于铸钢件,确定浇注时间的公式为

$$t = C\sqrt{G} \tag{5.2}$$

式中　C——系数,由铸件相对密度 K_V 决定。

$$K_V = \frac{G_J}{V} \tag{5.3}$$

式中　G_J——铸件质量,kg;

V——铸件轮廓体积,cm^3。

C 和 K_V 可参考表 5.11 选取。

表 5.11　系数 C 和铸件相对密度 K_V

K_V	0 ~ 1.0	1.1 ~ 2.0	2.1 ~ 3.0	3.1 ~ 4.0	4.1 ~ 5.0	5.1 ~ 6.0	6.0
C	0.8	0.9	1.0	1.1	1.2	1.3	1.4

对于铸铁件,确定浇注时间的公式为

$$t = \sqrt{G} + \sqrt[3]{G}\text{(中小件)}$$

$$t = \sqrt{G}\text{(大件)}$$

各组元的尺寸应保证金属液不断流并具有一定的充型速度,以采用封闭式较好。各组元比例关系推荐如下:

铸钢件　$\Sigma F_{内} : \Sigma F_{横} : \Sigma F_{直} = 1.0 : 1.1 : 1.2$

铸铁件　$\Sigma F_{内} : \Sigma F_{横} : \Sigma F_{直} = 1.0 : 1.2 : 1.4$

5.5.4　冒口设计

消失模的冒口按其功能分为起补缩作用的冒口、排渣排气作用的冒口和两种功能兼而有之的冒口。排气排渣的冒口,一般设置在液体金属最后充满的部分,或两股液流相汇合的部位,起到收集液态或气态热解产物、防止出现夹渣、冷隔、气孔缺陷的作用,这类冒口无需考虑金属液的补缩。消失模铸钢冒口设计,可参照砂型工艺方法,没有原则的区别。

5.5.5　浇注工艺参数

1. 浇注温度

由于模型气化是吸热反应,需要消耗液体金属的热量,浇注温度应高一些。虽然在负压下浇注,充型能力大为提高,但从顺利排出 EPS 固液相产物也要求温度高一些,特别是球铁件为减少渗碳、皱皮等缺陷,温度偏高些对铸件质量有利。

一般推荐 EPC 工艺浇注温度比砂型铸造提高 30 ~ 50 ℃,对铸铁件而言,最后浇注的

铸件浇注温度应高于1 360 ℃。表5.12为采用消失模铸造工艺合金的浇注温度。

表5.12 采用消失模铸造工艺合金的浇注温度

合金分类	铸钢	球墨铸铁	灰口铸铁	铝合金	铜合金
浇注温度/℃	1 450 ~ 1 700	1 380 ~ 1 450	1 360 ~ 1 420	780 ~ 820	1 150 ~ 1 200

2. 负压作用及范围

负压的作用是:

(1)紧实干砂,防止冲砂和铸型崩散、型壁移动(尤其是球铁更为突出)。

(2)加快排气速度和排气量,降低界面气压,加快金属前沿的推进速度,提高充型能力,有利于减少铸铁件表面碳缺陷。

(3)提高铸件的负压性,铸件轮廓更加清晰。

(4)在密封下浇注,改善工作环境。

根据合金的种类选定负压的范围,见表5.13。铸件较小负压可选低一些,质量大或一箱多铸的可选高一些,顶注可选高一些,壁厚或瞬时发气量大的也可选略高一些。

表5.13 负压度范围

合金种类	铸铝	铸铁	铸钢
负压范围/kPa	50 ~ 100	300 ~ 400	400 ~ 500

3. 保压时间

保压时间的计算公式为

$$t = KM^2$$

式中 M——铸件模数,cm;

t——凝固时间,min。

一般铸钢件 $K = 2.8$,铸铁件 $K = 0.0075T_{浇} - 5$。

5.6 消失模铸造缺陷分析

1. 铸铁件表面皱皮(积碳)

铸件表面有厚薄不同的皱皮,有波纹状、滴瘤状、冷隔状、渣状或夹气夹杂状等。波纹状较浅,其余皱皮则较厚、较深。其表面常呈轻质发亮的碳薄片(光亮碳膜),深凹沟陷处充满烟黑、碳黑等。皱皮的厚度为0.1 ~ 1.0 mm,甚至超过10 mm,导致铸件报废。这种缺陷往往在铁液最后流到的部位或液流的“冷端”部位。大件出现在上部;15 ~ 20 mm中小薄壁件往往出现在侧面或铸件的死角部位,这与浇注系统有关。

(1)产生原因

当1 350 ~ 1 420 ℃的铁液注入型内时,EPS或EPMMA、STMMA料模急剧分解,在模样与铁液间形成气隙,料模热解形成一次气相、液相和固液相。气相主要由CO、CO_2、H_2、CH_4和分子量较小的苯乙烯及其衍生物组成;液相由苯、甲苯、乙烯和玻璃态聚苯乙烯等液态烃基组成;固相主要是由聚苯乙烯热解形成的光亮碳和焦油状残留物组成。因固相中的光亮碳与气相、液相形成熔胶粘着状,液相也会以一定速度分解形成二次气相和固相。液态中的二聚物、三聚物及存在再聚合物,这当中往往会出现一种黏稠的沥青状液体,这种液体分解物残留在涂层内侧,一部分被涂层吸收,一部分在铸件与涂层之间形成薄膜,这层薄膜在还原(CO)气氛下形成了细片状或皮屑状、波纹状的结晶残碳即光亮碳,此种密度较低(疏松)的光亮碳与铁液的润湿性很差,因此,在此铸件表面形成碳沉积(皱皮)。

(2)影响因素

①泡塑模样。模料 EPS 比 EPMMA、STMMA 更容易形成皱皮,因为 EPS 碳质量分数比后两者高,其中 EPS 碳质量分数为92%,STMMA 碳质量分数为69.6%,EPMMA 碳质量分数为60%;此外,模样密度越高体积越大,分解后液相产物越多,越容易产生皱皮。

②铸件材料成分的影响。含碳低的铸铁件(合金铸铁),模型分解产物中的碳可以部分溶解其中,不易产生皱皮;含碳高的铸铁(球铁)最易形成皱皮缺陷。

③浇注系统影响。浇注系统对铁液充型流动场及温度场有着重大影响,直接决定着 EPS(EPMMA、STMMA)模料的热解产物及其流向;加大直、横、内浇道截面积,易产生皱皮(模料量增多)。顶注要比底注出现皱皮几率小,顶部冒口有利于消除皱皮。

④铸件结构影响。铸件的体积与表面积之比(模数)越小,越有利于模型热解产物排出,皱皮缺陷产生倾向越小。

⑤浇注温度的影响。随着浇注温度的提高,模料热解更彻底,气相产物比例增加,液、固相产物减少,有利于减少或消除皱皮缺陷。

⑥涂料层及型砂透气性的影响。涂层及型砂透气性越高,越有利于模型热解产物的排出,减少了形成皱皮倾向。因此涂层越薄、涂料骨料越粗,型砂粒度越粗,越有利于排气,减少皱皮出现。

⑦负压度影响。实践证明,随铸型负压度提高,皱皮缺陷减少或消除。因为负压度越高,充型速度越快,浇注时间变短,致使低黏度的液相产物来不及转变为高黏度液相分解产物,光亮碳出现减少;负压度越高,越有利于模样热解产物通过涂料层进入砂层,越有利于减少皱皮形成或出现。

⑧工艺参数配合的影响。浇注温度、浇注速度、真空度等工艺参数配合不当会引起皱皮。当浇注速度加快时,流股变粗,如果没有相应提高真空度,常会出现皱皮。

(3)防止措施

①采用低密度 EPS 或 EPMMA 作模样材料,较大的铸件或直浇道,可采用空心的模样和直浇道以减少发气量,模料密度 0.013~0.022 g/cm^{3}为宜。

②浇注系统应保证铁液流动平稳、平衡、迅速地充满铸型,以保证泡沫塑料残渣和气体逸出型腔外或被吸排入涂层和干砂空隙中,尽量减少浇注过程中铁液流热量的损耗,以利加速模料气化。采用顶注和侧注虽不易出现皱皮,但会产生内部富碳缺陷(因为下落的铁液流易将模样分解后的残留物卷入);底注能减少铸件内部富碳缺陷,但易在顶面,特别是厚大部位造成皱皮。对于高度不大的小铸件宜采用顶注,大件宜采用阶梯式侧注,并保证内浇道由下而上逐层进入。在顶端或残余物挤至死角处设置集渣冒口,或加大切除量,将皱皮集中去除。

③提高浇注温度和浇注速度,使铁液有充分热量将模料气化,减少其分解物中的固相、液相及玻璃态成分。铁液浇注温度宜比砂型铸造高 30~80 ℃,或再高些,对于负压干

砂消失模铸造铁液浇注温度以 1 420 ~ 1 480 ℃为佳。浇注液流由细、小,变粗、大,再转细、小。收包时,冒口要补浇。

④合理地控制负压度,由于负压缺氧,浇注时模料将主要发生气化,而很少燃烧,使发气量大为降低(104 g 泡沫塑料模在空气中 1000 ℃燃烧时生成 1 000 L 气体;在缺氧条件下只产生 100 L 气体。并且气体产物能及时通过干砂型被抽去,铁液与模样之间的间隙压力降低,铁液充型速度加快,有利于模样分解。

⑤提高涂层的透气性。涂料的透气性取决于涂料中耐火材料的粒度、配比及涂层厚度,好的涂料涂层在 0.5 ~ 1.0 mm 已具有足够强度并有良好的透气性。涂层过厚会使透气性下降,逸气通道受阻,易产生气孔、皱皮等缺陷。球墨铸铁件涂料不能加入有机物将其烘干而提高透气性,因为涂料中存在着有机物的残余,增加了 C、H_2 含量反而易致气孔或皱皮。

⑥降低铸铁碳当量,减少自由碳数量,配料时尽量按标准化学成分下限熔炼铁液。型砂可采用具有氧化性能脱碳的 702 砂。影响皱皮缺陷的因素是多方面的,应紧紧抓住有利于泡沫塑料模气化这个中心因素,综合考虑各方面影响问题,制定出最佳工艺来保证获得无皱皮的优质消失模浇注铸铁件。

2. 反喷(呛火)

浇注过程中,由于气体模热分解发出气体量过大,引起喷火或喷金属液,导致铸件报废。

防止方法是:

(1)EPS 模样密度控制在 0.013 ~ 0.022 g/cm^3,模样要干燥,上涂料后要干燥,减少水分含量和发气量。

(2)增加涂料透气性,调整好涂层厚度,以 0.5 ~ 1.0 mm 为宜,以便模样裂解后气体及时逸出。

(3)控制干砂透气性粒度以 20/40 目为佳,切忌不同粒度干砂混用,降低透气性;砂箱以五面(四侧面和底面)抽气结构为最佳。同时要控制负压度(真空泵吸气),在真空缺氧条件下,浇注时模样将主要发生气化,而很少燃烧,使发气量大为降低。

(4)控制浇注温度和浇注速度以金属液的热量来保证模样气化,同时在模样大量生产气体时的 800 ~ 1 200 ℃范围控制浇注速度,以免浇注速度过快,促使裂解气体大量迸发。

(5)设计合理的浇注系统,保证金属液平稳、迅速地充满铸型模样,以保证模样裂解气体逸出型腔之外而被吸排出去;采用顶注、底注、侧注、阶梯浇注时,要注意在气体、焦状体,残余物到达的死角处或顶端设置气眼、集渣冒口或加大切除量。

3. 气孔

(1)充型过程中产生紊流或顶注、侧注情况下,部分模样被金属液体包围后进行裂解,所产生的气体不能从金属液中排出,就会形成气孔,这种气孔大而多,并且内表面有碳黑。

防止措施:改进工艺,使铁液充型平稳,不出现紊流;提高浇注温度,提高负压度(如果产生紊流引起气孔,降低负压度);提高涂层和型砂透气性。

(2)模样含有水分、涂层干燥不良或发泡剂含量过高,浇注时会产生大量气体而引起气孔。

防止措施:模型必须要干燥,按模料发泡制模工艺特性操作;涂层必须干透。

(3)模样粘合剂过多引起气孔。

防止措施:选用低发气的模型粘结剂;在保证粘牢的前提下,用黏胶量越少越好。

(4)浇注时卷入空气形成气孔,如浇注时直浇道不充满,就会卷入空气,这些气体若不能及时排出,就会引起气孔。

防止措施:采用封闭式浇注系统,浇注时保持浇口杯内有一定量的金属液,以保证直浇道处于充满状态,此外采用空心的直浇道模,减少发气量,对防止气孔亦有利。

4.铸件尺寸超差、变形及防止

影响因素有:铸件本身的结构、形状和大小及重量的分布情况、制模过程、造型和浇注等,其中制模过程和造型过程的影响最大。

(1)泡沫塑料模的制作工艺对尺寸精度的影响

①模具质量的影响。模具尺寸精度直接影响铸件尺寸精度,为此要正确选择收缩率,准确确定型腔尺寸(可在试模后及时修正,使模样误差小于0.05 mm),对模具型腔和镶嵌件要进行精整和抛光以达到精确尺寸。此外,要正确选择取模方法(方向、位置),防止取出模样时使其变形。

②模料和制模工艺的影响。成型后模样的冷却程度会影响模样的尺寸稳定性,为此取模前应使模样充分冷却,发泡终止,以得到尺寸稳定的模样,并防止顶出模样时模样变形。泡沫冷却会引起内部孔隙中的水和戊烷凝结,而使泡沫模样小于模具尺寸,一般约小0.4%(0.3%~0.5%),对此应有所考虑。取出模样的干燥程度直接影响着铸件尺寸的稳定性,泡沫塑料模的干燥过程称熟化。为稳定模样尺寸,提高生产率,可将取模后的模样在60~70 ℃下干燥2~8 h,干燥时间不同的模样实际尺寸也不完全相同,因而影响铸件尺寸精度。用不同尺寸珠粒EPS制模,也将造成模样收缩不同而引起尺寸波动,应控制EPS珠粒的大小(对EPMMA、STMMA珠粒更要注意控制)。预发珠粒龄期(预发珠粒熟化时间称预发珠粒龄期),不同的预发珠粒其发泡剂戊烷含量不同,龄期长则戊烷含量少,模样成型时质量就差,但成型后模样收缩也小。生产中应控制预发珠粒龄期,一般应为2~12 h,预发珠粒龄期控制不严,模样尺寸则波动较大,质量也难以保证确定。模样密度、制模方法和压力的影响,密度较高的模样比密度低的线收缩量小(但发气量大);常规方法制模其收缩量大于冷却时使用负压方法的模样收缩;制模时使用较高的蒸气压力可减少模样熟化的收缩量。黏结剂的质量、粘结操作工艺、胎具的定位等都会影响粘结组合后模样的精度。

(2)造型对铸件尺寸精度的影响

①振实方式的影响。不同的加砂方式和振实方式适用于不同形状的铸件,选择不当会使砂型紧实不均匀而影响尺寸精度。

②涂料涂层的影响。涂层厚度直接影响模样尺寸,涂层能增强模样的表面强度,提高模样抗冲击性能,可防止造型过程中模样变形,使铸件精确度提高。因此,模样所用涂料应具有良好的透气性,还要有足够的强度。涂料选用必须要与铸件金属液和干砂性质相匹配,涂料操作工艺要合理等。

5. 塌型

在浇注过程中或凝固过程中铸型一部分或局部塌陷、溃型使铸件不能成型,或局部多肉称塌型或铸型溃散。

(1)产生原因

①金属液产生的浮力过大,铸型顶部吃干砂量小,会使铸型上部型砂难以维持原来的形状,产生局部溃散、溃塌;致使铸件不能成型或成型不良。液体金属充型时上升速度过快、过慢或停顿,使模样与金属液前沿间隙过大,铸型内气压和砂型压力总和叠加大于间隙内气压,造成铸型移动或坍塌致使铸件成型不良。

②浇注时模样分解产生的气体量过多、过急、迅猛,铸型排气速度慢来不及,真空泵吸气又不足,导致铸型溃散。往往在浇注高温金属液,无负压或低负压时容易发生这种缺陷,常出现在厚大简单铸件中;而复杂件由于液流是多方向的,反而不易产生此种缺陷。

③浇注过程中,部分已流入充填模样位置的金属液又改流到其他部位,使原来置换出的位置无金属液占据,导致局部铸型溃散、坍塌,称之为金属液"闪流"造成的塌型。特别容易发生在一型多模样时,加上浇注系统不合理,金属液进入每个模样后不能连续不断地充型。顶注及铸件存在大平面时也容易引发这种缺陷。

④涂料的耐火度、高温强度不够。浇注过程中,当金属液置换模样充填型腔后,干砂就靠涂层支撑住,如涂层强度不够或耐火度不足,局部铸型即会溃散坍塌,特别在浇注大件时,在直浇道与铸件距离近时,金属液流量大又是过热区,内浇道上方极易发生溃散、坍塌。

(2)防止措施

①增加顶面的吃砂量或在铸型顶部(砂箱上面)放置压铁。

②选用低密度的模料制模样,减少发气量。

③选择合理负压度,与浇注速度恰当配合。

④选用强度高,耐火度高,透气性好,性能好的涂料。

⑤采用较粗的砂粒造型,型砂目数亦单一,以增加铸型的透气性。

⑥振动造型工艺参数要合理,以保证铸型各处干砂都均匀紧实。

⑦浇注系统设计选用要合理,直浇道面积与内浇道面积要适宜,要保证充型速度合理,金属液上升平稳,避免在充型过程中产生紊流或在局部停留;防止底注时从铸件大平面处进入金属液等。总之,应保证金属液充型流畅,不产生闪流,直浇道不要与铸件靠得太近。

⑧金属液流冲刷厉害处可使用陶瓷做浇道或局部采用耐火管或自硬水玻璃砂、自硬树脂砂加固,对浇注高温合金上部平面大铸件可采用精铸复合壳型。

⑨浇注工艺要合理,适当降低浇注温度;适当控制浇注速度;浇注流必须连续,切勿停歇和中断。

6. 黏砂

黏砂是消失模铸造和砂型铸造常见缺陷之一,铸件部分或整个表面上夹持着有很难清理的型砂。在无负压情况下浇注,黏砂常出现在铸件底部或侧面,及铸件热节区和型砂不易紧实的部位;在负压情况下浇注,各面都可能有黏砂,特别是铸件转角处,组串铸件浇注时的过热处。金属液渗入型砂中形成金属与型砂的机械混合物称为金属包砂。

(1)产生原因

①消失模铸造产生黏砂基本上属机械黏砂。涂层脱落或开裂,金属液通过涂层破裂、剥落处渗入干砂空隙中,将干砂夹持凝固在铸件表面上。涂层较薄时金属液透过涂层面与干砂黏结而凝固在表面上。涂料的选用和浇注金属液匹配不当,干砂又含有细小砂粒灰尘时,铸件的过热处也会形成化学黏砂。

②浇注时负压度越大,金属液流动性越好,黏砂也越严重。此时易出现金属液透过涂层渗入型砂而产生黏砂。

(2)防止措施

①涂料应具有良好性能,能牢固粘结在模样上,涂层致密并有足够的强度,耐火度,在操作过程中不发生脱落剥离现象;造型振实时不开裂,不起皱,涂料线收缩应小,且具有良好的抗急冷急热性。

②造型紧实力不可过大,以免破坏涂层。干砂振动造型时,合理选用振动参数:频率 50 Hz 左右,振幅 0.5 ~ 1.5 mm,振动时间 60 s,振动加速度乘振动时间在 30 ~ 60 之间较适合。应防止振动力过大,振动时间过长,使涂料层开裂,剥落;同时应防止局部砂型未振实。局部可用自硬砂耐火件预埋。

③选用合适的负压度,浇注时负压度过高易引起严重黏砂,各种不同合金铸件配以合适的负压度,其中铸铁为 26.7 ~ 53.3 kPa。

④为减少型砂或干砂的空隙应选用较细的原砂,一般铸铁件和铸钢件宜采用 28/55 目(AFS 粒度为 20 ~ 50)的砂。

⑤浇注温度不应过高,一般模样铸造浇注温度比同样条件下砂型铸造温度高 30 ~ 50 ℃,其中铸铁件浇注温度为 1 420 ~ 1 470 ℃较适宜。

7. 节瘤、针刺

在光洁的铸件表面上出现一些形状不规则的凸出部分,如瘤子和有如针刺的铸造缺陷,很难消除,严重时造成铸件报废。

(1)产生原因

①埋模样造型时,干砂没有紧实地包裹在模样周围,抽负压后容易形成空腔或紧实度太低,浇注时金属液冲破涂料壳进入空腔,形成节瘤;铸型受金属液压力作用再次紧实,涂层被破裂,金属液渗入与型砂熔结在一起形成大小不等的节瘤。

②由于模具表面有缺陷(气孔、缩松、斑痕等)或排气塞孔眼过大,致使模样表面存在突出物,在负压下浇注后形成铸件表面金属突出物。涂层内表面存在密布的小气孔或局部形成大气泡,在负压下浇注后铸件表面形成金属突出物节瘤或针刺。

(2)防止措施

①提高铸型的紧实度及均匀性,使型砂紧实均匀地包裹在模样周围。选用合理振幅、埋模操作要认真小心,避免涂料层破裂或剥落。

②修改铸件结构,消除填砂不到的死角,对个别角落可预埋自硬砂或耐火件。

③将模样表面突出物修磨光滑。

④保证涂料质量,变质发酵起泡的涂料不要使用;涂料黏度要适当,涂料黏着性能良

好,第一遍涂料应稀,使其均匀附在模样上;改进涂挂工艺,防止拐角处出现鼓泡。此外,防止黏砂的各种措施对防止节瘤、针刺均能起到作用。

8.冷隔

(1)形成原因

①模样被加热、分解,分解产物大量吸收金属液热量,使金属液降温过快(往往出现在铸件壁厚小,距离又长处);分解气体阻止液体金属充型,降低了金属液的流动性。

②浇注系统、结构、浇注操作工艺不当。

③充型过程中负压太大,液体金属沿型壁上升速度大大高于内部中心上升速度,在温度较低时,靠近铸型表面先形成一薄金属壳(膜),而后续金属液充型后,又没有足够热量熔化此壳,会出现重皮缺陷。

(2)防止措施

①提高金属液的浇注温度,比砂型铸造高 30~50 ℃,甚至更高。

②改进浇注系统提高充型速度,如采用顶注式可用空心直浇道,尽量减短浇注系统总长度,让液流缩短,充型过程流畅。

③控制负压度,提高负压度,对克服冷隔有利;但负压度太高则又会引起重皮。

9.表面孔眼(渣孔、砂孔、缩孔)、凹陷和网纹

(1)产生原因

①渣孔。液体金属带入熔渣及模样裂解的固相产物不能排出而积存,漂浮在铸件表面。

②砂孔。浇注时干砂粒进入液体金属中,最后积集到铸件表面。

③缩松、缩孔及缩坑。铸件与内浇道及冒口连接处的热节区,由于补缩不良,形成缩孔、缩松缺陷。铸件厚大部位由于补缩不足形成缩坑(凹陷)。

④网纹、龟纹。模样表面珠粒间融合不良,连接处有凹沟间隙和细小珠粒纹路。尤其是使用泡沫塑料板(型)材加工成模样时,其表面粗糙,涂料渗入其间,网纹复印在涂料层上,浇注后铸件表面也出现网纹。

(2)防止措施

①防止渣孔的措施。金属液熔炼除渣要干净,严格挡渣操作,浇冒口系统设计以便排渣、集渣,提高浇注温度以便渣滓浮集,也可选用除渣性能较好的浇包及设置过滤网挡渣。

②防止砂孔的措施。模样组合粘结处必须严密,中空直浇道必须密封好;模样避免在砂箱内组粘,浇冒口连接处和模样转角处要圆滑过渡(避免角缝而夹干砂)。

③防止缩孔、缩松及缩坑的措施。提高浇冒口补缩能力,液流经冒口进入型腔,保持冒口最后凝固;采用发热、保温冒口;充分利用直浇道补缩(组串铸件)。

④防止网纹、龟纹的措施。改善模样表面质量,选用细小的珠粒,合适的发泡剂含量,改进发泡成型的工艺,模样干燥工艺,防止局部急剧过热,对模型表面修饰,在模样表面涂上光洁材料如塑料、浸挂一层薄薄的石蜡、涂上一层硝酸纤维涂层等都可以改善气化模的表面光洁,使浇注出的铸件没有晶粒、网纹及龟纹。

为了扩大 EPS 粒料制模样用途,防止表面质量问题,国外铸造工作者采用的办法是:

a. 双层涂料法,第一层涂料是将溶于丙醇中的丙烯酸树脂(65%)或其他黏度高而又不损坏气化模的溶液喷涂到模样上，填补气化模表面沟纹；第二层为干石墨粉等。

b. 在气化模成型过程中，把 100 μm 厚度的聚苯乙烯薄膜粘贴到模样表面。

10. 内部非金属夹杂物、缩松、组织性能不均匀

(1)型砂夹杂物

产生原因：在浇注过程中干砂被冲入液体金属中不能排出，最后存在铸件内部而形成夹砂。

防止措施：模样与内浇道、模样转角连接过渡要圆滑，尽量防止其尖角夹持砂粒；涂料性能要好，涂挂要均匀；模样组粘不要在砂箱内操作，切忌边填砂边粘合模样。

(2)涂料夹杂物

产生原因：浇注过程中涂层破坏剥落进入液体金属中；渗入模样组合部(角)的涂料、被液流冲刷掉入液流，铸件凝固后留在内部的涂料点、团块状夹杂。

防止措施：改善涂料性能，提高涂层强度；模样组合时结合部(转角)要严密处理，以防涂料渗入角缝隙中起团块。

(3)熔渣夹杂物

产生原因：浇注时，金属液带入熔渣未能排出，留在铸件内部形成夹渣。

防止措施：采用底注包或茶壶包，金属液除渣要干净，加强扒渣、挡渣的操作，采用过滤网。

(4)模样热解产物夹杂物

产生原因：模样受高温金属液热解后形成的固相和液相产物不能及时排出，残留在铸件内部形成了消失模铸造特有的沥青状夹杂物。

防止措施：采用低密度模样，提高浇注温度，浇冒口系统应利于排渣或设置集渣包集渣。

(5)缩孔(松)

产生原因：消失模铸造的金属液进入冒口温度往往较低，冒口内压力也较低，因而易在热节区如冒口交接处引起缩孔、缩松的缺陷。

防止措施：提高浇注温度，增加补缩冒口的体积，并选用合理的冒口形状(体积大、表面积小、散热慢的形体)；提高冒口温度，经冒口引入金属液，采用保温发热冒口，或配合使用冷铁。浇注球墨铸铁时，浇注后立即加大负压，提高铸型刚度，以防产生缩孔(松)。

(6)组织性能不均匀

产生原因：消失模铸造往往采用组串群铸工艺，因此砂箱内不同位置的铸件冷却速度差别较大，铸件组织受冷速差异不同影响，致使基体组织也不均匀，其性能也有差异。

防止措施：浇注要求高的铸铁件时，对不同层次、距直浇道不等距离的铸件进行试验、解剖、分析后测出其性能差值大小，通过改变组合方案，调整浇冒系统，使铸型内温度场尽量均匀；提高合金材料的均一性；也可以在型内模样不同部位进行孕育、变质、合金化处理，从而获得组织性能均匀的铸件。

参考文献

[1]夏振佳.一汽消失模技术应用现状[J].铸造技术,2008,29(7):935-936.
[2]李传斌.消失模铸造工艺技术讲座(一)[J].机械工人(热加工),1999,1:32-33.
[3]叶升平,吴志超.北美和欧洲消失模铸造发展现状[J].特种铸造及有色合金,2004,2:58-60.
[4]黄乃瑜,叶升平,樊自田.消失模铸造原理及质量控制[M].武汉:华中科技大学出版社,2004.
[5]李传斌.消失模铸造工艺技术讲座(四)[J].机械工人(热加工),1999,4:41-47.
[6]李传斌.消失模铸造工艺技术讲座(六)[J].机械工人(热加工),1999,6:40-41.
[7]章舟,朱以松,厉三于,等.消失模铸件常见缺陷原因及防止方法(Ⅰ)[J].现代铸铁(缺陷与对策),2003,4:51-54.
[8]章舟,朱以松,厉三于,等.消失模铸件常见缺陷原因及防止方法(Ⅱ)[J].现代铸铁(缺陷与对策),2003,5:42-44.

第6章 反重力铸造

6.1 概 述

反重力铸造(Counter-gravity casting,简称 CGC)技术是金属熔体充填铸型的驱动力与重力方向相反,金属液充填方向与重力方向相反。CGC 工艺中金属液实际上是重力和外加驱动力共同作用的结果。外加驱动力在金属液充填过程中是主导力,它使金属液克服其自身重力,型腔内阻力,以及其他外力的作用完成充填铸型。正是由于外加驱动力的存在,使得 CGC 成为一种可控工艺, 合金液沿着与重力相反的方向自下而上充型并凝固成型,具有充型平稳、充型速率可控、温度场分布合理、压力下凝固及有利于铸件凝固补缩的特点,铸件的力学性能好、组织致密、铸造缺陷少。

反重力铸造是20世纪初发展起来的铸造新方法,随着世界各国航空航天、国防、汽车工业等基础产业的不断发展,铸件正朝着无余量、薄壁、高精度、高性能、复杂、整体化的方向发展。但由于薄壁铸件充填较为困难,往往需要加大铸件壁厚,以保证铸件的顺利充填。设置大型的冒口等调整铸件凝固温度场并强化补缩,增加冒口、增大壁厚一方面浪费合金材料,另一方面由于厚壁铸件心部冷却速度低,将导致晶粒粗大,使铸件性能降低。

对于主体壁厚仅为1.5~3 mm 的铸件,由于表面张力以及黏滞力对充型能力的影响,采用传统铸造技术难以生产。在不断改进薄壁铸件铸造工艺的过程中,人们认识到,当金属液的自重无法提供充型顺利进行的压力时,可以通过对金属液加压来实现充型。重力铸造无法实现对充型压力的良好控制,无论浇注系统设计得多么合理,都很难避免飞溅和紊流,易使铸件产生欠铸、疏松、氧化夹杂等铸造缺陷。如果采用与重力方向相反的方向为金属液提供充型压力,使金属液由下至上“反向充填”进入型腔,则有可能实现对充型压力的准确控制。沿着这条思路发展,就形成了反重力铸造方法。按照充型压力引入方式的不同,可将传统反重力铸造方法分为低压铸造、调压铸造、差压铸造等几个类别。

6.2 低压铸造

低压铸造是最早的反重力铸造技术,由英国人 E F. Lake 于1910年提出并申请专利。其目的是解决重力铸造中浇注系统充型和补缩的矛盾。在重力铸造中为了充型平稳,避免气孔、夹渣,一般都采用底注式浇注,因此铸型内温度场分布不利于冒口补缩。低压铸造则巧妙地利用坩埚内气压,将金属液由下而上充填铸型,在低气压下保持下浇道与补缩通道合二为一,始终维持铸型温度梯度与压力梯度的一致性,从而解决了重力铸造中充型平稳性与补缩的矛盾,而且使铸件品质大大提高。低压铸造由于有较高的补缩压力和温度梯度,有效地提高了厚大断面铸件的致密性,这一技术至今仍被应用于厚大断面铸件的铸造。目前,德国 GIMA 公司在低压铸造方面处于世界领先地位。低压铸造工作原理如图 6.1 所示。在装有合金液的密封容器(如坩埚)中,通入干燥的压缩空气,作用在保持一定浇注温度的金属液面上,造成密封容器内与铸型型腔的压力差,使金属液在气体压力的作用下,沿升液管上升,通过浇口平稳地进入型腔,适当增大压力并保持坩埚内液面上的气体压力,使型腔内的金属液在较高压力作用下结晶凝固。然后解除液面上的气体压力,使升液管中未凝固的金属液依靠自重流回坩埚中,再开型并取出铸件,至此,一个完整的低压浇铸工艺完成。

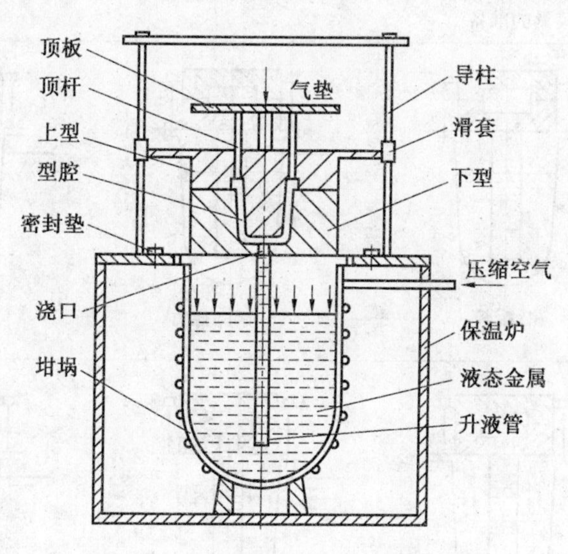

图 6.1 低压铸造的工艺原理图

6.2.1 低压铸造工艺过程

低压铸造工艺过程基本分为四道工序,如图 6.2 所示。

(1)金属熔炼及模具的准备;

(2)浇注前的准备,包括坩埚密封(装配密封盖),升液管中的扒渣,测量液面高度,密封性试验,配模,紧固模具等;

(3)浇注,包括升液,充型,结晶凝固,放气解压等;

(4)脱模,包括松型脱模和取件。

低压铸造实际操作过程如图 6.3 所示。

6.2.2 浇注工艺

浇注工艺指升液、充型、增压、保压结晶、泄压、冷却延时等工艺过程,如图 6.4 所示。

(1)升液阶段。气体进入密封容器内合金液面以上空间,迫使合金液沿着升液管上升至型腔内,为有利于型腔中气体的排出及液流不引起飞溅和卷入气体,合金液应平稳上升。

(2)充型阶段。合金液进入型腔,直至将型腔充满为止。充型速度应严加控制,力求平稳,既不能使铸件有冷隔现象,也不能使铸件因液流冲击而形成氧化夹渣缺陷。

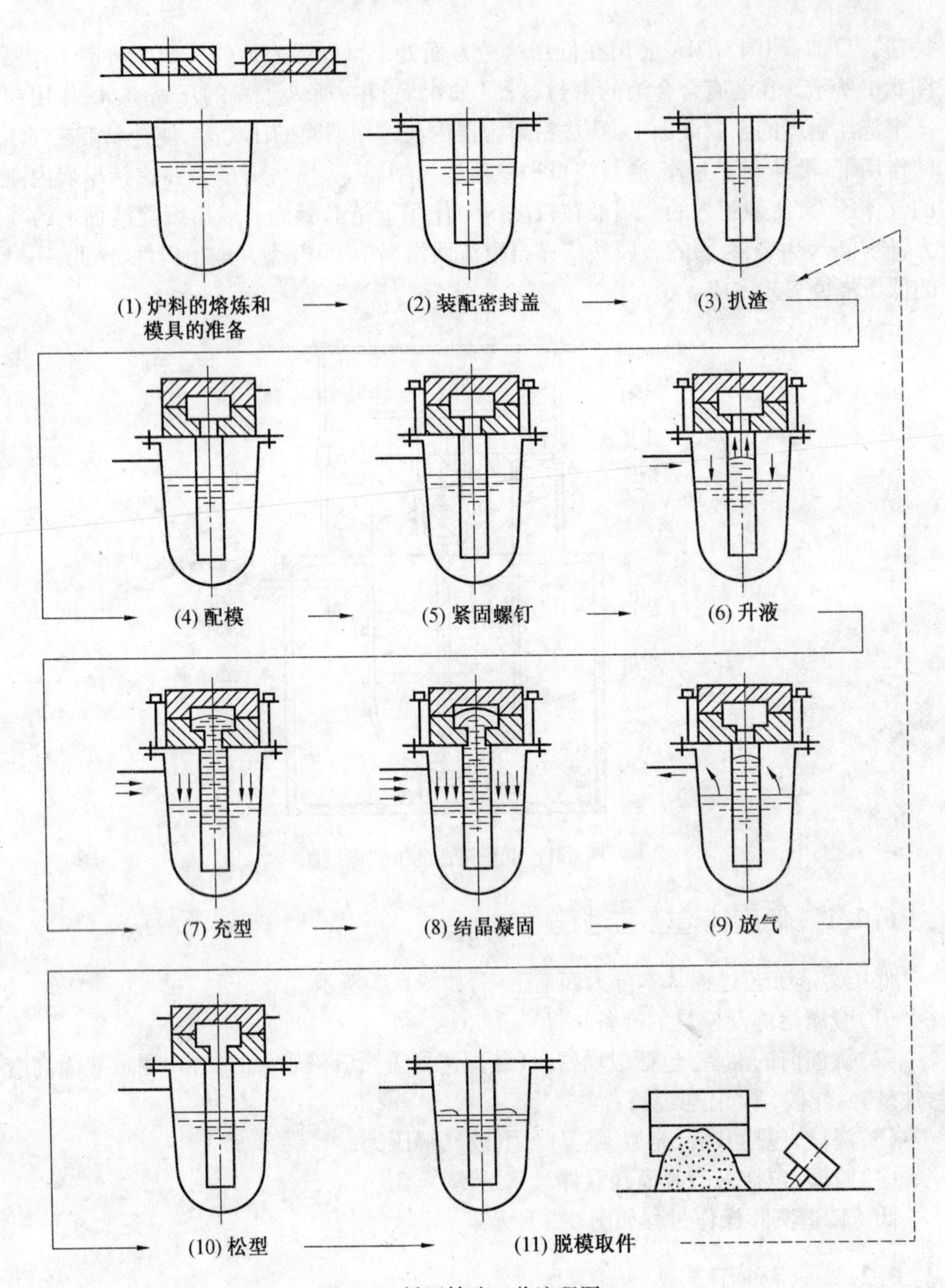

图 6.2 低压铸造工艺流程图

(3)增压阶段。合金液充满铸型后,立即进行增压,使型腔中的合金液在一定的压力作用下结晶凝固。

(4)结晶凝固阶段。又称保压阶段,是型腔中的合金液在压力作用下完成由液态到固态转变的阶段。

(5)泄压阶段。铸件凝固完毕就可卸除坩埚内液面上的压力,使升液管和浇口中尚未凝固的合金液依靠自重回落到坩埚中。

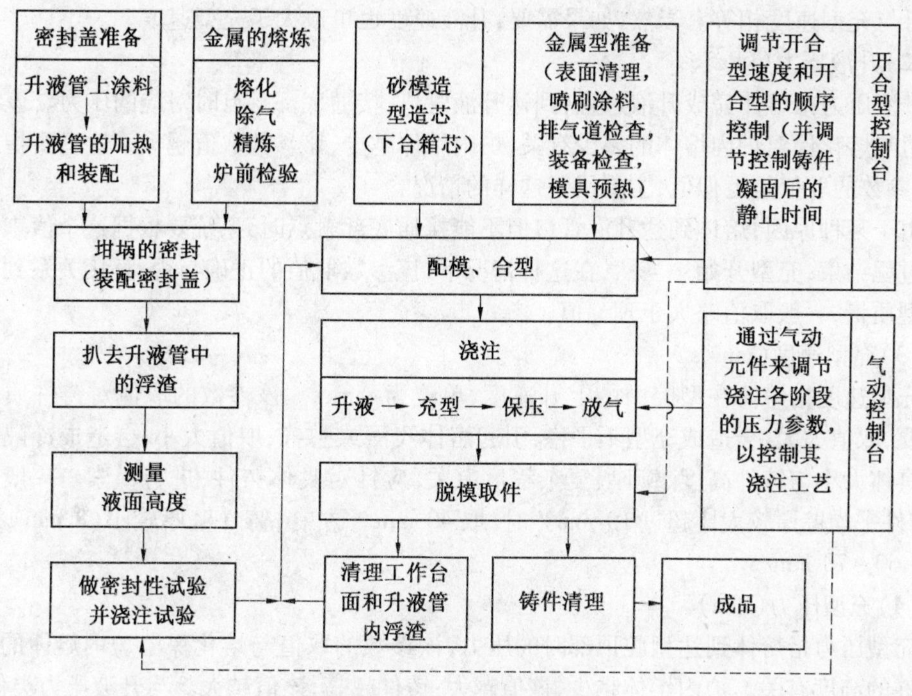

图 6.3 低压铸造操作过程

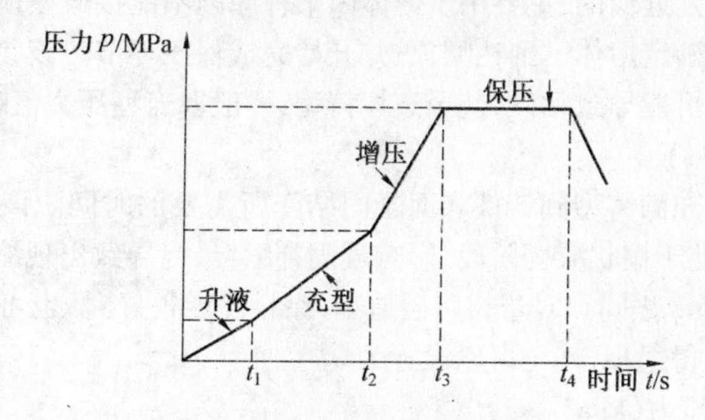

图 6.4 低压铸造浇注工艺过程

(6)延时冷却阶段。泄压后，为使铸件得到一定的凝固强度，防止开型脱模取件时发生的变形和损坏，须延时冷却。

6.2.3 工艺参数

工艺参数部分设置完成反重力铸造工艺时涉及到的重要参数，包括升液速度、升液压力、充型速度、充型压力、结壳时间、结壳增压压力、结壳增压速度、结晶时间、结晶增压压力和阻力系数。

(1)升液速度(mm/s)

升液速度指熔体在升液管中的上升速度，单位为 mm/s。如该参数取值太大，熔体进入型腔时会出现喷射现象；取值太小，熔体在升液管中的温降太大，易引起浇不足或冷隔现象。一般情况下，该参数的取值稍低于充型速度即可，对于充型速度适中的铸件，升液速度可与充型速度相等。当然,如果需要,升液速度也可以大于充型速度。

(2)升液压力(kPa)

升液压力指熔体完成升液过程,到达升液管口,接通底部触点时对应的压力。该参数的取值与熔化保温炉内熔体的多少有关,炉内熔体越少,该参数取值越大。这里要指出的是,该参数的取值是近似值,主要用于这样的情况:

由于某种原因,熔体到达升液管口但不能接通底部触点时,系统要根据这个值来确定升液过程结束,充型开始。当然,在这种情况下,该参数取值的正确与否,直接关系到铸件的充型质量,一般取值略大于理论值。

(3)充型速度(mm/s)

充型速度指熔体在型腔中的上升速度,单位为 mm/s。该参数的取值对铸件质量至关重要,取值太大,会造成充型不平稳,引起熔体飞溅或憋气;取值太小,会造成冷隔或欠铸。具体大小与铸件高度、壁厚、复杂程度有关,应针对具体铸件,进行摸索。一般情况下,铸件平均壁厚较大(超过 10 mm)时,取 40 mm/s 左右;铸件壁厚较小(8 mm 以下)时,取 60 ~ 70 mm/s。

(4)充型压力(kPa)

充型压力指熔体到达型腔顶部时的压力,该参数的取值与熔化保温炉内熔体的多少及铸件的高度有关。炉内熔体越少,该值越大;铸件越高,该值越大。与升液压力类似,该参数的取值也只能是近似的,主要用于熔体因某种原因不能接通型顶触点时的情况,这时系统需要根据此值确定熔体已到达型顶,并开始完成保压环节。该参数取值太小,会造成欠铸;取值太大,有可能导致粘砂,甚至破坏铸型,一般取充型压力值略大于实际值。

(5)结壳时间(s)

结壳时间指从充满铸型到铸件表面凝固结壳所需要的时间。该参数取值太大,结壳太厚,甚至使铸件处于糊状凝固阶段,影响凝固补缩,最终导致出现缩松、微缩松。一般情况下,控制在 2 到 5 s 之间。对于树脂砂造型,涂料性能很好时,也可不进行结壳保压,这时可将该参数设置得很小,甚至可以设置为 0。

(6)结壳增压压力(kPa)

结壳增压压力指为了使铸件在一定的压力下结壳而提供的压力增量,也就是在熔体充满型腔的基础上,再增加一定的压力(结壳增压压力),目的是保证熔体在压力下结壳的同时,提高补缩能力。该参数取值太大,会出现粘砂现象,甚至会使铸型发生变形。

(7)结壳增压速度(kPa/s)

结壳增压速度指完成结壳增压时所使用的速度。理论上讲,该增压速度越大越好,人们也总希望能够以最快速度完成增压,以便在铸件凝固之前提高补缩能力。然而,任何设备,受执行机构用气源压力的限制,其增压能力是有限的。

(8)结晶时间(s)

结晶时间指铸件完成结壳凝固后,最终完全凝固所需要的时间,单位为 s。该参数取值太小,铸件不能完全凝固,过早的泄压,会导致铸件组织不致密,达不到补缩目的;取值太大,会使升液管冻结,影响工作效率。该参数的具体取值与铸件重量、壁厚等有关,可在大致计算的基础上,结合经验予以修正。

(9)结晶增压压力(kPa)

结晶增压压力是指为了使铸件在较大的压力下结晶而提供的较大的增压值,单位为kPa。之所以提供该增压值,是为了使铸件在凝固过程中达到更好的补缩,使组织更加致密。根据所使用的工装和设备的额定工作压力,尽可能给予较大的值。

(10)阻力系数

阻力系数取值在1~1.5之间,设置该参数,主要是为了考虑型腔的复杂程度。对于相同的充型高度,型腔越复杂,需要的压力越大,所以铸件越复杂,该参数取值越大。

6.2.4 铝合金车轮低压铸造

车轮是影响汽车运行安全的重要配件,对其质量和性能要求较高。采用低压铸造工艺进行生产,可明显提高铸件质量。但由于车轮壁厚差异较大,凝固过程中容易产生一些缩孔、缩松缺陷,影响产品的成品率,车轮结构如图6.5所示。

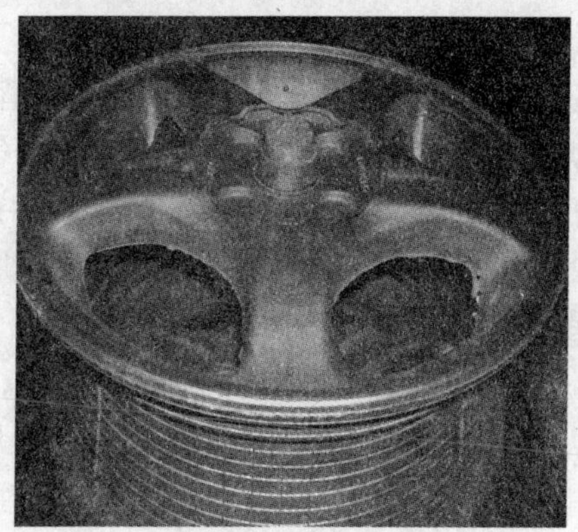

图6.5 车轮实物

1. 升液阶段参数的确定

合理的升液速度应使金属液上升时,顺利排出气体,又不在浇口处产生喷射,并使气体易排出型外。对于铝合金升液速度一般控制在5~10 cm/s,加压速率控制为1.27~1.75 kPa/s。

(1)在升液过程中,升液高度 h_1 随着坩埚中金属液面下降而增加,在此选取的高度为500 mm,升液速度平均值为5 cm/s,升液时间10 s。计算升液所需要的压力为

$$p_1=\frac{h_1\rho k}{10\ 200} \tag{6.1}$$

式中 h——金属液面至浇道的高度,cm;

p_1——升液压力,MPa;

ρ——密度(2.45 g/cm^3);

k——充型阻力系数,$k=1\sim1.5$,阻力小取下限,反之取上限,式中 k 取1.3。

(2)计算增压速度的公式为

$$v_1=\frac{p_1}{t_1} \tag{6.2}$$

式中 v_1——升液阶段的增压速度,MPa/s;

t_1——升液时间,s。

2. 充型阶段参数的确定

合金液进入型腔直到型腔被充满这一阶段,称为充型阶段,该阶段作用在金属液上的压力称为充型压力。当铸件高度确定以后,计算充型压力的公式为

$$p_{充} = \frac{H\gamma\mu}{13.6} \times 133.3(\mathrm{Pa}) \tag{6.3}$$

式中 $p_{充}$——充型压力,$\mathrm{kg/cm^2}$;

H——合金液从液面上升到铸件的顶部的总高度,cm;

γ——合金液的比重,$\mathrm{g/cm^3}$;

μ——充型阻力系数,一般取 1.2 ~ 1.5。

μ 值与型内背压、铸件的平均壁厚、充型速度有关。

充型速度 $V_{充}$ 是指充型过程中金属液面在型腔中的平均上升速度,数值 $V_{充}$ 选择的恰当与否,对铸件的质量有直接的影响,充型速度反映了充型过程中金属液的上升情况,如果充型速度太快,型腔中的气体来不及排出,则会使铸件产生气孔,轮廓不清晰等缺陷。如果充型速度太慢,则会使金属液温度下降而使黏度增大铸件产生冷隔或浇不足等铸造缺陷,所以充型速度和充型压力的合理准确控制是控制铸件质量的关键环节。一般来说,如果用金属型浇注复杂薄壁的铝铸件时,在排气通畅的情况下,可以采用高的充型速度,当用砂型浇注厚大铸件时,可以采用慢的充型速度。在生产中,一般通过实验来确定铸件的充型速度,当设计选用 H. M 卡尔金公式时,计算充型平均上升速度的公式为

$$V_{充\min} = 0.22 \times \frac{\sqrt{h}}{\delta \ln \dfrac{t_{浇}}{380}} \tag{6.4}$$

式中 $V_{充\min}$——金属液在铸型中的最小允许平均上升速度,cm/s;

h——铸件高度,cm;

D——铸件壁厚,cm;

$t_{浇}$——合金的浇注温度。

充型时间为

$$t_{充} = \frac{H - h}{V_{充\min}} \tag{6.5}$$

式中 H——坩埚中金属液面到升液管顶部的距离,cm。

一般充型速度应在 5 ~ 10 cm/s,比升液速度略快,但不宜过快,防止二次夹渣产生。生产中,一般是根据经验确定。

3. 增压保压阶段参数的确定

在低压铸造生产中,提高保压压力并延长保压时间对改善铸件力学性能是十分有利的。无论是对缩松度的影响还是对铸件力学性能的影响趋势都是随着压力的增大而逐渐减弱的,因此,在实际生产中保压压力不能也没有必要取得过大。保压压力与铸件结构、合金结晶特性等因素有关,一般为 0.3 ~ 1.0 MPa。

增压压力计算公式为

$$p_{增压} = k_1 p_{充} \tag{6.6}$$

式中　$p_{充}$ —— 充型压力,MPa;

k_1—— 增压系数(对于金属型及金属芯的铸型,$k_1 = 1.5 \sim 2.0$)。

增压时间的确定,对于厚壁且有较高结晶压力的铸件,增压速度一般控制在 175 ~ 350 kg/m^2 · s,对于凝固速度快(薄壁)有较高结晶压力的铸件,增压速度一般控制在 350 ~500 kg/m^2 · s。增压时间的计算公式为

$$t_{增压} = \frac{p_{增压} - p_{充}}{v_{增压}} \tag{6.7}$$

增压保压阶段各参数确定如下:

①加压速度 $v_3 = 0.015$ MPa/s

② 增压时间 $t_3 = 15$ s

③ 增压压力 $p_{增} = 0.086\ 45$ MPa

④ 保压压力 $p_{保} = 0.09$ MPa

保压时间应大于铸件凝固时间 $t_4 = 150$ s

确定低压铸造浇注工艺曲线如图 6.6 所示。

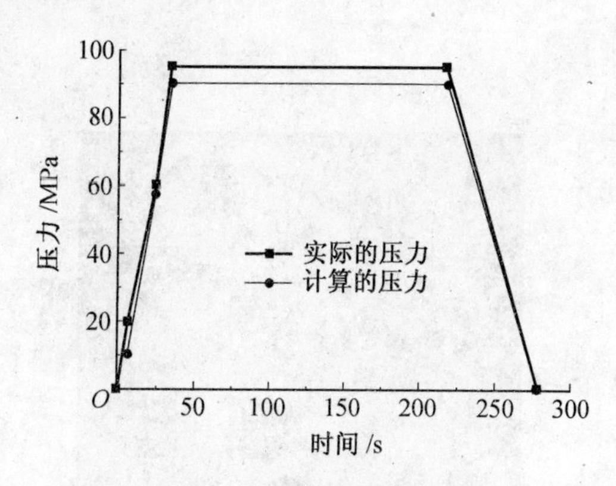

图 6.6　低压铸造压力曲线

4. 浇注温度和铸型温度的确定

为了得到结晶细小的组织,应该使浇注温度和模具温度控制在最低限度,但如果浇注温度和模具温度太低,就不易得到轮廓清晰的铸件,特别是对薄壁复杂铸件来说,很容易出现冷隔等缺陷。所以,从充型的要求看,希望能将浇注温度和模具温度控制得高一些。为了将这一矛盾统一化,应根据不同铸件的不同矛盾来选择其适当的浇注温度和模具温度。

总之,在低压铸造中确定浇注温度的原则与普通浇注情况一致,即在保证铸件成型的先决条件下,尽量降低合金的过热度,使浇注温度和模具温度限制在最低值,旨在减少液态金属的吸气和收缩,使铸件产生气孔缩松缩孔等缺陷的机会减少,使铸件的组织比较致密,所以其浇注温度可比一般的铸造方法低 10 ~20 ℃。对于具体的铸件而言,浇注温度仍必须根据其结构、大小、壁厚及合金种类、铸型条件来正确选择。铸型温度也直接影响

着铸件的成型和结晶组织,也要依据铸型种类、铸件结构特点、合金类型来合理选择,金属铸型温度的确定以金属型铸造方法为参考。表6.1是金属铸型的浇注温度和模具温度。

表6.1 金属铸型的浇注温度和模具温度

温度类别 / 温度范围	模具温度/℃			浇注温度
	一般铸件	薄壁复杂件	金属芯子	
参考值	250~350	450~500	250~350	根据合金浇注规定,低压铸造的浇注温度可允许比一般铸造低10~20℃

在此,选择低压铸造A356合金车轮的浇注温度为680 ℃,模具温度为300 ℃。

5. 模具涂料厚度

采用某公司研制的DY05脱模剂,该脱模剂是含有高效保温材料的涂料,通过调整喷涂层的厚度,可使模具形成合理的金属结晶温度场,以确保铸件的顺序凝固。根据实际生产经验,在打底涂料喷涂后,加厚面涂料在侧模上的厚度至0.2 mm(图6.7),适当延长轮毂中部的凝固时间,减少轮毂顶端的缩孔、缩松。但是车轮金属型铸造是一个多周期循环过程,改变涂层厚度只在铸造初期有一定的影响。故在此不多考虑涂层厚度对铸造缺陷的影响。

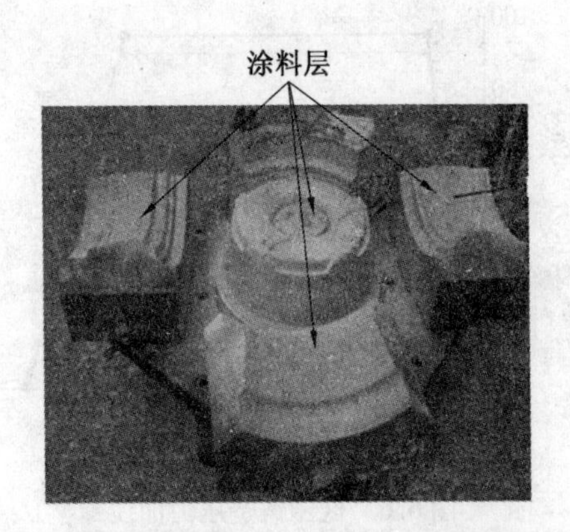

图6.7 型腔涂料喷涂位置示意图

6. 冷却管的设置

车轮的轮毂与轮辐的连接处比较厚大,不利于液态金属在凝固过程中的补缩,易产生液体孤岛。为了加快厚大部位的凝固速度,抑制液体孤岛的产生,可以采取的方案就是在厚大部位安置冷却管道,加速厚大部位的冷却速度,减少或消除缩孔、缩松的产生。冷却管的安置位置如图6.8所示。每根冷却管的直径为12 mm,总共16根,分布于金属型的内部。

7. 保温棉的设置

由于铸件凝固过程中不能很好的实现自上而下顺序凝固,车轮轮毂中间部位先于轮毂顶端凝固,使得铸件在轮毂顶端产生缩孔、缩松,机加工后无法满足性能的要求,成品率较低。为了延长轮毂中间部位的凝固时间,在侧模外围填充保温棉(图6.9),避免补缩通道过早断开,从而消除在轮毂顶端产生的缺陷。

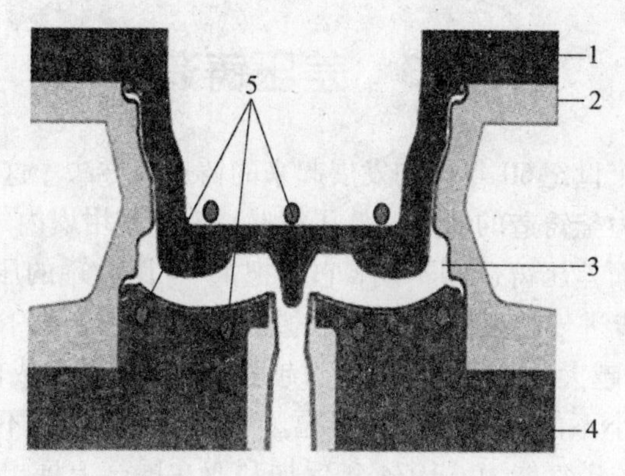

图 6.8 冷却管位置示意图

1—上模;2—侧模;3—铸件;4—下模;5—冷却管

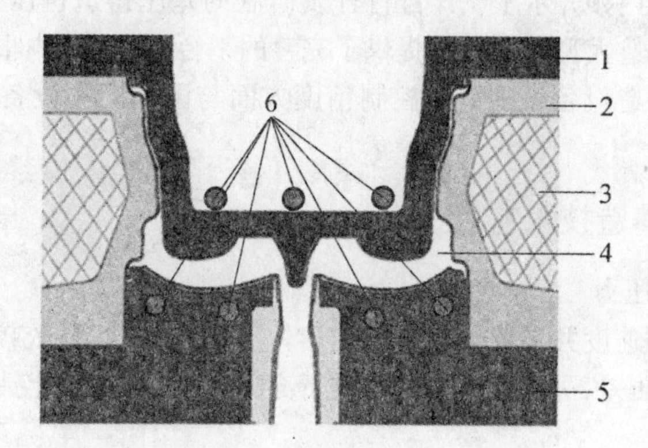

图 6.9 保温棉位置示意图

1—上模;2—侧模;3—保温棉;4—铸件;5—下模;6—冷却管

8. 实际生产分析

对以上方案生产的车轮随机抽取一个进行 X 射线探伤测试,测试结果如图 6.10 所示。采用该方案生产的车轮,其气密性及整轮冲击性能均达到设计使用要求。

图 6.10 X 射线探伤测试结果图

6.3 差压铸造

差压铸造法是上个世纪60 年代初发展起来的铸造新方法。这种方法源于低压铸造，它兼有低压铸造和压力釜铸造的特点。低压铸造只能控制坩埚内气体的压力，对铸型所在的大气不能控制。而差压铸造则不同，它能把上、下压力罐的压力同时控制起来。如果采用减压法，在同步进气结束后，使上筒的压力降低,使铸型内外产生压差(型内压力大于型外压力)，压差越大，铸型的排气能力越强，就越不易形成侵入性气孔，当然，选择铸型内外压差的大小不能只考虑排气问题。总之，差压铸造不仅能控制充型工艺曲线，也可以控制铸型的排气能力。1974 年保加利亚在展会上展出了能生产达 100 kg 的复杂铝合金铸件的差压铸造设备，标志着差压铸造工艺已经成熟。我国西北工业大学在这方面的研究处于国内领先水平，其自行开发研制的差压铸造机压力罐直径超过 2 m，其有效工作面积为铸造大型复杂铸件提供了完善的平台；同时国内很多其他高校也相继研发了各自的差压铸造设备，只是在控制精度方面与国外同类设备之间存在一定的差异，仍待继续改进。

6.3.1 差压铸造技术特点

(1)充型速度与压力

熔融金属的充型速度并不依赖于施加于熔体上的压力,而是依赖于压力与反压力之间的压差,通过改变压差,可在较大范围内进行充型速度的调节和控制。

(2)熔体输送

熔体的实际输送主要决定于浇注速率以及作用在流动熔体上的压力与反压力之差。

(3)工艺参数的可控性

差压铸造可以根据不同的零件选择不同的工艺参数,通过优化组合,使铸件质量更高。

(4)模具和型芯不会破坏

差压铸造适用于各种类型的模具和型芯,作用于砂型孔隙中的压力和作用于模具中熔体表面上的压力相等,因此在差压铸造中,可使用各种类型的模具和型芯,不论作用于系统中的压力有多大,模具和型芯都不会破坏或变形。

(5)铸造缺陷

对于因补缩不畅而出现的铸造缺陷,差压铸造中可以通过采用更大的压力,提高补缩能力。或者在适当的位置设置内浇道,或采用多条内浇道,以及设置暗冒口的方式来解决。

6.3.2 差压铸造分类

根据作用在液体金属上的压力来源,差压铸造可以分为三类:气压式差压铸造,重力式差压铸造和活塞式差压铸造。

1. 气压式差压铸造

气压式差压铸造分为增压式和减压式两种,其原理如图 6.11 所示。

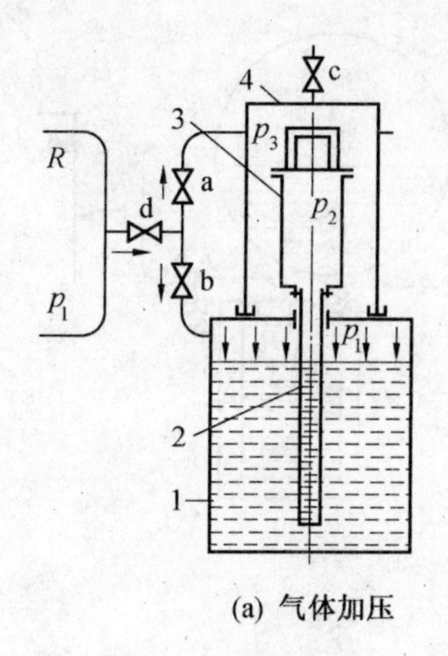

(a) 气体加压

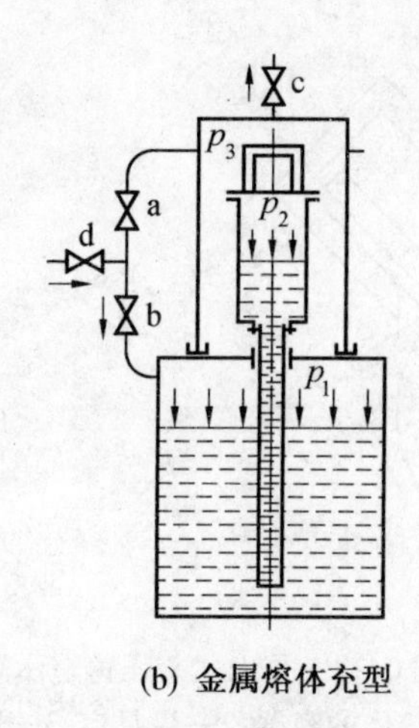

(b) 金属熔体充型

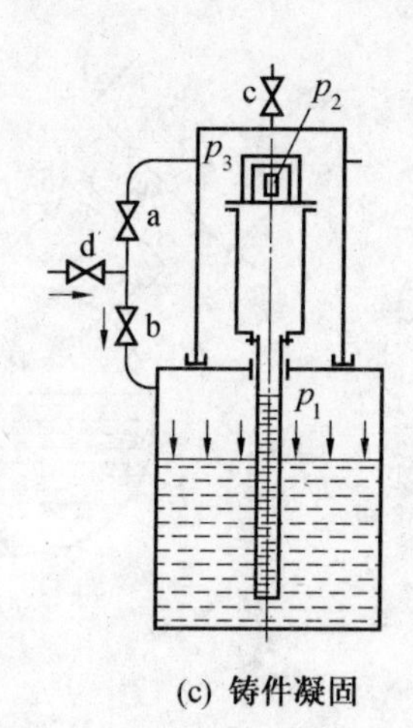

(c) 铸件凝固

图 6.11　气压式差压铸造示意图

1—保温炉;2—升液管;3—模具;4—模具室罩

(1)减压式差压铸造,在工作循环开始前,由保温炉、升液管、模具和模具室罩组成一个封闭系统,由压力罐通入的气体在密闭系统中产生压力 p_1,这是差压铸造工艺的一个关键特征。

关闭阀 a 并打开阀 c,使模具和模具室罩内的压力降低,分别为 p_2,p_3 和保温炉内的压力 p_1 形成压力差。在压差 $\Delta p=p_1-p_2$ 的作用下,保温炉中的金属熔体以一定的速率通过升液管充型,在充型过程中,金属熔体表面平稳上升,因此不会发生熔体与加压气体相混合的现象。在充型模具的整个阶段,始终存在一个压力作用于熔体表面,在凝固和结晶过程中,压力差始终保持,直至完全凝固为止。

(2)增压式差压铸造,在工作循环开始前,由保温炉、升液管、模具和模具室罩组成一个封闭系统,由压力罐通入的气体在密闭系统中产生压力 p_1,关闭阀 a 和阀 c,通过阀 b 继续通入气体,使保温炉中的压力 p_1 增加,和模具及模具室罩中的压力形成压力差。

2. 重力式差压铸造

重力式差压铸造示意图如图 6.12 所示,在图 6.12(a)所示的初始位置,装有金属熔体的容器 1 和模具 2 处于相同压力 p 作用下,将整个系统旋转至 6.12(b)所示的位置,在恒压 p_1 下,容器中的金属熔体在重力作用下通过连接管 3 进入模具型腔中。通过对阀 a、b、c 进行操作,可调节模具内的压力,从而控制住速度,在此情况下,压力差可表示为

$$\Delta p = \gamma H + p_1 - p_2 \tag{6.8}$$

式中　γ—— 熔体密度;

H—— 炉内熔体表面与模具内熔体表面间的高度差;

p_1—— 作用于容器内熔体表面的压力;

p_2—— 模具内熔体表面的压力。

3. 活塞式差压铸造

活塞式差压铸造示意图如图 6.13 所示,通过一个活塞使熔融金属进入模具型腔,活塞 3 直接作用在金属熔体 1 上,在充型过程中,反压 p_2 可保持恒定或按预设值进行变化。模具室与金属熔体直接的压差可以进行控制。

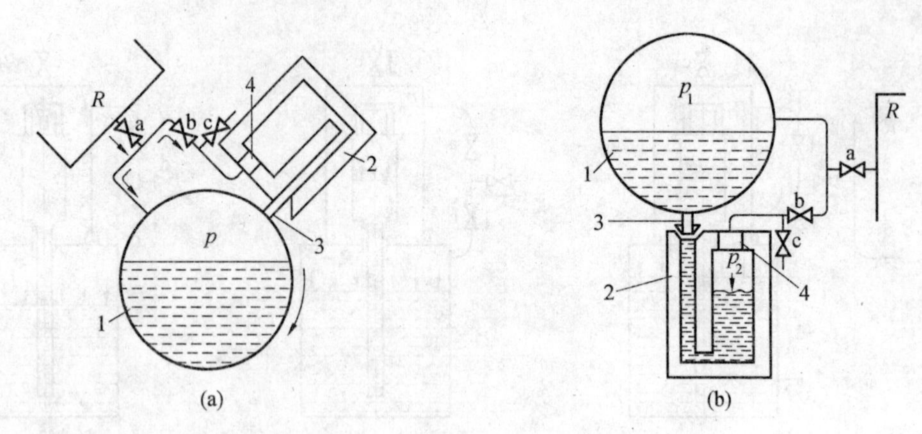

图 6.12　重力式差压铸造示意图

1—装有金属熔体的容器;2—模具室;3—连接管;4—接头

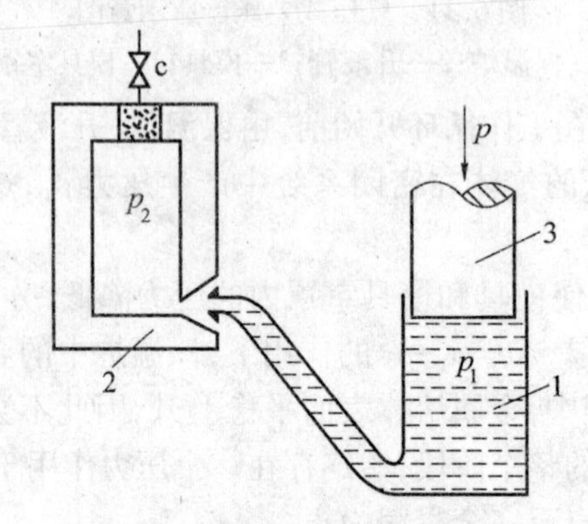

图 6.13　活塞式差压铸造示意图

1—金属熔体;2—模具室;3—施压活塞

6.4　调压铸造

调压铸造技术是在差压铸造技术的基础上发展而来的一种先进铸造技术,其充型能力强,补缩能力高,兼具真空冶金效应。在国内,进行薄壁铸件浇注,为克服已有技术的局限,使铸件晶粒细化,致密度提升,性能得到明显改善。在周尧和院士指导下,曾建民教授在西北工业大学攻读博士学位期间,针对薄壁件铸造问题开展了研究,并于 1987 年在差压铸造的基础上发明了一种新型薄壁铸件成型方法——调压铸造,该方法于 1990 年获得国家发明三等奖。

近 20 年来,我国一些高校及科研院所对调压铸造设备及其工艺等方面进行了研究,并取得了大量的成果。如西北工业大学研究了 TY-1 和 TY-2 型调压铸造气路控制系统,同时研制了 CGCE-30、CGCE-150、CGCE-500 等多台不同型号的低压差压调压一体化反重力铸造设备;华中科技大学研制了 VCPC-1 及 VCPC-2 型真空差压铸造设备;沈阳黎明发动机制造公司与沈阳理工大学合作将现有的差压铸造机改造成可真空充型倾转加压倒置的差压铸造机;沈阳铸造研究所采用大型调压铸造设备进行了多次试验,积累了大量的实践经验，并且采用优化的工艺参数生产了符合要求的航空航天薄壁复杂铝铸件产品；另外，南昌航空工业学院、广西大学、哈尔滨工业大学、北京理工大学等都对调压铸造技术进行了研究。

6.4.1 调压铸造原理

调压铸造装置如图6.14所示，其与差压铸造的最大区别在于能够同时实现正压和负压的控制。装置包括两个相互隔离的压室，以及实现气体压力调控的控制设备。下压室内安装坩埚以容纳熔融金属液，上压室内安装铸型，型腔一端与升液管连通，插入熔融金属液面，两压室同时以管道与正压控制系统和负压控制系统相连，将气体导入或导出各压室，实现压室内的气压控制。

调压铸造技术原理如图6.15所示，首先使型腔和金属液处于真空状态，对金属液保温并保持负压；充型时，增加下压室的压力，将坩埚中的金属液沿升液管压入处于真空的型腔内；充型结束后迅速对两压室加压，使金属液在压力下凝固成型。

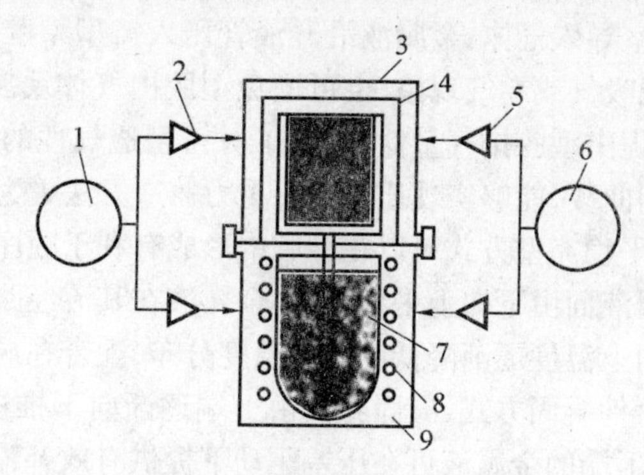

图6.14 调压铸造装置示意图

1—压力罐；2—正压控制系统；3—上压室；4—铸型；5—负压控制系统；6—真空罐；7—金属液；8—保温炉；9—下压室

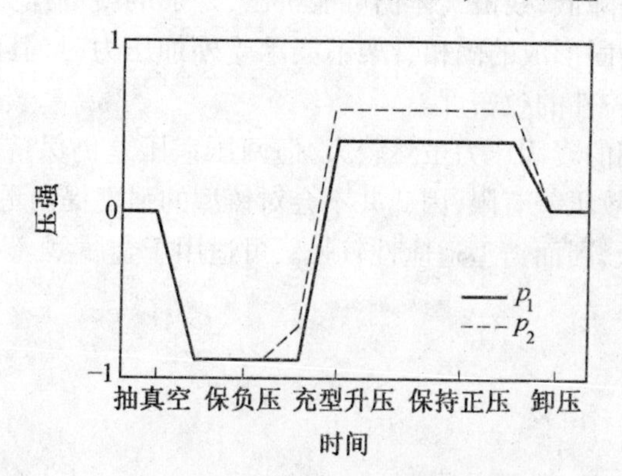

图6.15 调压铸造工艺曲线示意图

p_1—铸型环境气压

p_2—金属液环境气压

0—大气压为零点

6.4.2 调压铸造技术的特点

反重力铸造通过控制外加力的大小可以实现不同充型速度的充填，满足不同工艺的要求；同时，充填结束后可以继续增加外力，使铸件在一较大力的作用下凝固，提高金属液的补缩能力，降低缩孔、气孔和针孔等铸造缺陷。

调压铸造与其他类型的反重力铸造相比较，有三个重要特征和功能：

1. 真空除气

充型前将金属液置于下压室内保温并对两压室同步抽气，达到设定真空度后进行负压保持。此过程中溶解于金属液内的气体易于析出，这可使成型铸件气体含量降低，从而保证其长期使用尺寸精度。负压缺氧条件下液面不易形成氧化膜，这有利于金属液的纯净化。此外，在负压保持条件下铸型表面吸附的气体以及水分都可充分除去，避免充型时造成侵入性气孔。

2. 负压充型

负压保持后向下压室导入气体，金属液沿升液管压入铸型型腔。充型过程中型腔保持负压，金属液不易出现吸气或卷气现象，也可避免型腔内气体反压对充型的阻碍作用，强化充型能力。充型过程中型腔排气量低，降低了对铸型透气性的要求。在负压充型条件下，通过优化压力控制曲线，能够实现比其他反重力铸造方法更为平稳的充型。

负压充型所提供的平稳充型方式可以在型腔内形成有利于顺序凝固的温度场。举例来说，如果能够实现金属液面由下向上平稳推进，金属液在其流经路径上释放热量并逐渐降温，有助于形成由下向上温度逐渐降低的宏观温度分布，配合在局部热节处合理使用冷铁，可以实现最有利的铸件凝固方式，凝固界面由上端逐渐向下推进，最后到达型腔的底部。凝固过程中升液管下端的金属液可在压差驱动下提供有效补缩。

3. 调压凝固

充型完成后迅速增大上下压室的气压，使铸件在压力条件下凝固。凝固过程中由于金属液中气体溶解度的降低，残留气体仍可能析出，外加的凝固压力可以抑制其析出，避免针孔缺陷出现。当凝固形成的固相骨架不能承受外加压力时，其间的缩松缩孔可能被压实熔合而消失，提高铸件的致密度。

调压铸造技术采用的凝固压力虽然较大，但两压室压差仍保持在一个相对较低的水平，作用在铸型上的有效压差有限，因此并不会对铸型的强度提出更高的要求。调压铸造对铸型透气性要求降低，因而铸型适应性较强。可适用于金属型、砂型、石膏型、熔模精铸型壳等各类铸造方式。

参考文献

[1]丁伟. 新型低压铸造造型工艺技术手册[M]. 北京:中国知识出版社,2009.

[2]和双双,低压铸造铝合金车轮铸造工艺优化及组织性能研究[D]. 焦作:河南理工大学材料学院,2009.

[3]朱秀荣,侯立群. 差压铸造生产技术[M]. 北京:化学工业出版社,2009.

[4]牛迎宾,林贺. 反重力铸造技术的发展和展望[J]. 科技信息(科学教研). 2007,29:345,355.

[5]严青松. 智能控制的薄壁铝合金铸件真空差压铸造工艺与理论[D]. 武汉:华中科技大学材料学院,2006.

[6]黄卫东. 新一代飞机和发动机对材料热成型技术的挑战与对策[J]. 航空制造技术,2004,10:28-31.

[7]王猛,曾建民,黄卫东. 大型复杂薄壁铸件高品质高精度调压铸造技术[J]. 铸造技术,2004,25 (5):353-358.

[8]曾建民,周尧和. 航空铸件成型新技术——调压精铸法[J]. 航空制造工程,1997,10:18-19.

[9]吴江,冯志军,闫卫平,等. 调压铸造技术的研究现状及发展[J]. 铸造,2009,8:804-809.

[10]李新雷,郝启堂,李强,等. 低压差压调压一体化反重力铸造装备技术研究[J]. 铸造技术,2007,56 (7):727-730.

[11]朱丽娟,王宏伟,董秀琦. 真空倾转差压铸造法的应用探讨[J]. 特种铸造及有色合金,1999,3:23-24.

[12]王一成,高飞,孙燕敏,等. 应用低压铸造工艺的生产实践[J]. 金属加工(热加工),2009,17:58-60.

[13]董选普,黄乃瑜,吴树森等. 薄壁铝合金铸件真空差压铸造工艺的研究[J]. 特种铸造及有色合金,2001(4):195-198.

第7章　离心铸造

7.1　概　述

离心铸造是将金属液浇入旋转的铸型中，在离心力的作用下填充铸型而凝固成型的一种铸造方法。离心铸造由 Erchart 在1809年申请为第一个专利，直到20世纪初期才逐渐被采用。我国在20世纪30年代就开始使用离心铸造方法生产管、筒类铸件，目前离心铸造的生产已经高度机械化、自动化。

离心铸造必须采用离心铸造机，以提供使铸型旋转的条件。根据铸型旋转轴线在空间的位置，离心铸造分为立式离心铸造和卧式离心铸造两种。

1. 立式离心铸造

立式离心铸造的铸型是绕垂直轴旋转的，如图7.1所示。由于铸型的安装及固定比较方便，铸型可采用金属型，也可采用砂型、熔模型壳等非金属型。立式离心浇注主要用于生产圆环类铸件，也可用来生产异型铸件，如图7.2所示。

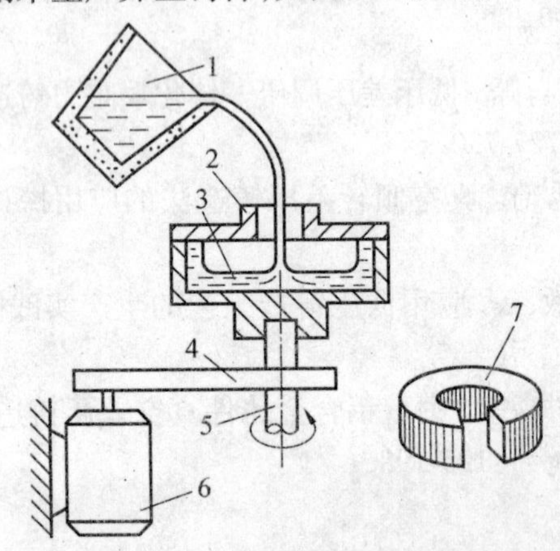

图7.1　立式离心铸造示意图

1—浇包；2—铸型；3—液体金属；

4—皮带轮和皮带；5—旋转轴；6—电动机；7—铸件

2. 卧式离心铸造

卧式离心铸造的铸型是绕水平轴或与水平线交角很小的轴旋转浇注的，如图7.3所示。卧式离心铸造铸型可采用金属型，也可采用砂型、石膏型、石墨型、陶瓷型等非金属型。它主要用于生产套筒类或管类铸件。

3. 离心力与铸型材料分类

离心铸造按离心力应用情况可分为真正离心铸造、半真离心铸造和非真离心铸造三类。不用型芯，仅靠离心力使金属液与铸型型壁贴紧成型的方法称为真正离心铸造，其特

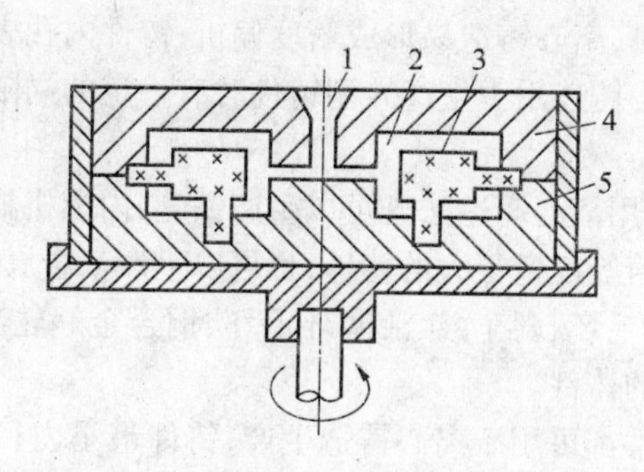

图 7.2 立式离心浇注异形铸件示意图

1—浇注系统;2—型腔;3—型芯;4—上型;5—下型

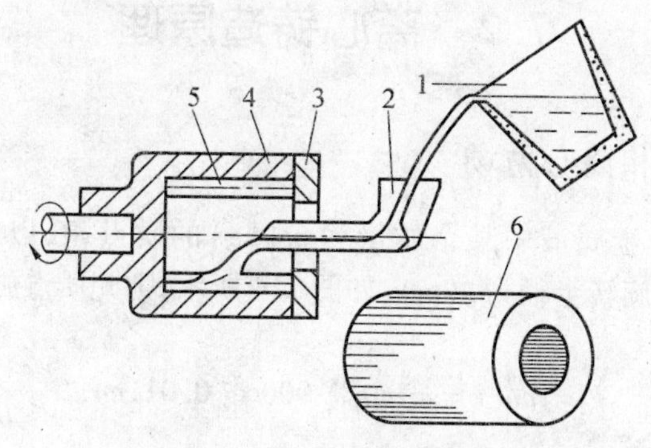

图 7.3 卧式离心铸造示意图

1—浇包;2—浇注槽;3—端盖;4—铸型;5—液体金属;6—铸件

点是铸件轴线与旋转轴线重合;半真离心铸造的中心孔可以由型芯形成,但铸型形状仍然是轴对称的,离心力不起成型作用,仅帮助充型与凝固,铸型转速较低;非真离心铸造的铸件形状不受限制,利用旋转产生的离心力增加金属液凝固时的压力,铸件轴线与旋转轴不重合,转速更低。目前,应用较多的还是真正离心铸造的水平离心铸造法。

离心铸造按铸型材料可分为金属型离心铸造、砂型离心铸造、衬耐火材料金属型离心铸造及其他材料铸型离心铸造。离心铸造中,金属型可在不同温度下工作,按铸型温度可分为冷模离心铸造和热模离心铸造。将金属型密闭在水套中,通冷却水冷却来控制金属型在工作时处于低温状态的离心铸造方法,称为水冷金属型或冷模离心铸造;不采用冷却或在空气中冷却时,金属型工作温度较高,此种方法则称为热模离心铸造。

4. 离心铸造的特点

与其他铸造方法相比,离心铸造具有如下特点。由于液体金属是在旋转状态下,靠离心力的作用完成充填、成型和凝固过程,所以离心铸造的铸件致密度较高,气孔、夹渣等缺陷少,故其力学性能较高;生产中空铸件时可不用型芯,生产长管形铸件时可大幅度改善金属充型能力,简化管类和套筒类铸件的生产过程;离心铸造中几乎没有浇注系统和冒口系统的金属消耗,大大提高了铸件出品率;离心铸造成型铸件时,可借离心力提高金属液的充型性,故可生产薄壁铸件,如叶轮、金属假牙等;离心铸造便于制造筒、套类复合金属铸件,如钢背铜套、双金属轧辊等。但是,对合金成分不能互溶或凝固初期析出物的密度与金属液基体相差较大时，离心铸造易形成密度偏析；铸件内孔表面较粗糙，聚有熔渣，其尺寸不易正确控制。离心铸造用于生产异型铸件时有一定的局限性。

5. 离心铸造的应用

离心铸造应用广泛，用离心铸造法既可以生产铁管、内燃机缸套、各类铜套、双金属钢背铜套、轴瓦、造纸机滚筒等产量很大的铸件，也可以生产双金属铸铁轧辊、加热炉底耐热钢辊道、特殊钢无缝钢管毛坯、刹车鼓、活塞环毛坯、铜合金蜗轮毛坯、叶轮、金属假牙、小型阀门等经济效益显著的铸件。

几乎所有铸造合金件都可用于离心铸造生产，铸件最小内径可为 8 mm，最大直径达 3 m，最大长度为 8 m，铸件重量可为几克至十几吨。

7.2　离心铸造原理

7.2.1　离心力和离心力场

离心铸造时，假设金属液中某个质量为 m(kg) 的质点 M，以一定的旋转角速度为 ω(rad/s) 作圆周运动，旋转半径为 r(m)，如图 7.4 所示，则此质点旋转时产生的离心力 F 为

$$F = m\omega^2 r = \pi^2 mn^2 r/900 \approx 0.011mrn^2 \tag{7.1}$$

式中　n——转速，r/min。

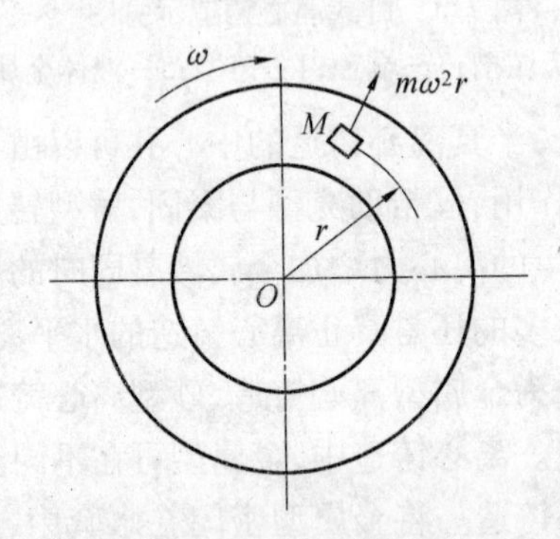

图 7.4　离心力场的示意图

离心铸造时产生离心力的旋转金属所占空间称为离心力场，在此力场中每一金属质点都受到式(7.1)所示的离心力的作用。

离心力场中单位体积液体金属的质量即为它的密度 ρ，这部分液体金属产生的离心力称为有效重度 γ'，计算公式为

$$\gamma' = \rho\omega^2 r = \gamma\omega^2 r/g \tag{7.2}$$

式中　γ——金属的重度，N/m³。

有效重度大于一般重度的倍数，称为重力系数 G，即

$$G = \omega^2 r/g \tag{7.3}$$

离心铸造时，重力系数的数值为几十至一百多。

7.2.2 离心力场中液体金属自由表面的形状

离心铸造时,在离心力的作用下,与大气接触的金属液表面冷凝后最终成为铸件的内表面,这一表面称为自由表面。离心力场中液体金属自由表面的形状主要由重力和离心力的综合作用决定。

1. 立式离心铸造时自由表面的形状

立式离心铸造时,金属液的自由表面为回转抛物线形状。如在铸型上截取轴向断面,可得如图 7.5 所示的图形。

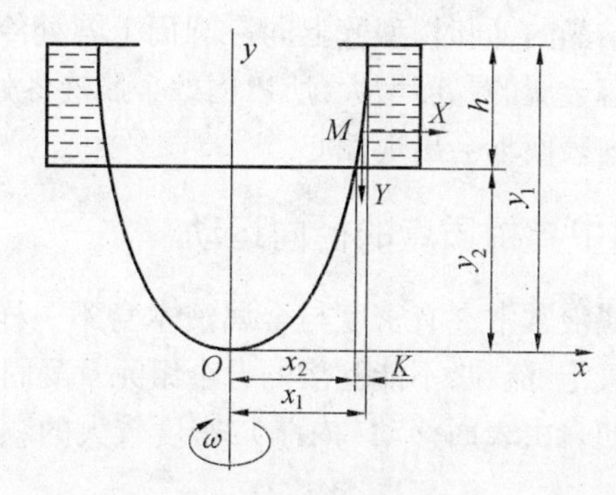

图 7-5 立式离心铸造时液体金属轴向断面上自由表面的形状

取金属液自由表面上的某一质点 M,因自由表面与大气接触,是一个等压面,所以由水力学中的欧拉公式可知,当液体质点受力在等压面上作微小位移时,应满足

$$X\mathrm{d}x + Y\mathrm{d}y + Z\mathrm{d}z = 0 \tag{7.4}$$

式中 X、Y、Z——分别为质点在 x、y、z 轴方向上所受的力,N;

$\mathrm{d}x$、$\mathrm{d}y$、$\mathrm{d}z$——分别为质点在 x、y、z 轴方向上微小位移的投影,m。

由式(7.1)及重力知:$X = m\omega^2 x$,$Y = mg$,由于自由表面为一回转面,故 z 方向合力为 0。将 X、Y 值代入式(7.4)得

$$m\omega^2 x\mathrm{d}x + mg\mathrm{d}y = 0 \tag{7.5}$$

移项积分后,得

$$y = \frac{\omega^2}{2g}x^2 \tag{7.6}$$

式(7.6)为一抛物线方程,因此,在立式离心铸造的旋转铸型中,液体金属的自由表面是一个绕垂直旋转轴的回转抛物面,故凝固后的铸件沿着高度存在着壁厚差,上部的壁薄,内孔直径较大,下部的壁厚,内孔直径较小,其半径相差数值 K(m)可用下式估算

$$K = x_1 - \sqrt{x_1^2 - \frac{0.18h}{(n/100)^2}} \tag{7.7}$$

式中 n——铸型转速,r/min;

x_1——铸型上部金属液内孔半径,m;

h——铸件高度,m。

由此可知,当铸型转速不变时,铸件越高,壁厚差越大;当铸件高度一定时,提高铸型

的转速,可减少壁厚差。

若已知铸件高度和允许的壁厚差,则可用下式估算所需铸型转速

$$n = 42.3\sqrt{\frac{h}{x_1^2 - x_2^2}} \tag{7.8}$$

式中 x_2——铸件下部的内孔半径,m。

2. 卧式离心铸造时自由表面的形状

卧式离心铸造时,液体金属自由表面的形状为一圆柱面,由于离心力和重力场的联合作用,其轴线在未凝固时向下偏移一段很小的距离,而在金属液的凝固过程中,因液态金属是由外壁向自由表面结晶的,同时,型壁上同一圆周上各处冷却速度相同,随着凝固过程的进行,温度降低,液态金属的黏度增大,所以内壁金属液各处厚度趋于均匀,偏移现象逐渐消失,最后,铸件的内表面不会出现偏心。

7.2.3 液体金属中异相质点的径向运动

浇入旋转铸型的金属液常常夹有密度与金属液本身不一样的异相质点,如随金属液体进入铸型的夹杂物和气泡、渣粒,不能互溶的合金组元及凝固过程中析出的晶粒和气体等。密度较小的颗粒会向自由表面移动(内浮),密度较大的颗粒则往型壁移动(外沉),它们的沉浮速度为

$$v = \frac{d^2(\rho_1 - \rho_2)\,\omega^2 r}{18\eta} \tag{7.9}$$

式中 v——颗粒的沉浮速度,正值为沉,负值为浮,m/s;

d——异相质点颗粒直径,m;

ρ_1、ρ_2——分别为金属液和异相质点颗粒的密度,kg/m^3;

η——金属液的动力黏度,Pa·s。

与一般重力场铸造比较,异相质点的沉浮速度增大 $G=\omega^2 r/g$,故离心铸造时,渣粒、气泡等密度比金属液小的质点能很快浮向自由表面,减少铸件内部污染,提高铸件的致密度,但铸件内易形成密度偏析,如离心铸铁件中的硫偏析,离心铸钢件中的碳偏析,离心铅青铜件中的铅偏析等。改善铸型冷却条件,可减轻偏析的产生。

7.2.4 离心铸件在液体金属相对运动影响下的凝固特点

在离心铸件的断面上常会发现两种独特的宏观组织,即倾斜的柱状晶和层状偏析。

1. 离心铸型径向断面上金属液的相对运动及对铸件结晶的影响

由于离心铸造时,金属液是浇入正在快速旋转的铸型中,在它与型壁接触之前,本身没有与铸型同样方向的旋转初速度,而是被铸型借助于摩擦力带动而进行转动的。由于惯性的作用,进入型内的金属液在最初一段时间内往往不能与铸型作同样速度的转动,而有些滞后,越靠近自由表面,滞后现象越严重,随着时间的推移,滞后现象会逐渐减弱,直至消失。

这种径向相对运动会阻碍异相质点内浮外沉,使凝固时结晶前沿的液固相共存区增大,在结晶前沿上的金属液相对流动还会使离心铸件径向断面上出现倾斜状柱状晶,如图

7.6 所示,柱状晶的倾斜方向与铸型旋转方向一致。

2. 离心铸型轴向断面上金属液的相对运动及对铸件结晶的影响

离心铸型轴向断面上金属液的相对运动分两种运动。

在卧式离心铸造时,浇入型内的金属液有从掉落的铸型区段(落点)向铸型两端流动填充铸型的过程(轴向运动),此运动结合由惯性引起的转动速度的滞后,使金属液沿铸型壁的轴向运动成为一种螺旋线运动,如图 7.7 所示。此螺旋线在进行方向上的旋转方向与铸型的旋转方向相反,图中螺旋线上的箭头表示金属液自落点向两端流动的方向。故离心铸件外表面上常有螺旋线形状的冷隔痕迹。

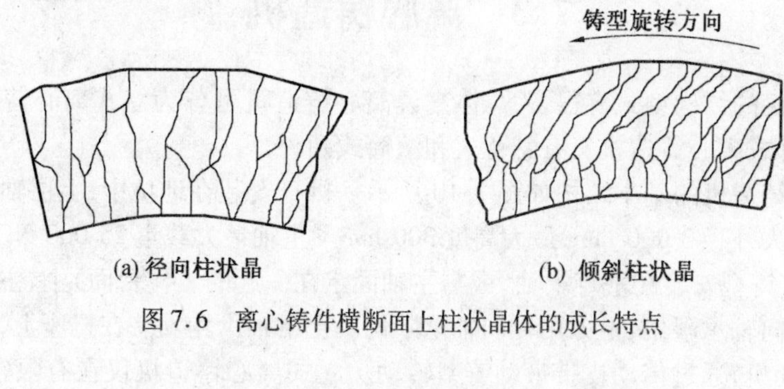

(a) 径向柱状晶　　(b) 倾斜柱状晶

图 7.6　离心铸件横断面上柱状晶体的成长特点

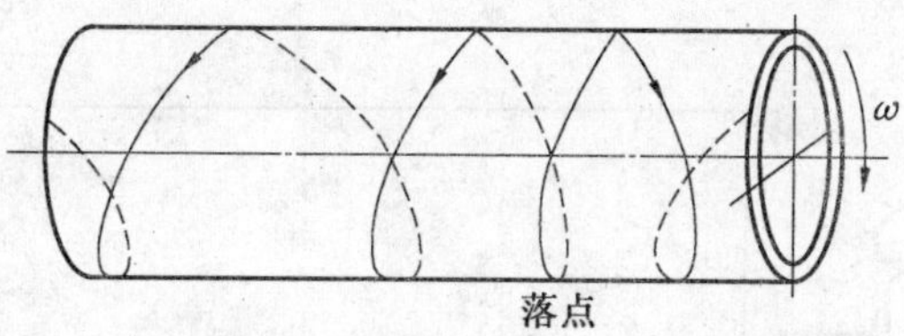

落点

图 7.7　金属液在铸型壁上的螺旋线形轴向运动图

在生产较长的管状离心铸件时,进入铸型的液体金属除了沿四周方向覆盖铸型内表面外,金属液还会沿内表面以一股液流的形式层状地在铸件上作轴向流动,以完成充填成型过程,如图 7.8 所示。图中数字表示各层金属液的流动次序,即第一层金属液作轴向流动时,由于铸型的冷却作用,使温度的降低,液体金属的黏度增大,流动速度减小,而内表面温度较高,第二股流便在第一股流上流动并超越第一股流的前端,继续向前流动一段距离,依次类推。由于层状流动时温度降低较快,各液层的金属均按各自条件进行凝固,因而各层的金相组织、组元的分布也会有所不同,所以常在铸件断面上出现层状偏析,且大多以近似于同心圆环的形式分层,如图 7.9 所示。

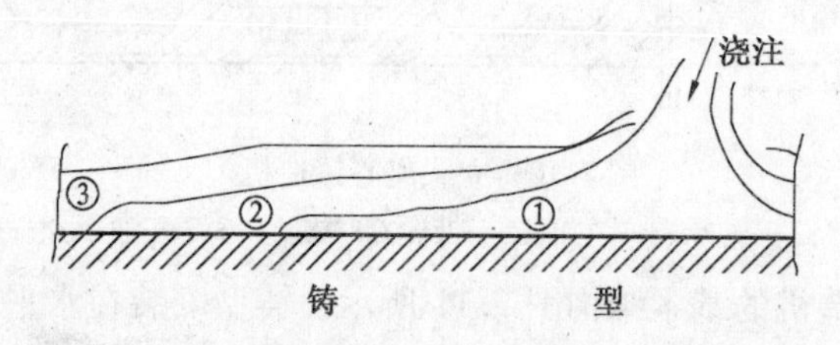

图 7.8　离心铸型纵断面上液体金属层状流动示意图

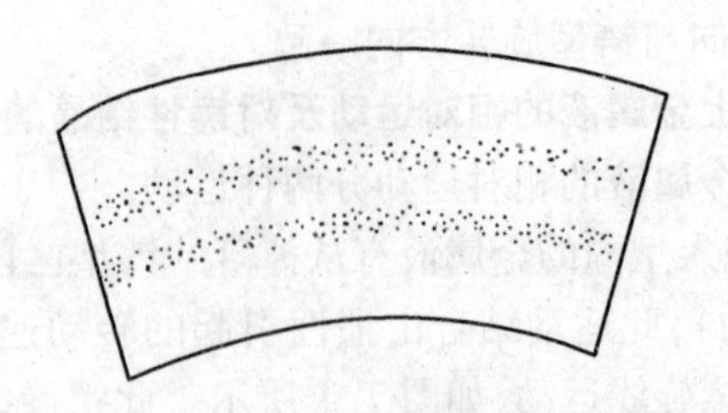

图 7.9 离心铸件横断面上的层状偏析

7.3 离心铸造机

离心铸造机的结构型式有很多,总体来说离心铸造机可分为立式离心铸造机和卧式离心铸造机,卧式离心铸造机又有悬臂式和滚筒式两种。

立式离心铸造机的基本结构如图 7.10 所示。机身安装在地坑中,上层轴承座可通水冷却。铸件最大外径 3 000 mm,最大高度 300 mm。主轴最大载重 25 000 N,铸型最高转速 500 r/min。铸型安装在垂直主轴(或与主轴固定在一起的工作台面)上,主轴的下端用止推轴承和径向轴承限位,上方用径向轴承限位。上下轴承均安装在机座上,主轴安装皮带轮,启动电动机,通过传动皮带带动铸型转动。立式离心铸造机仅在有限领域使用,装备多为自行设计制造的。

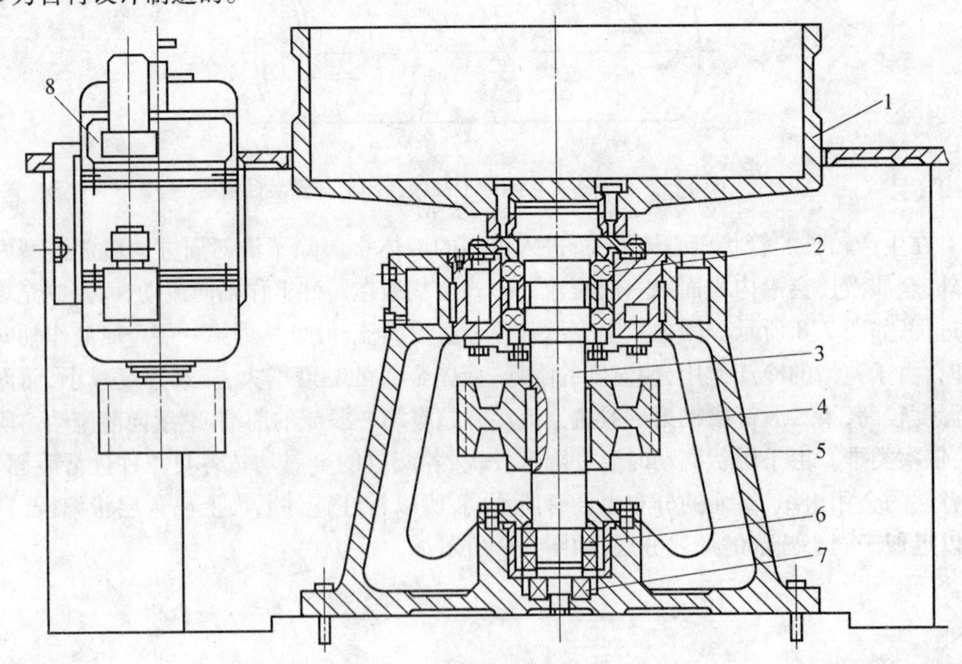

图 7.10 立式离心铸造机

1—铸型套;2—轴承;3—主轴;4—带轮;5—机座;6、7—轴承;8—电动机

卧式悬臂离心铸造机的基本结构图 7.11 所示。铸型安装在水平的主轴上,主轴由安装在机座上的轴承支撑,在主轴的中部或端部有皮带轮,当电机启动时,通过皮带带动主

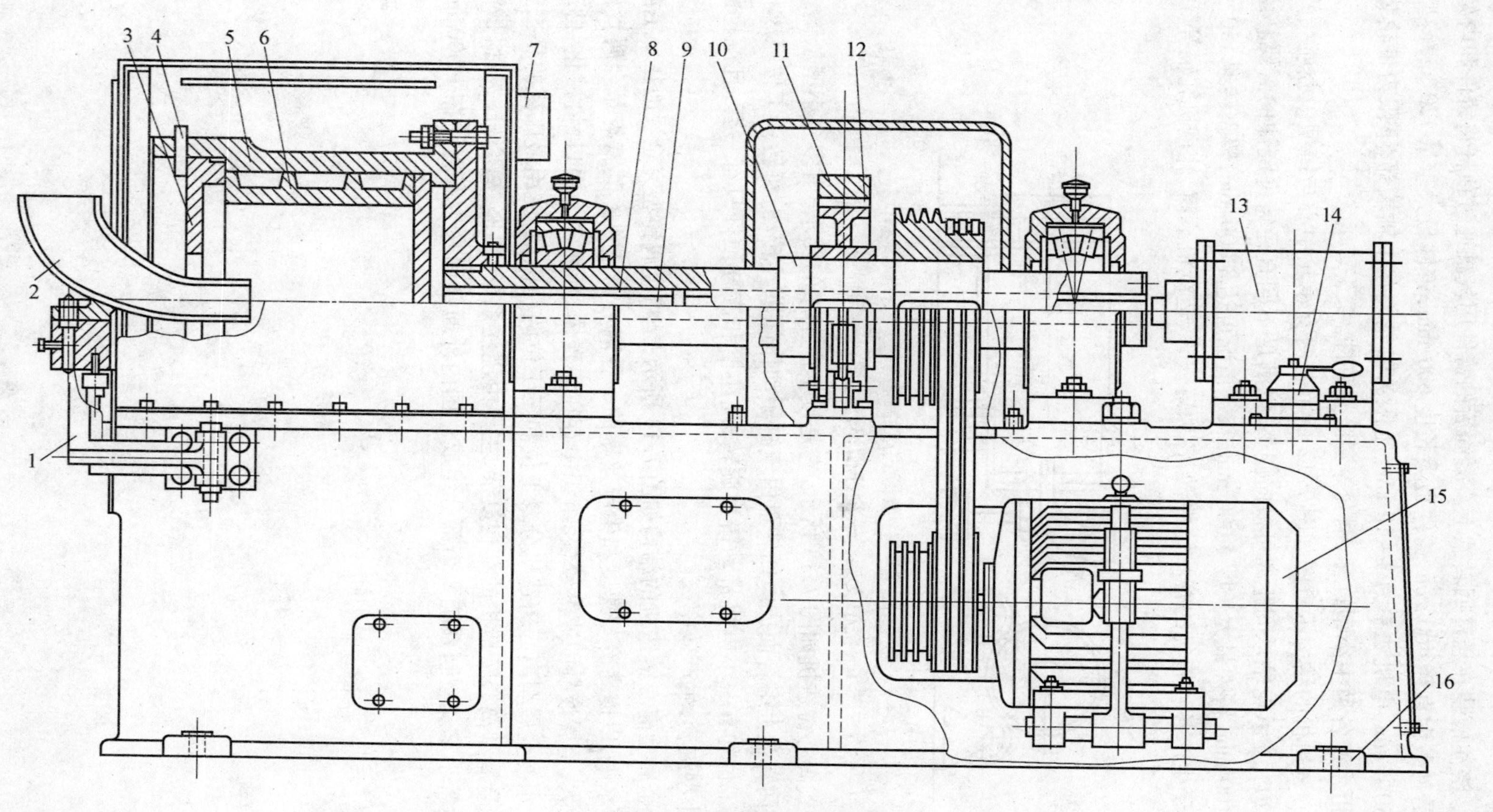

图7.11 卧式悬臂离心铸造机

1—浇槽支架；2—浇注槽；3—端盖；4—销子；5—外型；6—内型；7—挡板；8—弹簧；
9—顶杆；10—主轴；11—闸板；12—制动轮；13—汽缸；14—气阀；15—电动机；16—机座

轴使铸型转动。浇注槽装在悬臂回转架上。凝固后的铸件用气缸通过顶杆将铸件和内型套一起顶出。铸件最大直径 400 mm,铸件最大长度 600 mm,铸件最大重量 120 kg,铸型转速 250 ~1 250 r/min,电机功率为 3 ~10 kW(上限为带轮装在主轴端部,下限为带轮装在主轴中部),可生产各种中小型缸套、铜套等套筒类铸件。

滚筒式离心铸造机的结构示意图如图 7.12 所示。两支承轮中心与铸型中心连线的夹角为 90°~120°,支承轮轴承间距离可横向调整,以满足不同直径铸件浇注的需要。铸件最大直径 1 100 mm,铸件最大长度 4 000 mm,特殊情况可达 8 000 mm,铸型转速 150 ~800 r/min。用于生产各种直径的管状铸件,如各种铸铁管、造纸机滚筒、轧钢机轧辊等。

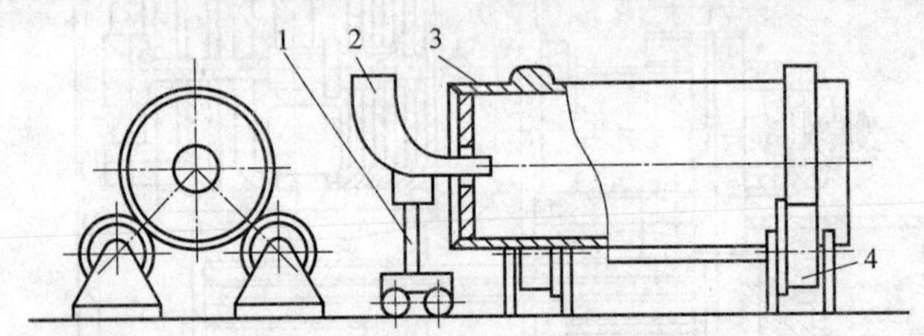

图 7.12　滚筒式离心铸造机

1—浇槽支架;2—浇注槽;3—铸型;4—托辊

多工位卧式离心铸造机如图 7.13 所示,它是按生产工序的要求,由多台小型悬壁式离心机安装在回转盘上组合而成。回转盘由气缸驱动作间歇式转动,每转一工位完成相应的工序。每工位均有一小电机带动铸型旋转,浇注槽和汽缸顶杆只有一套,且位置固定,用于生产小型缸套,生产效率高。

卧式水冷金属型离心铸造机的结构如图 7.14 所示,是将金属铸型完全浸泡在一定温度的封闭冷却水中,以提高冷却速度和生产效率的一种离心铸造机。其特点是金属管模的冷却强度较大,金属液凝固速度较快,组织中存在渗碳体,断面多为白口,机械化、自动化程度较高。水冷金属型离心铸造机分二工位和三工位两种机型,使用最广泛的是二工位机型。水冷金属型离心铸造机的结构复杂,主要由浇注系统、机座、离心机、拔管机、液压站、桥架、运管小车及控制系统 8 个部分组成。国内外通常用来生产直径在 1 000 mm 以下的铸管。

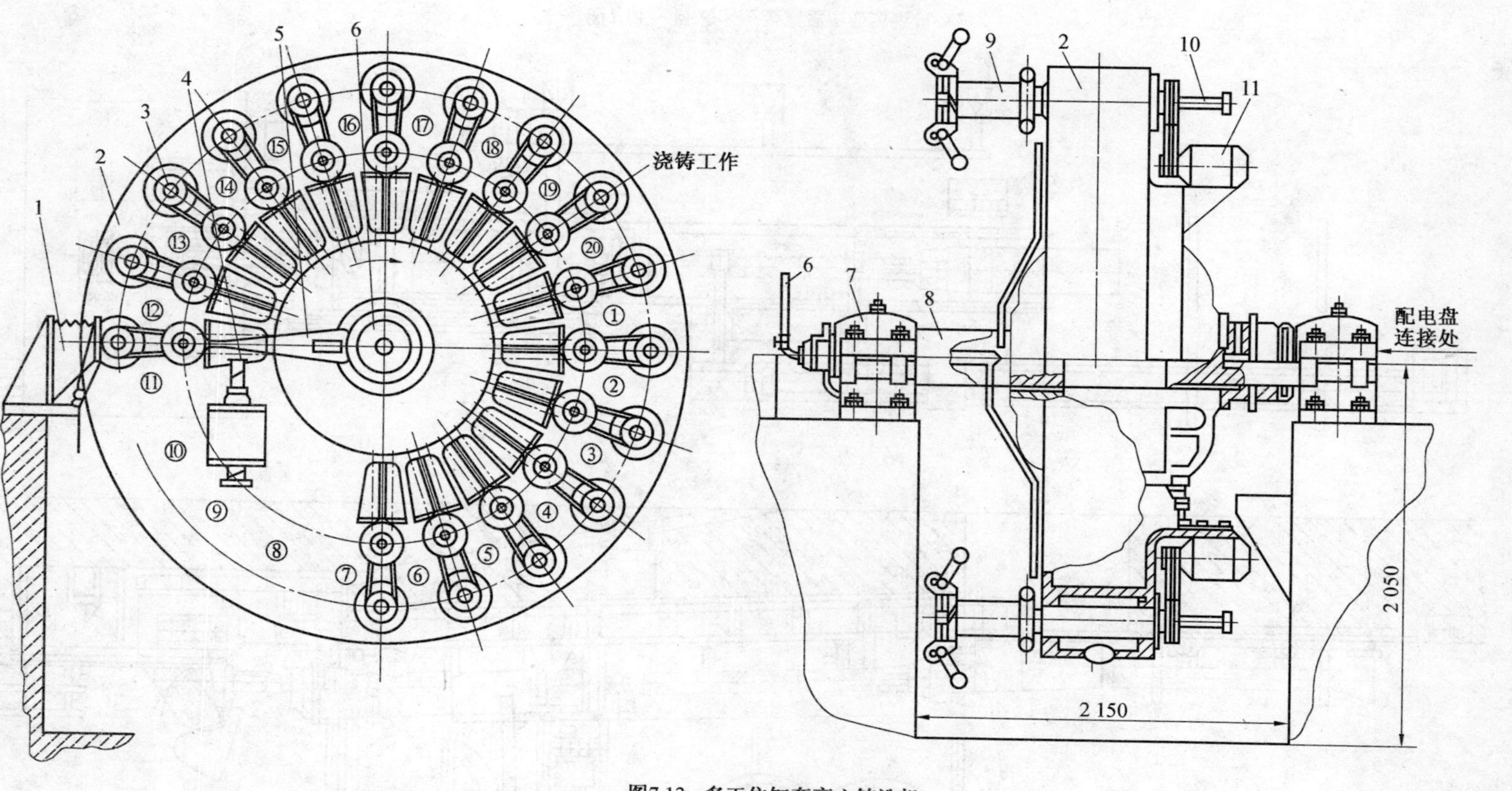

图7.13 多工位缸套离心铸造机

1—单机制动闸；2—大转盘；3—单机带轮；4—驱动大转盘汽缸；5—转盘摇臂；6—冷却水管；
7—轴承座；8—主轴；9—铸模；10—顶杆；11—电动机

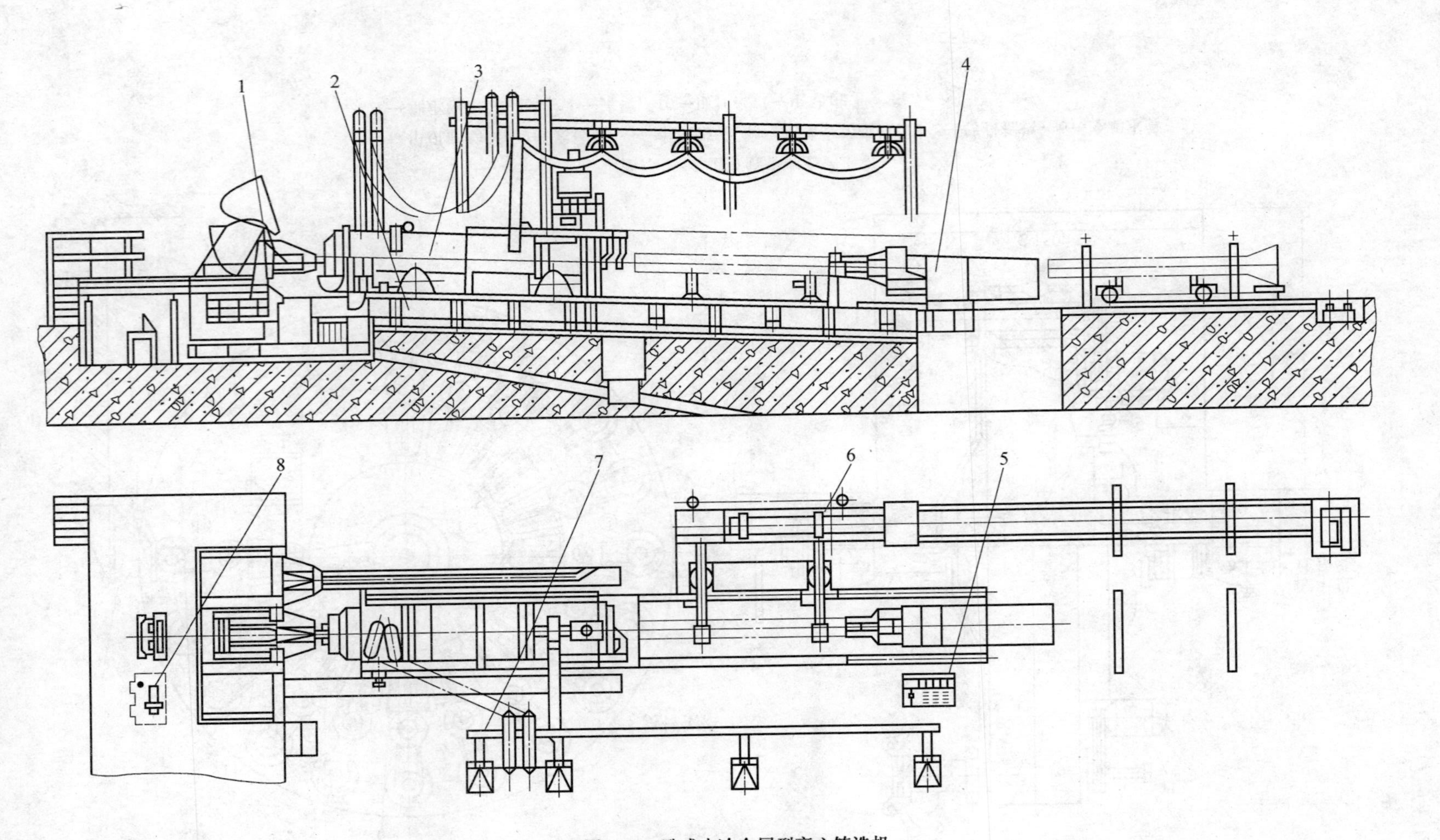

图7.14　卧式水冷金属型离心铸造机

1—浇注系统；2—机座；3—离心机；4—拔管机；5—控制系统；6—运管小车；7—桥架；8—液压站

7.4 离心铸造工艺

7.4.1 铸型转速的选择

铸型转速是离心铸造的重要因素，不同的铸件，不同的铸造工艺，铸件成型时的铸型转速也不一样。过低的铸型转速会使立式离心铸造时金属液充型不良，卧式离心铸造时出现金属液雨淋现象，也会使铸件内出现疏松、夹渣、铸件内表面凹凸不平等缺陷；铸型转速太高，铸件上易出现纵向裂纹、偏析，砂型离心铸件外表面会形成胀箱等缺陷；太高的铸型转速也会使机器出现大的振动，磨损加剧，功率消耗过大。故铸型转速的选择原则应是在保证铸件质量的前提下，选取最小的数值。

实际生产中，常用一些经验公式计算铸型转速，一般转速在<15%的偏差时，不会对浇注过程和铸件质量产生显著的影响。生产中，当铸件外半径对铸件内半径的比值不大于1.5时，铸型转速广泛采用康斯坦丁诺夫公式计算，即

$$n = \beta \frac{55\ 200}{\sqrt{\gamma r_0}} \tag{7.10}$$

式中 n——铸型转速，r/min；

γ——铸件合金重度，N/m^3；

r_0——铸件内半径，m；

β——对康斯坦丁诺夫公式的修正系数，具体取值见表7.1。

表7.1 康斯坦丁诺夫公式修正系数

离心铸造类型	铜合金卧式离心铸造	铜合金立式离心铸造	铸铁	铸钢	铝合金
β	1.2~1.4	1.0~1.5	1.2~1.5	1.0~1.3	0.9~1.1

在实际生产中，为了获得组织致密的铸件，可根据金属液自由表面上的有效重度或重力系数来确定铸型的转速，计算公式为

$$n = 29.9\sqrt{\frac{G}{r_0}} \tag{7.11}$$

式中 G——重力系数，可按表7.2选取。

表7.2 重力系数 G 的选用

铸件合金种类	重力系数 G
铜合金	40~110
铸铁	45~110
铸钢	40~75
ZL102	50~90

此外也可采用综合系数来计算铸型的转速（凯门公式），计算公式为

$$n = \frac{C}{\sqrt{r_0}} \tag{7.12}$$

式中，C 为综合系数，由铸件合金及铸型的种类、浇注速度等因素决定，具体数值见表7.3。

表 7.3　综合系数的选用

铸件合金种类	铸件名称举例	C
铝合金	–	13 000 ~ 17 500
青铜	–	17 000
黄铜	圆环	13 500
铸铁	汽缸套	9 000 ~ 13 650
铸钢	–	10 000 ~ 11 000

此外，当采用非金属铸型离心铸造时，铸型的转速应根据非金属铸型可承受的最大离心力来计算，即式(7.8)。

7.4.2　离心铸型

离心铸造时，几乎可以使用铸造生产中各种类型的铸型(如金属型、砂型、石膏型、石墨型、硅橡胶型等)。设计离心铸型时，应根据合金种类、铸件的收缩率、铸件的尺寸精度、起模斜度、加工余量以及铸型特点而定。但离心铸件内表面和套筒形铸件的两端面常较粗糙，且易聚积渣子，尺寸不易控制，故应有较大的加工余量。离心铸造时，铸件内表面加工余量与浇注定量的准确度及金属液的纯净程度有关。离心铸件具体的加工余量值见表7.4、表7.5。

表 7.4　离心铸件的加工余量　mm

铸件外径/mm	青　铜			黄铜、铝青铜			铸铁		
	外表面	内表面	端面	外表面	内表面	端面	外表面	内表面	端面
≤100	2 ~ 4	3 ~ 5	3 ~ 5	3 ~ 5	4 ~ 6	4 ~ 6	2 ~ 3	3 ~ 5	3 ~ 5
101 ~ 200	3 ~ 5	3 ~ 6	4 ~ 6	4 ~ 6	5 ~ 7	5 ~ 8	3 ~ 4	4 ~ 6	4 ~ 6
201 ~ 400	4 ~ 6	4 ~ 7	4 ~ 8	5 ~ 7	5 ~ 8	6 ~ 10	4 ~ 5	5 ~ 7	5 ~ 7
401 ~ 700	5 ~ 7	5 ~ 8	6 ~ 9	6 ~ 8	6 ~ 10	7 ~ 12	5 ~ 6	6 ~ 9	6 ~ 9
701 ~ 1 000	6 ~ 8	6 ~ 10	6 ~ 12	6 ~ 9	7 ~ 15	8 ~ 16	6 ~ 8	7 ~ 12	7 ~ 12
>1 000	6 ~ 10	7 ~ 12	8 ~ 20	7 ~ 12	>12	15 ~ 25	7 ~ 10	8 ~ 15	10 ~ 20

表 7.5　离心铸钢件加工余量　mm

铸件外径/mm	外表面	内表面	端面
100 ~ 200	5 ~ 7	6 ~ 8	15 ~ 20
201 ~ 400	7 ~ 8	8 ~ 10	20
401 ~ 700	8 ~ 10	10 ~ 12	20

悬臂式离心铸造机常用的有单层与双层两种结构金属型。

单层金属型的结构如图 7.15 所示，铸型本体为一空心圆柱体，铸型后端有中心孔或法兰边，如图 7.16 所示，以便把铸型安装在主轴上。铸型的前端有端盖，用夹紧装置将其固紧。打开端盖时，拧松螺钉，并将卡块转动使之与端盖脱开。每个铸型沿圆周均布三个夹紧装置。

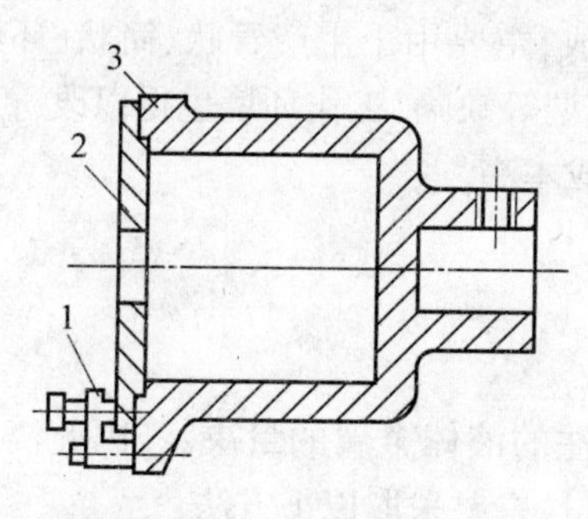

图 7.15 单层结构金属型
1—端盖夹紧装置;2—端盖;3—铸型本体

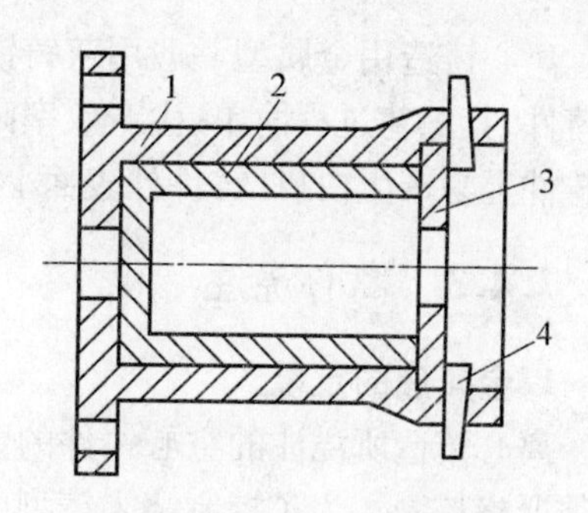

图 7.16 双层结构金属型
1—外型;2—衬套;3—端盖;4—销子

双层金属型的结构如图 7.16 所示,在铸型(外型)内加一衬套(内型)作为铸件成型部分。因此,当生产不同外径的铸件时,只要调换相应内径的衬套,而不需要更换整个铸型。铸型底部有一圆孔,穿过转轴中心的顶杆,通过圆孔可将底、衬套连同铸件一起顶出铸型。为了便于操作,衬套由左右两半构成,并在与外型的配合面做出锥度和留出 1 ~2 mm的间隙。其端盖紧固方法有销子和离心锤两种。采用锥形销子固紧端盖,图7.16是一种比较简便的方法。图 7.17 为离心锤紧固装置,采用时必须注意使离心锤紧固装置对端盖的作用力大于铸型中液体金属对端盖作用的离心压力,才能达到紧固端盖的目的。

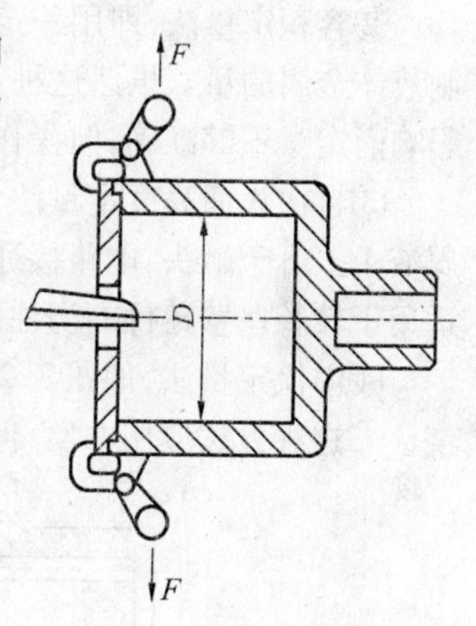

图 7.17 离心锤紧固端盖装置

单层铸型或双层铸型内型的最小壁厚不低于 15 mm,壁厚一般为铸件厚度的 0.8 ~5 倍。双层铸型的外形壁厚见表 7.6,内外型之间间隙不小于 1 mm。

表 7.6 双层铸型外型壁厚

mm

外型内径	100 ~ 200	200 ~ 300	300 ~ 400	400 ~ 500	500 ~ 600	600 ~ 700	700 ~ 800
外形壁厚	20 ~ 25	20 ~ 30	25 ~ 35	30 ~ 40	35 ~ 45	40 ~ 50	45 ~ 55

滚筒式离心铸造机上常采用单层金属型,为了防止铸型的轴向移动,可在轮缘的外侧对称地做出挡圈,利用离心铸造机上的支承轮侧阻止铸型的轴向移动,如图 7.18 所示。也可将铸型轮缘沿四周做出凹槽,如图 7.19 所示,利用支承轮的圆柱面防止铸型轴向移动。

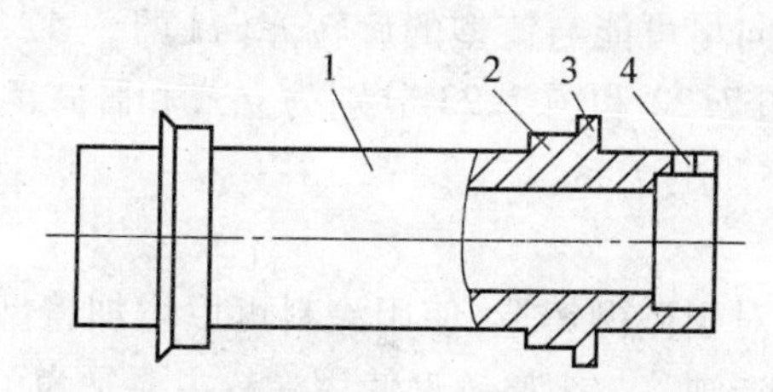

图 7.18 滚筒式离心铸造机用金属型
1—型体;2—轮缘;3—挡圈;4—销孔

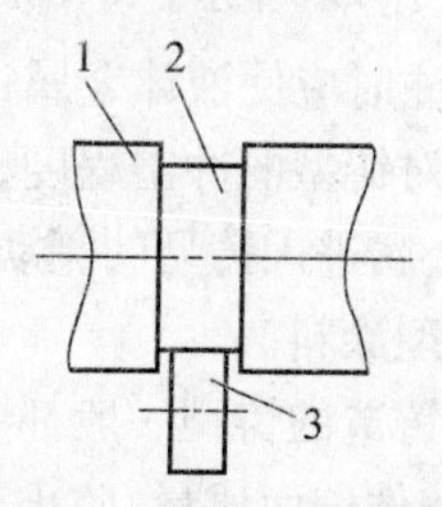

图 7.19 凹槽防止轴向移动
1—铸型;2—轮缘;3—支承轮

离心铸造用金属型一般用灰铸铁或球墨铸铁做成，主要用于生产管状、筒状、环状离心铸件，其工艺过程简单，生产效率高，铸件无夹砂胀型等缺陷，工作环境也得以改善。但是铸件上易产生白口，铸件外表面上易生气孔，铸型成本高。

7.4.3 离心浇注

1. 金属液的定量

离心铸造所浇注的空心铸件的壁厚完全由所浇注的液体金属的量决定，因此浇注时必须严格控制。为了控制浇入铸型中的液体金属的量，主要采取以下方法：

①重量定量法，即在浇注前，事先准确地称量好一次浇注所需金属液的重量，然后进行浇注。这种方法定量准确，但操作麻烦，需要专用称量装置，适于单件、小批量生产。

②容积定量法，即用一定内形的浇包取一定容积的金属液，一次性浇入铸型之中来控制液体金属的量。虽然这种方法由于受到金属液温度、熔渣和浇包内衬的侵蚀等因素的影响而定量不够准确，但操作方便易行，在大量生产、连续浇注时应用较为广泛。

③自由表面高度定量法，如图7.20所示，将导电触头3放置于铸型内一固定位置，金属液4上升至触头，电路接通，指示器5发信号，即停止浇注。这种方法定量不大准确，仅适用于较长厚壁铸件的浇注。

④溢流定量法，如图7.21所示。在端盖上开浅槽，浇注时如见端盖内孔发亮，即停止浇注。这种方法应用方便，但易出现金属液自端盖飞出现象，适用于浇注小铸件。

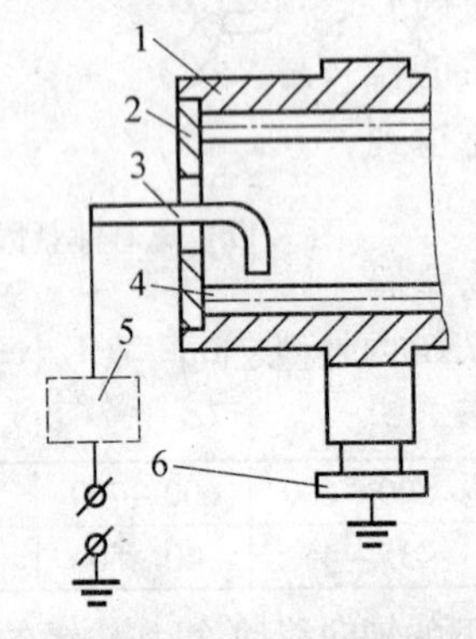

图7.20 控制液体金属自由表面高度的定量法

1—铸型；2—端盖；3—触头；4—液体金属；
5—指示器；6—机座

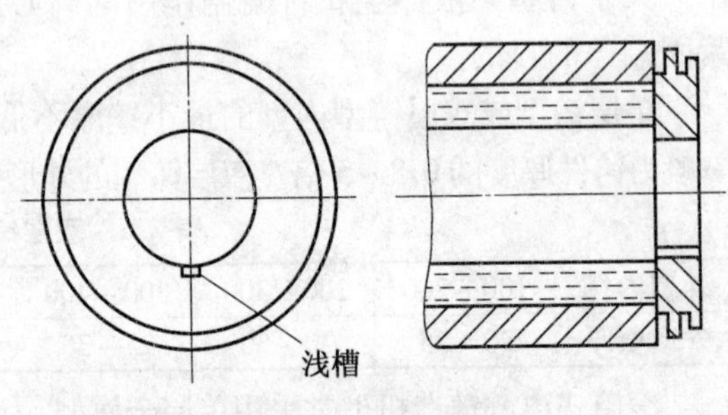

图7.21 溢流定量法

在浇注时应使液体金属进入铸型的流向尽可能与铸型的旋转方向趋于一致，以降低液体金属对铸型的冲击程度，减少飞溅。图7.22和图7.23分别为立式和卧式离心铸造时，液体金属进入铸型的流动方向与产生飞溅的关系。

2. 铸型涂料

离心铸造的铸型一般都要使用涂料。对于砂型铸造，使用涂料可以增加铸型表面强度，改善铸件表面质量，防止产生黏砂等铸造缺陷。金属铸型使用涂料主要是为了：

①可以保护模具，减少金属液对金属型的热冲击作用，延长使用寿命；

②防止金属铸件的激冷作用，防止铸铁件表面产生白口；

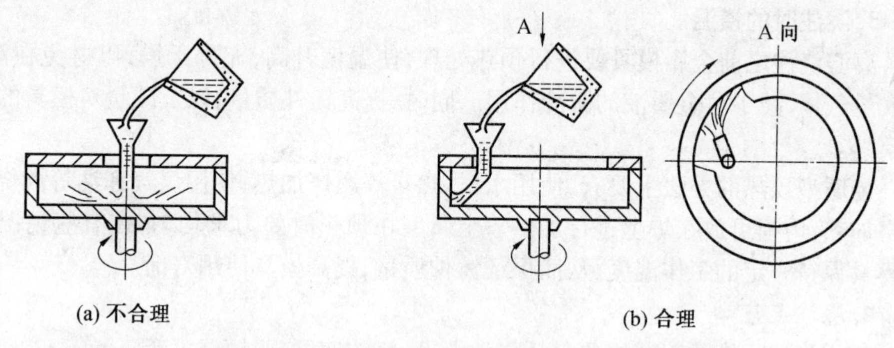

图 7.22 立式离心铸造浇注时液体金属的流向与产生飞溅的关系

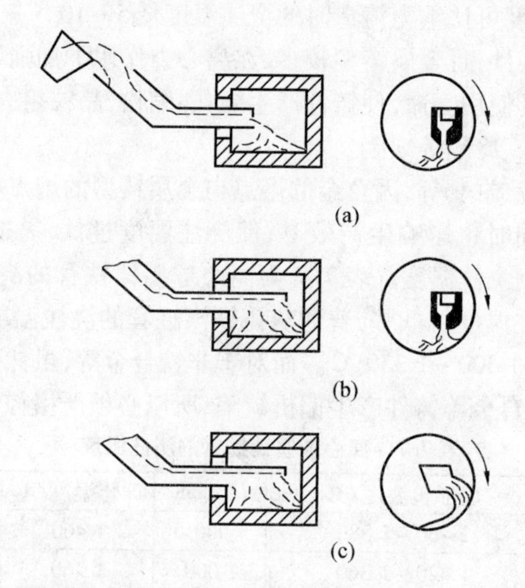

图 7.23 卧式离心铸造浇注时液体金属的流向与产生飞溅的关系

③使铸件脱模容易；

④获得表面光洁铸件；

⑤增加与金属液之间的摩擦力，缩短金属液达到铸型旋转速度所需的时间。

因此，铸型涂料应具备以下几点要求：

①有足够的绝热能力，保温性好，导热性低，延长金属型寿命；

②较高的耐高温性能，不与金属液发生反应，不产生气体；

③与金属型有一定的黏着力，干燥后不易被金属液冲走；

④容易脱模；

⑤来源广，混制容易，储存方便，涂料稳定。

离心铸造用涂料的组成与重力铸造基本相似，但不如重力铸造使用的多。离心铸造的耐火材料主要是硅石粉和硅藻土。膨润土既作为黏结剂，也作为悬浮剂使用，最好选择钠基膨润土或活化膨润土。涂料的载体一般是水，为了提高润滑性和悬浮性，有利于起模，离心铸造有时也使用洗衣粉作助剂。

3. 浇注时的模温

离心浇注之前金属模具要进行预热处理，使温度升高，充分干燥，以避免在浇注时产生大量气体，减少对金属液的激冷作用。同时，提高铸件质量，以及减缓对模具的热激，保护模具。

金属型预热的方法主要有，使用木材、焦炭等燃烧加热；使用煤气和油等燃烧加热；使用窑加热；内模可放在炉上进行加热。金属型在预热时要力求均匀，在有些情况下，需要将模具保持一定的工作温度，从而保证铸件质量，提高模具使用寿命。

4. 浇注工艺

离心浇注的浇注工艺主要包括浇注温度、浇注速度、脱模温度等。

离心铸造的浇注温度可比重力铸造时的浇注温度低5～10 ℃。这是因为离心铸件大多为管状、筒状或环形铸件，且金属铸型较多，在离心力作用下加强了金属液的充型能力。浇注温度过高，降低模具使用寿命，使铸件产生缩孔、缩松、晶粒粗大、气孔等铸造缺陷；浇注温度过低，会产生夹杂、冷隔等缺陷。

对于铸铁管和铸铁汽缸套等，因合金的熔点与金属铸型的熔点相接近，所有浇注温度过高会降低铸型寿命，同时也影响生产效率；但浇注温度过低，易造成冷隔、不成型等缺陷。因此，必须严格控制浇注温度。表7.7为离心球墨铸铁管的浇注温度推荐值。通常汽缸套较铸管短，故浇注温度可低些，普通灰铸铁汽缸套的浇注温度为1 280～1 330 ℃，合金灰铸铁浇注温度为1 300～1 350 ℃。而对于非铁合金等，虽然熔点低于金属型，但浇注温度过高会使如轴承合金等铸件产生偏析缺陷，所以必须严格控制。

表7.7 离心球墨铸铁管的浇注温度

D_N/mm	球化温度/℃	扇形包温度/℃	D_N/mm	球化温度/℃	扇形包温度/℃
100	1520	1 460～1 380	900	1 460	1 340～1 310
200	1 500	1 420～1 360	1 000	1 460	1 340～1 310
300	1 500	1 400～1 350	1 200	1 450～1 480	1 340～1 310
400	1 460	1 380～1 330	1 400	1 450～1 480	1 330～1 300
500	1 460	1 350～1 320	1600	1 410～1 460	1 310～1 290
600	1 460	1 340～1 310	1 800	1 420～1 450	1 310～1 290
700	1 460	1 340～1 310	2 000	1 420～1 450	1 310～1 290
800	1 460	1 340～1 310	2 200	1 420～1 450	1 310～1 290

离心铸造的浇注速度可参考表7.8选择。开始浇注时，应注意使金属液能快速铺满整个铸型，在不影响转速的情况下，除了含铅较高的铜合金外，都应尽快浇注。铸件越大，浇注速度也应越快。

表7.8 浇注速度选择

合金种类	铸件质量/kg	浇注速度/kg · s^{-1}
铸铁	5～20	1～2
	20～50	2～5
	50～100	5～10
	150～400	10～20
	400～800	20～40

续表 7.8

合金种类	铸件质量/kg	浇注速度/kg·s^{-1}
铸钢	100～300	10～17
	300～1000	17～25
青铜	20～50	2～5
	50～100	5～10
	100～200	10～15
	200～400	15～25
	400～800	25～35
	800～1 500	35～50
	1 500～2 500	50～70
黄铜	20～50	<4
	50～100	4～8
	100～200	8～10
	200～400	10～15
	400～800	15～25
	800～1 500	25～30
	1 500～2 500	40～60

离心铸造的铸件在凝固结束后应尽快从铸型中取出，以减少金属型温度上升，延长使用寿命。判断的方法可以观察铸件的内表面颜色，呈现暗红色即可取出。

7.5 离心铸造工艺实例

7.5.1 铸铁汽缸套的离心铸造工艺

汽缸套的工作条件要求具有较高的耐磨性、高温耐腐蚀性，常采用合金铸铁制造。缸套的零件结构简单，毛坯形状为圆套筒，十分适合采用离心铸造进行生产。汽车、拖拉机等中小型汽缸套主要在悬臂式离心铸造机上进行生产，而船舶、机车等大型汽缸套则主要使用滚筒式离心铸造机。汽缸套的生产一般采用金属型离心铸造和砂型离心铸造，铸型结构如图 7.24 所示。

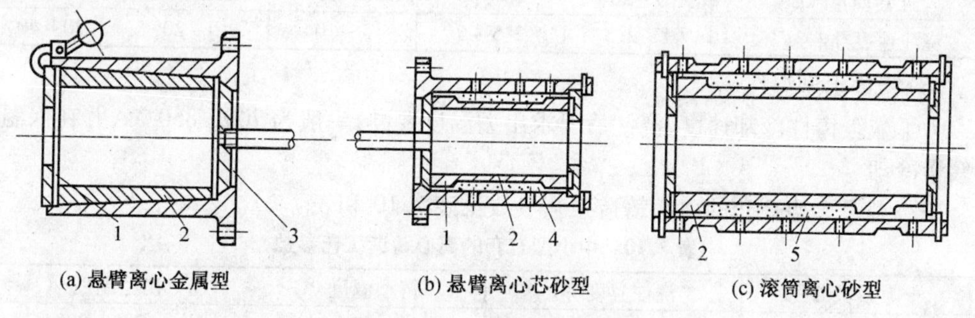

(a) 悬臂离心金属型　(b) 悬臂离心芯砂型　(c) 滚筒离心砂型

图 7.24　汽缸套离心铸型

1—石棉垫；2—铸件；3—推板；4—砂芯；5—砂衬

铸铁汽缸套的离心铸造工艺如下：

1. 工艺设计

离心浇注汽缸套由于无型芯，合金的收缩为自由收缩，所以收缩率主要是根据铸铁本身特点而定。

铸型一般为灰铸铁、球墨铸铁及耐热铸铁制作的单型结构，壁厚一般为缸套壁厚的1.2~2.0倍。结构力求简单，便于制造铸型和取出铸件。

小缸套的加工余量一般取外表面2~5 mm，内表面3~7 mm，端面3~7 mm（不含卡头）。

2. 涂料

多为水基涂料，耐火材料多为硅石粉和鳞片石墨粉，黏结剂为黏土和树脂等，每浇注一件滚挂一次。涂料要均匀，并在型壁上充分干燥。小缸套的涂料厚度约1~2 mm，大缸套的涂料厚度约2.5~4 mm。为防止端面产生白口，要在铸型的里端垫上直径比铸型型腔大1 mm的石棉片。

3. 浇注工艺及参数选择

(1)铸型温度

涂覆涂料前铸型要预热至150 ℃以上，生产时铸型的温度控制在200~350 ℃。浇注后铸型外壁应进行水冷和空冷，以延长铸型寿命，提高生产效率，水冷时间为60~150 s。

(2)金属液定量

小缸套在连续生产时多采用浇包容积定量法，一般一个小包浇注一个缸套。

(3)浇注温度

离心浇注小缸套的出炉温度一般要求大于或等于1 400 ℃，以保证浇注时温度可以达到1 300~1 360 ℃，大缸套的浇注温度可适当低些，为1 270~1 340 ℃。

(4)铸型转速

一般按重力系数G计算铸型转速，大缸套G取40~60，中小缸套G取50~80。

(5)浇注速度

浇注速度应快些，以保证充型。不同质量的缸套浇注速度见表7.9，小缸套的浇注速度为2~10 kg/s。

表7.9 不同质量铸铁缸套的浇注速度

缸套质量/kg	5~20	20~50	50~150	150~400	400~800
浇注速度/kg·s^{-1}	1~2.5	2.5~5	5~10	10~20	20~40

(6)铸件出型温度

为了减缓铸件冷却速度，浇注后要求出型温度要高，一般为700~850 ℃，并在保温坑中缓慢冷却。

中小型及大型缸套的离心铸造工艺参数见表7.10和表7.11。

表7.10 中小型缸套的离心铸造工艺参数

重力系数G	浇注温度/℃	铸型温度/℃	出型温度/℃
40~90①	≈1 400	≈250	700~800

注：①铸件内径越小，G应越大。

表7.11 大型缸套的离心铸造工艺参数

涂料厚度	浇注温度/℃	刷涂料时铸型温度/℃	浇注时铸型温度/℃	铸件回火温度/℃
1~4	1 300~1 340	180~250	120~300	600~660

7.5.2 铸铁管的金属型离心铸造工艺

铸铁管是一种需求量很大的铸件,主要用来输送水、燃气、污水、雨水、泥浆、酸、碱等化工液体,有时还要求承受一定压力,耐腐蚀,长期埋在地下不易损坏等。铸铁管的主要生产方法有离心铸造、半连续铸造和砂型铸造。

铸铁管的形状如图7.25所示,其内径为50~2 600 mm,长度为1~8 m,壁厚为4~20 mm。材料可以是灰铸铁,但是目前大多采用的是以铁素体为基体的球墨铸铁,它具有较好的可塑性,能承受较高的工作压力,其壁厚比灰铸铁壁厚薄1/3~1/4。

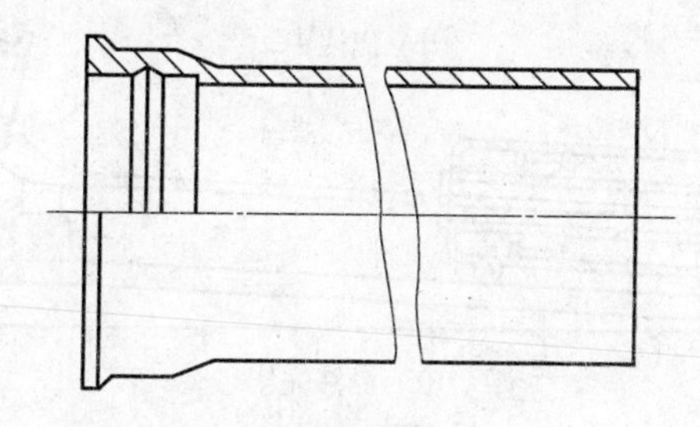

图7.25 铸铁管示意图

铸铁管离心铸造的工艺主要有水冷金属型离心铸造法和涂料金属型离心铸造法两种。其铸造生产过程大致相同,如图7.26所示。

如图7.26(a)所示,浇注前固定的长浇注槽8接近承口砂芯2,将铁水倒入固定容积的扇形浇包9。

如图7.26(b)所示,浇注时开动机器使铸型6转动,此时扇形浇包以等速倾转使铁水均匀地通过浇注槽注入型内,待承口周围充满后,使铸型随离心机向左沿导轨1等速移动,铁水亦均匀地充填相应的部位。

至浇注完毕时,铸型与浇注槽脱离开,如图7.26(c)所示。金属型可用水进行强制冷却,待铸件冷凝后,制动装置使铸型停止转动。随后,将专用的钳子伸入铸型的末端卡住铁管承口的内表面。铸型随离心机向右移动,铁管从金属型中取出,而浇注槽又进入铸型中,如图7.26(d)所示。从而完成一次浇注循环,准备再次浇注。

水冷金属型离心铸造法铸型的内表面无绝热材料,外表面用水冷却,生产效率高,生产设备占地面积适中,但是铁管需热处理,虽不需要造型辅助设备,但需昂贵的热处理炉,铸型制造技术要求高,价格高。主要用于生产公称口径不大于300 mm的灰铸铁管和球铁管,可生产的最大铸铁管口径为1 800 mm,长度为8 m。

涂料金属型离心铸造法又称热模法,其铸型壁上有薄的绝热涂料层。涂料的成分为77%的石英粉、7.7%的铝钒土、7.7%的滑石粉、7.6%的纳基膨润土及适量的水。喷涂料时金属型温度为200~300 ℃。热模法生产的铸态球铁管的材质伸长率一般可达5%,如不用热处理炉,则生产设备占地适中,但生产效率较低,若生产排水管,则生产效率高。所

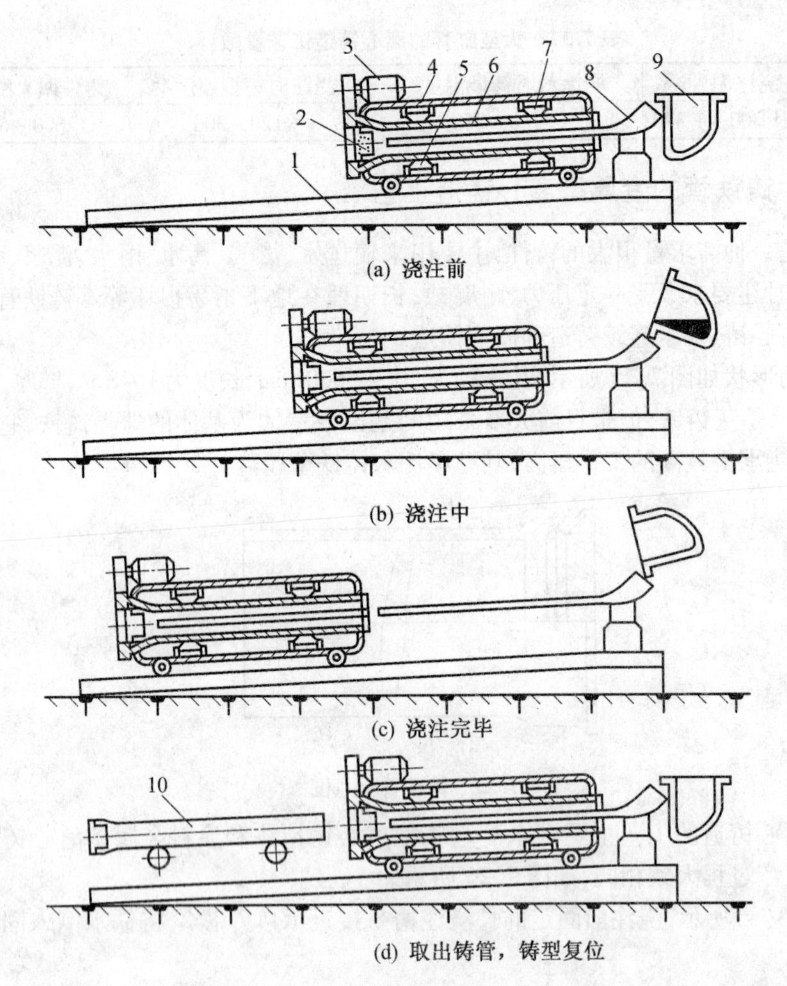

图 7.26 铸铁管金属型离心铸造工艺过程示意图

1—导轨;2—承口砂芯;3—电动机;4—机罩;5—托轮;

6—铸型;7—压轮;8—浇注槽;9—扇形浇包;10—铸铁管

以广泛应用于生产排水铸铁管,个别用于生产铸态球铁管和大型球铁管。

金属型离心铸造的两种生产工艺均有过程简单,铸铁管内外表面质量较好,生产过程易于机械化自动化,车间环境较好等优点。但离心铸造机结构较复杂,均不能生产双法兰铸铁管。

7.5.3 双金属复合轧辊的离心铸造工艺

对某些圆筒形零件,由于对内外层工作性能要求不同,有时会采用不同的材料,如轧辊、滑动轴承等。这些零件采用离心铸造技术可以提高生产效率,节约材料,使工艺过程简单,产品质量较高。

生产离心铸造轧辊的方法有卧式、立式和倾斜三种,倾斜式离心铸造在日本用的较多,欧美等多采用立式,我国则以卧式为主。

离心铸造双金属复合辊筒的工艺流程如图 7.27 所示,其中内外层铁水的熔炼和浇注内外层铁水时的时间间隔对铸件材质及内外层的结合影响很大，因此，在生产时要尤为注意。

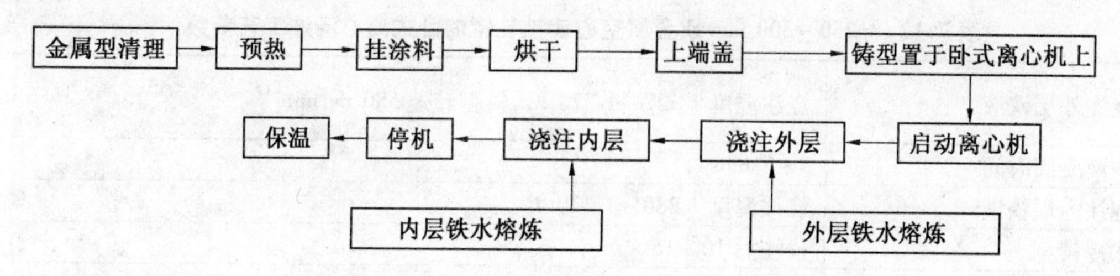

图 7.27 离心铸造双金属复合辊筒工艺流程

卧式离心铸造双金属复合轧辊的工艺如下：

1. 铸型转速

铸型转速一般按重力系数 G 计算。对于铸铁复合辊筒，其重力系数 G 可在 75 ~ 150 之间取值，若辊筒外层较厚，为了防止发生金属液雨淋现象，重力系数要选稍大一些。

2. 铸铁复合辊筒的浇注工艺

(1)外层铁水浇注

在复合辊筒浇注时要严格控制辊筒内外层金属液的浇注温度。铁水浇入金属铸型后，由于金属铸型的激冷能力较强，浇入的铁水凝固速度较快，因而外层铁水形成白口的倾向较大。在实际生产的浇注过程中，金属液处于紊流运动状态，卧式离心机生产辊筒时，沿着型壁轴线方向，浇入金属型的铁水做螺旋线运动，液流降温较快，故浇注温度不能太低。另外与重力浇注时渣的上浮速度相比，在离心条件下，渣质的上浮速度较快，所以其浇注温度可比重力浇注时低 5 ~ 10 ℃，一般复合辊筒外层的浇注温度为 1 350 ~ 1 370 ℃。

浇注时，浇注速度应先快后缓再快，即在开始浇注的 6 ~ 8 s 内，采用较大的浇注速度，使浇口杯中的铁水液面尽快达到顶部，这样进入金属型中的铁水的流量可达到最大值，在金属型内很快就能使凝固层达到 15 ~ 20 mm 的厚度，之后再将浇注速度减缓，使浇口杯内的液面高度缓慢降低，最后快速浇完，以保持液面在某一高度。辊筒外层的浇注时间一般为 30 ~ 50 s。

(2)内层铁水浇注

当外层铁水的内表面处于凝固态时，即外层凝固一段时间后就可浇入内层铁水。内外层铁水浇注的时间间隔为 8 ~ 10 min 时，即可浇入内层铁水，而内层铁水的浇注温度一般为 1 300 ~ 1 320 ℃。

在内外两层铁水浇注后分别覆盖玻璃渣作为保护渣。生产中所使用的玻璃渣密度为 2.2 g/cm^2 ~ 2.5 g/cm^2，熔点低于 1 200 ℃，软化点为 574 ℃，比重轻，高温下流动性好，在浇注内层铁水后能被重熔，在离心力的作用下可以“浮向”自由表面，从而防止因玻璃渣不能浮出而造成结合层夹渣缺陷的发生。

在浇注完辊筒外层后，适当变换铸型的转速，使铁水在交变加速度下凝固，可使离心铸件径向断面的倾斜柱状晶得到有效控制。当浇注辊筒内层的铁水时，由于内半径变小，需适当提高铸型转速，缓慢平稳浇注至结束。

外径为250～300 mm的双金属空心铸铁轧辊的卧式离心浇注工艺参数，见表7.12。

表7.12 ϕ250～300 mm双金属空心铸铁轧辊的卧式离心浇注工艺参数

浇注外层铁液	浇注温度1 327～1 370 ℃，铸型转速580 r·min^{-1}
铁液凝固时间	5～7 min
浇注内层铁液	浇注温度1 280～1 320 ℃
水冷铸型	浇注后10～15 s
铸型停转	铸铁内表面温度为700 ℃
缓冷	18～25 h

参考文献

[1]万里.特种铸造工学基础[M].北京:化学工业出版社,2009.
[2]张伯明.离心铸造[M].北京:机械工业出版社,2004.
[3]曾昭昭.特种铸造[M].杭州:浙江大学出版社,1990.
[4]陈金斌.铸造手册(特种铸造)第六卷[M].北京:机械工业出版社,1995.
[5]文铁诤.冶金轧辊技术特性概论[M].保定:河北科学技术出版社,1995.
[6]姜不居.特种铸造[M].北京:中国水利水电出版社,2005.
[7]刘庆星.离心铸管[M].北京:机械工业出版社,1994.
[8]张鑫.水冷法离心铸造管管模绝热涂料的研究[J].铸造,2004,8:614-616.
[9]毛永卫,王恩泽,马成才,等.采用先进检测仪器优化缸套离心铸造工艺[J].铸造设备研究,2003,6:14-15.
[10]范传权,刘进荣.金属型设置排气孔在离心铸造中的应用[J].铸造,2004,6:487-488.
[11]李锡年.立式离心铸造技术及其应用[J].铸造技术,1999,19(1):10-13.
[12]李元东,兰晔峰,董庚茂.立式离心铸造磨球充型过程的影响因素研究[J].甘肃工业大学学报,1999,25(1):22-25.
[13]王艳光,彭晓东,赵辉,等.离心铸造镁合金的研究现状及展望[J].热加工工艺,2011,40(23):22-24.
[14]陶明,杨文,王建光.涂料对离心铸造缸套质量的影响[J].内燃机配件,2007,3:13-16.
[15]张银川,刘宏亮.离心铸造柴油机缸套工艺改进[J].铸造设备研究,2008,4:56-58.
[16]任象玉,尤文华,陈中宝.热模法离心铸造用硅藻土隔热涂料[J].非金属矿,1997,5:39-41.
[17]符寒光.大直径铸钢套筒的离心铸造[J].中国铸造装备与技术,2000,4:28-30.
[18]贺奇,李焕臣,李明,等.离心铸造用水基涂料[J].热加工工艺,2004,5:60-62.
[19]姚新.振动时效工艺在内燃机离心铸造气缸套中的应用[J].内燃机与配件,2010,23:28-29.

[20]宁波,范金田.大型柴油机气缸套离心铸造[J].柴油机,2003,5:40-42.
[21]罗宗强,张卫文,陈继亮,等.离心铸造高强耐热铜镍合金的组织和性能研究[J].材料工程,2009,增刊:146-150.
[22]王伟.离心铸造黄铜的缺陷分析及预防措施[J].哈尔滨轴承,2008,1:90-95.
[23]谭银元.Al-Si 合金离心铸造产生气孔的原因及防止措施[J].武汉船舶职业技术学院学报,2003,1:28-29.
[24]闫春泉,王清宇,刘忠仁.密封法兰铸件离心铸造工艺研究[J].金属加工(热加工),2011,5:68-69.
[25]杨为勤.大型铝青铜衬套的离心铸造工艺研究[J].特种铸造及有色合金,2010,30(8):779-782.
[26]安志平,李文忠,王锦永.喷镁球化在离心球墨铸铁管生产中的应用[J].热加工工艺,2011,17:75-77.
[27]陈福生,王正国,韩世忠.离心铸造球铁管缩沟缺陷的研究[J].铸造技术,2011,10:1388-1390.
[28]杨川,高国庆,崔国栋.高速轧钢机用轧辊早期失效原因分析[J].金属热处理,2011,3:106-108.
[29]冯在强,王自东,王强松,等.新型铸造锡青铜合金的微观组织和性能[J].材料热处理学报,2011,10:96-99.
[30] 吕学财,王英.离心铸造双金属复合滚筒技术[J].铸造技术,2005,26(9):795-797.
[31] 高玉章.离心复合轧辊辊身裂纹缺陷分析与控制[J].特种铸造及有色合金,2011,7:646-647.
[32] 李秀青,宋延沛.双金属复合轧辊铸造工艺的研究现状与展望[J].材料研究与应用,2010,3:164-168.
[33] 符寒光,邢建东.离心铸造高速钢轧辊铸造缺陷形成与控制技术研究[J].铸造技术,2004,11:859-861.